U0368044

高等学校化学实验新体系立体化系列教材

编写指导委员会

基础化学实验（Ⅰ）——无机及分析化学实验

编 写 委 员 会

主　编　崔学桂　张晓丽　胡清萍

副主编　吴长举　吴　霞

编　委　宋其圣　赵玉亭　司芝坤　马文元　贺　媛　江崇球　尤进茂　董云会　孙学军　周志才　徐洪文　冯丽娟　范玉华　孙芬芳　宋祖伟　魏　琴　张振伟　于先进　刘长增　涂长信　孙效正　李丽敏　薛　梅　宋吉勇　刘晓明　马兆立

普通高等教育“十一五”国家级规划教材

基础化学实验（Ⅰ）

——无机及分析化学实验

第二版

山东大学、山东师范大学、中国海洋大学、中国石油大学（华东）、
曲阜师范大学、聊城大学、烟台大学、青岛农业大学、济南大学、
青岛大学、山东理工大学、潍坊学院、山东科技大学、
临沂师范学院、山东教育学院合编
主编　崔学桂　张晓丽　胡清萍

化学工业出版社
·北京·

本书为普通高等教育“十一五”国家级规划教材，是高等学校化学实验新体系立体化系列教材的第一部。本书是根据当代化学学科发展的实际，为适应化学及相关专业本科生而编写的实验教材。它将传统的无机化学实验中与后续物理化学实验中重复的热力学、电化学和动力学部分的内容删去，同时将原分析化学实验的内容作了调整、更新，与之融合为一体。

本书选材较广，注重加强基本知识和基本技能的训练。实验内容包括基本实验、综合实验、设计实验三种类型。编排由浅入深、由简到繁、循序渐进、逐步提高。全书共给出了 36 个总实验题目，包括 70 余个实验分项目，各高校可根据自己的实际情况选择。

图书在版编目（CIP）数据

基础化学实验（Ⅰ）——无机及分析化学实验/崔学桂，张晓丽，胡清萍主编. —2 版. —北京：化学工业出版社，2007.7（2024.8重印）
普通高等教育“十一五”国家级规划教材
ISBN 978-7-122-00247-1

Ⅰ. 基… Ⅱ. ①崔…②张…③胡… Ⅲ. ①化学实验-高等学校-教材②无机化学-化学实验-高等学校-教材③分析化学-化学实验-高等学校-教材 Ⅳ. O6-3

中国版本图书馆 CIP 数据核字（2007）第 051768 号

责任编辑：宋林青　何曙霓　　　　文字编辑：张　婷
责任校对：陈　静　　　　　　　　装帧设计：张　辉

出版发行：化学工业出版社（北京市东城区青年湖南街 13 号　邮政编码 100011）
印　　装：大厂聚鑫印刷有限责任公司
787mm×1092mm　1/16　印张 14　字数 328 千字　　2024 年 8 月北京第 2 版第 19 次印刷

购书咨询：010-64518888　　　　售后服务：010-64518899
网　　址：http://www.cip.com.cn
凡购买本书，如有缺损质量问题，本社销售中心负责调换。

定　　价：22.00 元

第二版编写说明

高等学校化学实验新体系立体化系列教材，是由文本教材、以文本教材为主线的网络教材和CAI课件三部分构成的，是在大学化学实验课程体系、课程内容和教学模式系统改革的基础上编写出版的。该套系列教材包括《基础化学实验（Ⅰ）》、《基础化学实验（Ⅱ）》、《基础化学实验（Ⅲ）》、《仪器分析实验》和《综合化学实验》五部，全部列入普通高等教育“十一五”国家级规划教材。

按照以学生为本的教育理念和以综合能力培养为核心的教育观念，在化学一级学科层面上，从基本操作——二级学科层面的多层次综合——跨两个以上二级学科的与科研衔接、内容交叉、技术综合的大综合，内容由浅入深、循序渐进、逐步提高地分层次进行，实现了实验教学内容的连贯一致。这样的编排体系，符合大学生实验技能和创新能力的形成规律，同时又将科学研究渗透到实验教学的各个环节，体现了教学促进科研，科研带动教学的辩证关系。

在主线的文本教材中较好地做到了“夯实基础、注重综合、强化设计、旨在创新”的编写要求。对实验内容的选择，做到既优选、强化原有大学化学实验教材中经典、优秀的实验项目，又大量吸收了当代教学、科研的新成果，同时在注重强化学生实验技能训练的基础上，按照绿色化学的思维方式，尽量从源头上消除污染。使教材既满足实验教学对基础知识、基本技能的要求，又实现了实验内容的趣味性、先进性和环境友好性，整套教材完整协调、内容丰富充实、新颖有趣，适应人才培养总体目标的要求，推动了各使用高校化学实验教学的改革。

与之配套的辅助教材将各种相互联系的媒体和资源有机地整合，形成立体化教材，实现了化学实验教学模式的多元化和教学内容的创新。为高等学校的教师和学生提供规范、优化、共享的教学资源，为学习者提供个性化学习条件，以提高大学化学实验的教学质量。

该套教材通过多所高校几年来在使用中不断地修改完善，集中了各高校之所长，逐步构建成化学实验教学资源优化共享的“化学实验教学资源库”、它必将为培养更多的富有时代气息的复合型创新人才发挥作用！

南京大学孙尔康教授对本立体化系列教材颇为肯定，并为本系列教材作序，在此表示衷心感谢！

高等学校化学实验新体系立体化系列教材编写指导委员会

2007 年 3 月

第二版序言

山东大学等十五所高等学校长期从事化学实验教学的教师共同编写了化学实验立体化系列教材。该教材打破了传统的按无机化学实验、有机化学实验、化学分析及仪器分析实验、物理化学实验四大块的编写形式，在长期化学实验教学改革和实践的基础上按化学一级学科建立独立的化学实验教学新体系，形成了基础化学实验、仪器分析实验和综合化学实验三个彼此联系，逐层递进的平台，编写了文本教材《基础化学实验（Ⅰ）》、《基础化学实验（Ⅱ）》、《基础化学实验（Ⅲ）》、《仪器分析实验》和《综合化学实验》五部，均列入普通高等教育“十一五”国家级规划教材。同时配套辅助教学课件、网络教材、基本操作录像等，形成立体化的化学实验教材。该教材的出版充分反映了山东大学等高校在化学实验教学体系、教学内容改革以及教学方法现代化、教学实验开放等诸方面取得的丰硕成果。

该教材有如下特色：

1. 建立了独立的新化学实验教学体系：一体化三层次，即在化学一级学科层面上建立了基础化学实验——综合化学实验——设计型、研究型、创新型化学实验，符合学生的认知规律，由浅入深、由简单到综合、由综合到设计、由设计到创新。

2. 实验内容：及时引入教学实验改革成果，不断更新实验教学内容和提高实验教学的效果，对基础实验进行了综合化和设计性改革，体现了基础实验与现代化大型仪器实验的结合；经典实验与学科前沿实验的结合。

3. 仪器设备的选型：充分考虑常规仪器与近代大型仪器的结合，可操作性强，可视性仪器与智能化仪器相结合。

4. 教学方法：学生通过课件、网络教材和基本操作录像等，自主学习与实验课堂教学相结合，课内必做实验与课外开放实验相结合。

5. 实验项目的选择：既考虑到趣味性、先进性，又考虑减少对环境的污染，树立绿色化学实验的理念。

6. 实验项目和仪器设备的选型：充分体现实验教学促科研，科研提升教学内容，实现优质资源共享，形成良好互动。

该立体化教材的编写思路清晰，编写方式新颖，内容丰富，始终贯彻以人为本即以学生实验为主体，教师为主导，以培养学生综合实验能力和创新能力为核心的教学理念。

该系列教材的出版，有利于学生的自主实验，有利于学生个性的发展，有利于学生综合能力和创新能力的培养。

该系列教材既可作为化学专业和应用化学专业的教学用书，又可作为化学相关专业和从事化学工作者的参考书。

该系列教材的出版，为今后有关化学实验教材的编写提供了有益的借鉴。

孙尔康

2007.5.8于南京大学

第二版前言

本教材自2003年7月出版以来，已多次重印，在许多高校尤其是山东省众高校中得到了广泛使用。本教材在内容的系统性、深度和广度等方面受到了广大使用者的一致称赞，其第二版被列为普通高等教育“十一五”国家级规划教材。按照教育部对普通高等教育“十一五”国家级规划教材的编写指导思想，结合各高校的使用意见，特对本书进行了修订。

本次修订基本保持了第一版的框架结构，结合各高校近几年化学实验仪器的发展情况及实验中发现的实际问题，对某些仪器和实验条件进行了更新和补充完善，以体现科技进步对化学实验乃至化学学科的贡献。该教材按照“夯实基础、注重综合、强化设计、旨在创新”的编写要求，在加强基本知识、基本技术和基本技能训练的基础上；编写了从无机化合物的合成、组成分析到性能测试为一体的多层次综合实验和自行设计实验，目的是使学生通过实验，学习“知识”、学习“学习”和学习“创新”。

为了配合主线教材的使用，规范教师与学生的基本操作，本次修订时我们将玻璃仪器的洗涤与干燥，加热与灼烧，试纸的制备及使用方法，化学试剂及其取用规则，量筒、容量瓶的使用及溶液的配制，称量操作，滴定操作，溶解与结晶，固、液分离及沉淀的洗涤，沉淀重量法操作十个部分的基本操作制作成视频演示课件，供教师和学生课内外学习使用。该光盘也将由化学工业出版社正式出版。

由于编者水平有限，书中和课件中难免有疏漏及不当之处，敬请师生批评指正。

编　者

2007年3月

第一版编写说明

化学是一门以实验为基础的中心学科，在化学教学中，实验教学占有相当重要的地位。

但多年来在我国的大学化学教学中，实验教学大都是依附于课堂教学而开设的。由于传统的大学化学课堂教学是按无机化学、分析化学、有机化学和物理化学的条块分割进行的，所以实验教学的系统性和连贯性在一定程度上受到了破坏。这给学生综合素质和能力的培养以及实验教学课程的实施带来许多不利影响。随着教育改革的深入，“高等教育需要从以单纯的知识传授为中心，转向以创新能力培养为中心”，因此，在进行化学教育培养观念转变的同时，对实验课程体系、教学内容和教学模式的改革也势在必行。高等学校化学实验新体系立体化系列教材（以下简称“系列教材”）就是这一改革的产物。

“系列教材”是由系列文本教材以及与之配套的教学课件、网络教程三大部分构成，由高等学校化学实验新体系立体化系列教材编写指导委员会组织山东大学、山东师范大学、中国海洋大学、中国石油大学（华东）、曲阜师范大学、聊城大学、烟台大学、青岛农业大学、济南大学、青岛大学、山东理工大学、潍坊学院、临沂师范学院、山东教育学院等高校多年从事化学实验教学的教师，结合各高校多年积累的化学实验教学经验，参考国内外化学实验教材及相关论著共同编写而成。

系列文本教材是根据教育部“国家级实验教学示范中心建设标准”和“厚基础、宽专业、大综合”教育理念的要求编写而成的。系列文本教材着眼于化学一级学科层面，以建立独立的化学实验教学新体系为宗旨，形成了基础化学实验、仪器分析实验和综合化学实验三个彼此联系、逐层递进的实验教学新平台。各平台既采用了原有大学化学实验教材中的经典和优秀实验项目，又吸收了当代教学、科研中成熟的代表性成果，从总体上反映了当代化学教育所必需的基础实验和先进的时代性教育内容。系列文本教材由《基础化学实验（Ⅰ）——无机及分析化学实验》、《基础化学实验（Ⅱ）——有机化学实验》、《基础化学实验（Ⅲ）——物理化学实验》、《仪器分析实验》和《综合化学实验》五部教材构成。其中，基础化学实验的教学目的是向学生传授化学实验基本知识，训练学生进行独立规范操作的基本技能，使学生初步掌握从事化学研究的方法和规律；仪器分析实验的教学目的是使学生熟悉现代分析仪器的操作和使用，掌握化学物质的现代分析手段，深刻理解物质组成、结构和性能的内在关系；综合化学实验是建立在化学一级学科层面上，内容交叉、技术综合的实验项目，其目的在于培养学生的创新意识及分析问题、解决问题的综合素质和能力。该套系列文本教材的实验内容安排由浅入深，由简单到综合，由理论到应用，由综合到设计，由设计到创新。使用该套教材进行实验教学，符合学生的认识规律和实际水平，兼顾到课堂教学与实验教学的协调一致，而且具有较强的可操作性。此外，在教材中引入了微型化学实验和绿色化学实验，旨在培养学生的环保意识，建立从事绿色化学研究的理念。

新教材是实验教学内容与时俱进的产物，它具有以下特点：

1. 独立性，实验教学是化学教学中一门独立的课程，课程设置与教学进度不依赖于理论课而独立进行，同时各部实验教材也有其相对独立性；

2. 系统性和连贯性，将化学实验分成基础化学实验（Ⅰ）、基础化学实验（Ⅱ）、基础化学实验（Ⅲ）、仪器分析实验和综合化学实验，构成一个彼此相连、逐层提高的完整的实验课教学新体系；

3. 经典性和现代性，教材精选了历年来化学教学中若干典型的实验内容，并构成了教学内容的基础，选取了一些成熟的、有代表性的现代教学科研成果，使教材的知识既经典又新颖；

4. 适应性，本教材既可作为化学及相关专业的教学用书，又可作为从事化学及其他相关专业工作者的参考书。

五部系列文本教材将从 2003 年 8 月陆续出版，与之配套的教学课件和网络教程也将相继制作完成。

清华大学宋心琦教授欣然为本系列教材作序，我们对宋先生的支持和帮助表示诚挚的谢意！

化学工业出版社为系列文本教材的出版做了大量细致的工作，在此表示衷心的感谢！

高等学校化学实验新体系立体化系列教材编写指导委员会
2003 年 8 月

第一版序言

在人类历史上，20世纪是科学技术和社会发展最迅速的时期。近50年来，新的科学发现和技术发明的出现，更是令人眼花缭乱、目不暇接。与此同时，科学技术和社会的发展，对人才的基本素质提出了新的更高的要求，因而高等教育和中等教育的改革，也日益得到社会各界的重视。处于中心学科地位的化学，其教育改革的迫切性在所有学科中尤为明显。我们只要把20世纪70～80年代的化学教材（包括化学实验）的主要内容和思维方式与近20年来高等学校化学研究室或分析中心所承担的课题以及所用的手段做一番对比，不难发现其中的差距竟然是如此之大，化学教育的基本内容和人才培养模式的改革都已迫在眉睫！

我国的化学教育改革已经有了较长时间的实践，在培养目标、培养计划和课程体系等方面都有过许多很有见地的设想，先后进行过多种不同的试验。在此基础上，最近出版的多种颇有新意的化学教材和经过挑选的国外教材一起进入了我国大学的课堂。这些措施对化学教育内容的现代化起到了很好的促进作用。

但是应当看到，对于像化学这样一门典型的实验科学的改革来说，仅仅依靠教材的更新是远远不够的，必须着力于化学实验教学的改革。可是由于资源、传统观念、投入研究力量不足等原因，化学实验改革的严重滞后是一个带有普遍性的问题。由于改革的成败直接影响到新世纪化学人才的基本素质，而且改革过程中将要经受的阻力又是如此的繁复，所以这是高等化学教育改革中最富有挑战性的任务之一。

山东省集中山东大学等高校长期从事化学实验教学和改革的教师组成高校化学实验新体系立体化系列教材编写指导委员会，以便集中力量完成化学实验改革目标的做法，应当认为是迎接这一挑战的有效方式之一。这些以百倍的热情投身于实验改革的所有教授和其他教辅人员，都应当得到社会和学校领导的尊重和支持，更应当得到整个化学界的支持和帮助。这也是我敢于以化学界普通一员的身份同意为该教材作序的重要原因。

这套教材是根据教育部“高等学校基础课实验教学示范中心建设标准”和“厚基础、宽专业、大综合”的教育理念进行组织编写的，因而使得新的化学实验课既有相对的独立性，又能够做到与化学课堂教学过程适当配合。在实验内容的组合上，删除了一部分“过分经典”、同时教育价值不大的传统实验，增加了有利于培养学生综合能力的实验课题。应当认为，这套教材的编写指导思想是符合时代要求的。

化学教育改革，尤其是化学实验改革是一项十分艰巨的任务，不可能要求一蹴而就，为此对于新教材和新的教学方法，应当允许有一个逐步成长、逐步完善的过程。

根据编写计划，这套教材和与之配套的教学课件和网络教程，将在2003年至2004年间陆续出版。它的问世将为兄弟院校的化学实验教学改革提供新的教学资源和经验，进一步推动高等化学教育的发展。

由于人类已经进入信息社会，互联网技术得到普及与应用，相对于原来的查找化学信息的方式而言，已有化学信息的获得与利用方式已经发生了革命性的变化，这是我们在研究化学教育改革方案时必须认真考虑的一个方面。其次，由于物理方法与技术已经成为现代化学实验的基础，因此化学实验在体现学科交叉方面更有自己的特色，在考虑教育改革的方案时，如何强化这个特点，而不仅仅局限于使用现成的“先进仪器”，也是一个值得重视的问题。

和广大的化学系师生一样，我迫切地期望着高等学校化学实验新体系立体化系列教材的早日问世。

2003 年 6 月于清华园

宋心琦

第一版前言

本教材是高等学校化学实验新体系立体化系列教材的第一部，是根据当代化学学科发展的实际，为大学化学实验教学编写的教材。与以往传统无机化学实验和分析化学实验教材相比，作了以下几方面的改进。

1. 将原先无机化学实验中与物理化学实验重复的热力学、动力学、电化学实验并入基础化学实验（Ⅲ），避免了简单的重复；将分析化学实验中的定性部分和无机化学实验中的元素性质部分进行改进组合；将物质性质和结构紧密相联；通过每区元素个性和共性的分析与总结，探寻物质性质的变化规律；加重基本操作、基本技术和附录内容，便于学生查阅和自修。

2. 在二级学科层面上编写了无机化合物的合成、组成分析、性能测试等多层次一体化的综合实验，以对学生进行初步系统化的科研技能的训练；编写了应用设计实验，以培养学生的创新思维能力和独立分析问题、解决问题的能力，使学生不仅“会做”，更要“会想”；编写了与材料科学、生命科学及环境科学相关的应用性近代化学实验，以拓展学生的知识面，同时也利于不同专业的学生选用。

3. 对涉及如银、碘等贵重材质的实验内容增加了微型实验，这样既节省了经费，又减少了对环境的污染；对于多步完成的实验，尽可能将前一步骤的产物作为后续步骤的原料，达到或接近零排放的目标；对有害于健康和环境的药品力求不用或少用；对毫无利用价值且对环境有害的废弃物也进行了妥善处理。这有助于培养学生量的意识和树立绿色化学研究的理念。

4. 某些实验中列入了多项实验内容，各使用单位可结合自己的具体情况对实验内容进行筛选；对同一实验增加了扩展内容，使实验学时数可调，为不同专业的使用提供方便。

本教材由高等学校化学实验新体系立体化系列教材编写指导委员会组织山东省部分高校多年从事基础化学实验教学的教师，结合自己的教学经验并参考国内外其他基础化学实验教材以及相关论著编写而成。山东大学孙思修教授和杨景和教授为本书的编写提出了指导性的建议和具体的修改意见，在此一并表示诚挚的谢意！

由于作者水平有限，书中错误和不当之处，敬请读者批评指正。

编　者

2003 年 8 月

目 录

第二篇　基本实验

第三篇　综合实验

第四篇　设计实验

附　录

绪　论

一、学习基础化学实验（Ⅰ）的目的

基础化学实验（Ⅰ）是一门实践性基础课程，是化学及相关专业本科生的必修课，它是一门独立的课程，但又与基础化学理论课程有紧密的联系。基础化学实验的研究对象可概括为：以实验为手段来了解基础化学中的重要原理、元素及其化合物的性质、无机化合物的制备、分离纯化及分析鉴定等。

学生经过基本实验的严格训练，能够规范地掌握实验的基本操作、基本技术和基本技能，学习并掌握基础化学的基本理论和基本知识。通过在二级学科层面上的多层次综合实验，学生可以直接观察到大量的化学现象，经过思维、归纳、总结，从感性认识上升到理性认识，学习化学实验的全过程，综合培养学生动手、观测、查阅、记忆、思维、想像及表达等全部智力因素，从而使学生具备分析问题、解决问题的独立工作能力。在设计实验中，学生由提出问题、查阅资料、设计方案、动手实验、观察现象、测定数据，到正确处理和概括实验结果，练习解决化学问题，以使学生初步具备从事科学研究的能力。

在培养智力因素的同时，基础化学实验又是对学生进行其他方面素质训练的理想课程，包括艰苦创业、勤奋不懈、谦虚好学、乐于协作、求实、求真、存疑等科学品德和科学精神的训练，这些都是每一个化学工作者获得成功所不可缺少的因素。

二、基础化学实验（Ⅰ）的学习方法

基础化学实验是在教师的正确引导下由学生独立完成的，因此实验效果与正确的学习态度和学习方法密切相关。对于基础化学实验的学习方法，应抓住以下三个重要环节。

1. 课前充分预习

实验前预习是必要的准备工作，是做好实验的前提。这个环节必须引起学生的足够重视，如果学生不预习，对实验的目的、要求和内容不清楚，是不允许进行实验的。为了确保实验质量，实验前任课教师要检查每个学生的预习情况。查看学生的预习笔记，对没有预习或预习不合格者，任课教师有权不让其参加本次实验。

实验预习一般应达到下列要求：

（1）认真阅读实验教材及相关参考资料，达到明确实验目的、理解实验原理、熟悉实验内容、掌握实验方法、切记实验中有关的注意事项，在此基础上简明、扼要地写出预习笔记；

（2）实验预习笔记是进行实验的首要环节，预习笔记应包括简要的实验步骤与操作、测量数据记录的表格、定量实验的计算公式等，而且要为记录实验现象和测量数据留有充足的位置；

（3）为规范实验操作，必须按要求观看基础化学实验基本操作多媒体教学课件；

（4）按时到达实验室，专心听指导教师的讲解，迟到 15min 以上者禁止进行此次实验。

2. 课堂规范操作

实验是培养独立工作和思维能力的重要环节，必须认真、独立地完成。

（1）在充分预习的基础上规范操作，认真仔细地观察实验中的现象，一丝不苟，及时地如实将实验现象、数据记录填写在预习笔记中。按要求处理好废液，对使用的公用仪器要求自觉管理好，并在相关记录本上登记，这是养成良好科学素养必需的训练。

(2) 对于设计性实验，审题要确切，方案要合理，现象要清晰。在实验中发现设计方案存在问题时，应找出原因，及时修改方案，直至达到满意的结果。

(3) 在实验中遇到疑难问题或者“反常现象”，应认真分析操作过程，思考原因。为了正确说明问题，可在教师指导下重做或补充某些实验，以培养独立分析、解决问题的能力。

(4) 实验中自觉养成良好的科学习惯，遵守实验工作规则。实验过程中应始终保持桌面布局合理、环境整洁。

(5) 实验结束，所得的实验结果必须经教师认可并在原始记录本上签字后，才能离开实验室。

3. 课后如实书写实验报告

实验报告是对每次所做实验的概括和总结，必须严肃认真如实书写。

一份合格的报告应包括以下 5 部分内容。

(1) 实验目的　简述实验目的（定量测定实验还应简介实验有关基本原理和主要反应方程式）。

(2) 实验内容　实验内容是学生实际操作的简述，尽量用表格、框图、符号等形式，清晰、明了地表示实验内容，避免抄书本。

(3) 实验现象和数据记录　实验现象要表达正确，数据记录要完整。绝对不允许主观臆造、抄袭他人的作业。若发现主观臆造或抄袭者严加惩处。

(4) 解释、结论或数据计算　对现象加以简明的解释，写出主要反应方程式，分标题小结或者最后得出结论。数据计算要表达清晰。完成实验教材中规定的作业。

(5) 问题讨论　针对实验中遇到的疑难问题提出自己的见解。定量实验应分析实验误差产生的原因。对实验方法、教学方法和实验内容等提出意见或建议。

每次实验报告应按时连同教师签过字的原始记录笔记一起交。

附: 实验报告格式示例

____

制备实验类　　　　**例　氯化钠的提纯**

一、目的要求

1. 掌握提纯 NaCl 的原理和方法。

2. 学习溶解、沉淀、常压过滤、减压过滤、蒸发浓缩、结晶和烘干等基本操作。

3. 了解 Ca^{2+}、Mg^{2+}、SO_4^{2-} 等离子的定性鉴定。

二、实验原理

粗食盐中含有 Ca^{2+}、Mg^{2+}、K^+ 和 SO_4^{2-} 等可溶性杂质和泥沙等不溶性杂质。选择适当的试剂可使 Ca^{2+}、Mg^{2+}、SO_4^{2-} 等离子生成难溶盐沉淀而除去。一般先在食盐溶液中加 $BaCl_2$ 溶液，除去 SO_4^{2-}。然后再在溶液中加 Na_2CO_3 溶液，除 Ca^{2+}、Mg^{2+} 和过量的 Ba^{2+}。

过量的 Na_2CO_3 溶液用 HCl 中和。粗食盐中的 K^+ 仍留在溶液中。由于 KCl 溶解度比

NaCl 大，而且粗食盐中含量少，所以在蒸发和浓缩食盐溶液时，NaCl 先结晶出来，而 KCl 仍留在溶液中。

三、实验步骤

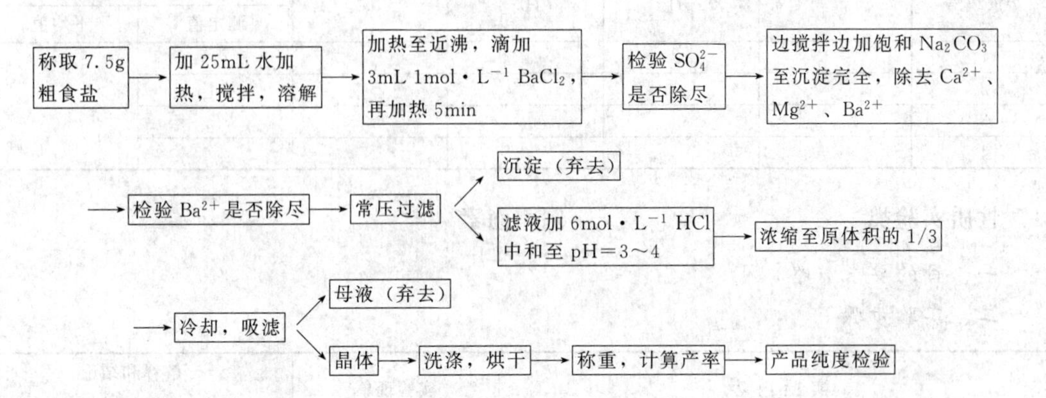

四、实验结果

1. 产品外观　　①粗盐______；②精盐______。

2. 产率______。

3. 产品纯度检验（粗盐和精盐各称 0.5g 分别溶于 5mL 蒸馏水中，再用溶液进行检验）

现象记录及结论

检验项目	检验方法	被检溶液	实验现象	结　论
SO_4^{2-}	加入 $6mol \cdot L^{-1}$ HCl，$0.2mol \cdot L^{-1}$ $BaCl_2$	1mL 粗 NaCl 溶液		
		1mL 纯 NaCl 溶液		
Ca^{2+}	饱和$(NH_4)_2C_2O_4$ 溶液	1mL 粗 NaCl 溶液		
		1mL 纯 NaCl 溶液		
Mg^{2+}	$6mol \cdot L^{-1}$ NaOH 镁试剂溶液	1mL 粗 NaCl 溶液		
		1mL 纯 NaCl 溶液		

测定实验类　　例　醋酸电离常数和电离度的测定——pH 法

一、目的要求（略）

二、原理（略）

三、实验步骤

1. 醋酸溶液浓度的标定

NaOH 溶液的浓度/$(mol \cdot L^{-1})$				
平行滴定份数		1	2	3
HAc 溶液的体积/mL		25.00	25.00	25.00
NaOH 溶液的用量/mL				
HAc 溶液的浓度/$(mol \cdot L^{-1})$	测定值			
	平均值			

2. 醋酸溶液 pH 的测定

温度______℃

溶液编号	c	pH	$[H^+]$	α	电离常数 K	
					测定值	平均值
1						
2						
3						
4						

性质实验类　　　　　　　　例　卤素

一、目的要求（略）

二、实验步骤

实验内容	实验现象	解释和结论（包括反应式）
卤素的氧化性	Cl_2 水退色	
1. 2 滴 0.1mol·L^{-1}KBr＋2 滴 Cl_2 水＋0.5mL CCl_4	CCl_4 层呈棕黄色	$2KBr+Cl_2 = 2KCl+Br_2$
2. 2 滴 0.1mol·L^{-1}KI＋2 滴 Cl_2 水＋0.5mL CCl_4	CCl_4 层呈紫红色	$2KI+Cl_2 = 2KCl+I_2$

三、思考题及讨论（略）

定量实验类　　　　　　例　EDTA 溶液的标定

一、目的要求（略）

二、实验原理（略）

三、实验步骤

准确称取纯锌 0.15～0.20g → 滴加 10mL 1∶1HCl 溶解，定容至 250mL 容量瓶中 →

移液管移取 25.00mL 置锥形瓶中，加 2 滴二甲酚橙指示剂，滴加六亚甲基四胺至呈紫红色，再过量 5mL → 用待标定 EDTA 溶液滴至由紫红色变为亮黄色

四、实验记录和结果处理

称取纯锌的质量/g			
锌标准溶液的浓度/(mol·L^{-1})			
平行移取锌标准溶液份数	Ⅰ	Ⅱ	Ⅲ
平行移取锌标准溶液的体积/mL	25.00	25.00	25.00
EDTA:最初读数/mL			
最后读数/mL			
净用量/mL			
c(EDTA)/(mol·L^{-1})			
$\overline{c}$(EDTA)/(mol·L^{-1})			
相对平均偏差			

五、思考题及讨论（略）

三、化学实验室安全知识

化学实验室是学习、研究化学的重要场所。在实验室中，经常接触到各种化学药品和各种仪器。实验室常常潜藏着诸如爆炸、着火、中毒、灼伤、割伤、触电等事故的危险性。因此，实验者必须特别重视实验安全。

1. 基础化学实验守则

（1）实验前认真预习，明确实验目的，了解实验原理，熟悉实验内容、方法和步骤。

（2）严格遵守实验室的规章制度。听从教师的指导。实验中要保持安静，有条不紊。保持实验室的整洁。

（3）实验中要规范操作，仔细观察，认真思考，如实记录。

（4）爱护仪器，节约水、电、煤气和试剂药品。精密仪器使用后要在登记本上记录使用情况，并经教师检查认可。

（5）凡涉及到有毒气体的实验，都应在通风橱中进行。

（6）废纸、火柴梗、碎玻璃和各种废液倒入废物桶或其他规定的回收容器中。

（7）损坏仪器应填写仪器破损单，按规定进行赔偿。

（8）发生意外事故应保持镇静，立即报告教师，及时处理。

（9）实验完毕，整理好仪器、药品和台面，清扫实验室，关好煤气、水、电的开关和门、窗。

（10）根据原始记录，独立完成实验报告。

2. 危险品的使用

（1）浓酸和浓碱具有强腐蚀性，不要把它们洒在皮肤或衣物上。废酸应倒入废液缸中，但不要再向里面倾倒碱液，以免酸碱中和产生大量的热而发生危险。

（2）强氧化剂（如高氯酸、氯酸钾等）及其混合物（氯酸钾与红磷、碳、硫等的混合物）不能研磨或撞击，否则易发生爆炸。

（3）银氨溶液放久后会变成氮化银而引起爆炸，因此用剩的银氨溶液应及时处理。

（4）活泼金属钾、钠等不要与水接触或暴露在空气中，应将它们保存在煤油中，用镊子取用。

（5）白磷有剧毒，并能灼伤皮肤，切勿与人体接触。白磷在空气中易自燃，应保存在水中。取用时，应在水下进行切割，用镊子夹取。

（6）氢气与空气的混合物遇火要发生爆炸，因此产生氢气的装置要远离明火。点燃氢气前，必须先检查氢气的纯度。进行产生大量氢气的实验时，应把废气通至室外，并注意室内的通风。

（7）有机溶剂（乙醇、乙醚、苯、丙酮等）易燃，使用时一定要远离明火。用后要把瓶塞塞严，放在阴凉的地方，最好放入沙桶内。

（8）进行能产生有毒气体（如氟化氢、硫化氢、氯气、一氧化碳、二氧化碳、二氧化氮、二氧化硫、溴等）的反应时，加热盐酸、硝酸和硫酸时，均应在通风橱中进行。

（9）汞易挥发，在人体内会积累起来，引起慢性中毒。可溶性汞盐、铬的化合物、氰化物、砷盐、锑盐、镉盐和钡盐都有毒，不得进入口内或接触伤口，其废液也不能倒入下水道，应统一回收处理。为了减少汞液面的蒸发，可在汞液面上覆盖化学液体：甘油的效果最好，5% $Na_2S\cdot9H_2O$ 溶液次之，水的效果最差。对于溅落的汞应尽量用毛刷蘸水收集起来，直径大于1mm的汞颗粒可用吸气球或真空泵抽吸的捡汞器拣起来。撒落过汞的地方可以撒上多硫化钙、硫黄粉或漂白粉，或喷洒药品使汞生成不挥发的难溶盐，并要扫除干净。

3. 化学中毒和化学灼伤事故的预防

(1) 保护好眼睛。防止眼睛受刺激性气体的熏染，防止任何化学药品特别是强酸、强碱、玻璃屑等异物进入眼内。

(2) 禁止用手直接取用任何化学药品，使用有毒药品时，除用药匙、量器外，必须戴橡皮手套，实验后马上清洗仪器用具，立即用肥皂洗手。

(3) 尽量避免吸入任何药品和溶剂的蒸气。处理具有刺激性、恶臭的和有毒的化学药品时，如 H_2S、NO_2、Cl_2、Br_2、CO、SO_2、HCl、HF、浓硝酸、发烟硫酸、浓盐酸、乙酰氯等，必须在通风橱中进行。通风橱开启后，不要把头伸入橱内，并保持实验室通风良好。

(4) 严禁在酸性介质中使用氰化物。

(5) 用移液管、吸量管移取浓酸、浓碱、有毒液体时，禁止用口吸取，应该用洗耳球吸取。严禁冒险品尝药品试剂，不得用鼻子直接嗅气体，而是用手向鼻孔扇入少量气体。

(6) 实验室内禁止吸烟进食，禁止穿拖鞋。

4. 一般伤害的救护

(1) 割伤　可用消毒棉棒把伤口清理干净，若有玻璃碎片需小心挑出，然后涂以紫药水等抗菌药物消炎并包扎。

(2) 烫伤　一旦被火焰、蒸气、红热的玻璃或铁器等烫伤时，立即将伤处用大量水冲洗，以迅速降温避免深度烧伤。若起水泡，不宜挑破，用纱布包扎后送医院治疗；对轻微烫伤，可用浓高锰酸钾溶液润湿伤口至皮肤变为棕色，然后涂上獾油或烫伤膏。

(3) 受酸腐蚀　先用大量水冲洗，以免深度烧伤，再用饱和碳酸氢钠溶液或稀氨水冲洗，最后再用水冲洗。如果酸溅入眼内也用此法，只是碳酸氢钠溶液改用1%的浓度，禁用稀氨水。

(4) 受碱腐蚀　先用大量水冲洗，再用醋酸（$20g\cdot L^{-1}$）洗，最后用水冲洗。如果碱溅入眼内，可用硼酸溶液洗，再用水洗。

(5) 受溴灼伤　这是很危险的。被溴灼伤后的伤口一般不宜愈合，必须严加防范。凡用溴时都必须预先配制好适量的20%的 $Na_2S_2O_3$ 溶液备用。一旦有溴粘到皮肤上，立即用 $Na_2S_2O_3$ 溶液冲洗，再用大量的水冲洗干净，包上消毒纱布后就医。

(6) 白磷灼伤　用1%的硝酸银溶液、1%的硫酸铜溶液或浓高锰酸钾溶液洗后进行包扎。

(7) 吸入刺激性气体　可吸入少量酒精和乙醚的混合蒸气，然后到室外呼吸新鲜空气。

(8) 毒物进入口内　把5～10mL的稀硫酸铜溶液加入一杯温水中，内服后用手伸入喉部，促使呕吐，吐出毒物，再送医院治疗。

5. 灭火常识

实验室内万一着火，要根据起火的原因和火场周围的情况，采取不同的扑灭方法。起火后，不要慌张，一般应立即采取以下措施。

(1) 防止火势扩展　停止加热，停止通风，关闭电闸，移走一切可燃物。

(2) 扑灭火源　一般的小火可用湿布、石棉布或沙土覆盖在着火的物体上；衣物着火时，切不可慌张乱跑，应立即用湿布或石棉布压灭火焰，如燃烧面积较大，可躺在地上，就地打滚。能与水发生剧烈作用的化学药品（金属钠）或比水轻的有机溶剂着火，不能用水扑救，否则会引起更大的火灾。使用灭火器也要根据不同的情况选择不同的类型。现将常用灭火器及其适用范围列表如下。

常用灭火器及其适用范围

灭火器类型	药 液 成 分	适 用 范 围
酸碱灭火器	H_2SO_4 和 $NaHCO_3$	非油类和电器失火的一般初起火灾
泡沫灭火器	$Al_2(SO_4)_3$ 和 $NaHCO_3$	适用于油类起火
二氧化碳灭火器	液态 CO_2	适用于扑灭电器设备、小范围的油类及忌水的化学药品的失火
四氯化碳灭火器	液态 CCl_4	适用于扑灭电器设备，小范围的汽油、丙酮等失火。不能用于扑灭活泼金属钾、钠的失火，因 CCl_4 会强烈分解，甚至爆炸；电石、CS_2 的失火，也不能使用它，因为会产生光气一类的毒气
干粉灭火器	主要成分是碳酸氢钠等盐类物质与适量的润滑剂和防潮剂	扑救油类、可燃性气体、电器设备、精密仪器、图书文件等物品的初期火灾

四、实验室的三废处理

根据绿色化学的基本原则，化学实验室应尽可能选择对环境无毒害的实验项目。对确实无法避免的实验项目若排放出废气、废渣和废液（这些废弃物又称三废），如果对其不加处理而任意排放，不仅污染周围空气、水源和环境，造成公害，而且三废中的有用或贵重成分未能回收，在经济上也是个损失。因此化学实验室三废的处理是很重要而又有意义的问题。

化学实验室的环境保护应该规范化、制度化，应对每次产生的废气、废渣和废液进行处理。教师和学生要按照国家要求的排放标准进行处理，把用过的酸类、碱类、盐类等各种废液、废渣，分别倒入各自的回收容器内，再根据各类废弃物的特性，采取中和、吸收、燃烧、回收循环利用等方法来进行处理。

1. 实验室的废气

实验室中凡可能产生有害废气的操作都应在有通风装置的条件下进行，如加热酸、碱溶液及产生少量有毒气体的实验等应在通风橱中进行。汞的操作室必须有良好的全室通风装置，其抽风口通常在墙的下部。实验室若排放毒性大且较多的气体，可参考工业上废气处理的办法，在排放废气之前，采用吸附、吸收、氧化、分解等方法进行预处理。毒性大的气体可参考工业上废气处理的办法处理后排放。

2. 实验室的废渣

实验室产生的有害固体废渣虽然不多，但决不能将其与生活垃圾混倒。固体废弃物经回收、提取有用物质后，其残渣仍是多种污染物的存在状态，此时方可对它做最终的安全处理。

（1）化学稳定　对少量（如放射性废弃物等）高危险性物质，可将其通过物理或化学的方法进行（玻璃、水泥、岩石的）固化，再进行深地填埋。

（2）土地填埋　这是许多国家作为固体废弃物最终处置的主要方法。要求被填埋的废弃物应是惰性物质或经微生物可分解成为无害物质。填埋场地应远离水源，场地底土不透水、不能穿入地下水层。填埋场地可改建为公园或草地。因此，这是一项综合性的环保工程技术。

3. 实验室的废液

(1) 化学实验室产生的废弃物很多，但以废溶液为主。实验室产生的废溶液种类繁多，组成变化大，应根据溶液的性质分别处理。废酸液可先用耐酸塑料网纱或玻璃纤维过滤，滤液加碱中和，调 pH 至 6～8 后就可排出，少量滤渣可埋于地下。

(2) 废洗液可用高锰酸钾氧化法使其再生后使用。少量的废洗液可加废碱液或石灰使其生成 $Cr(OH)_3$ 沉淀，将沉淀埋于地下即可。

(3) 氰化物是剧毒物质，少量的含氰废液可先加 NaOH 调至 pH>10，再加入几克高锰酸钾使 CN^- 氧化分解。大量的含氰废液可用碱性氯化法处理，即先用碱调至 pH>10，再加入次氯酸钠，使 CN^- 氧化成氰酸盐，并进一步分解为 CO_2 和 N_2。

(4) 含汞盐的废液先调 pH 至 8～10，然后加入过量的 Na_2S，使其生成 HgS 沉淀，并加 $FeSO_4$ 与过量 S^{2-} 生成 FeS 沉淀，从而吸附 HgS 共沉淀下来。离心分离，清液含汞量降到 0.02mg·L^{-1}以下，可排放。少量残渣可埋于地下，大量残渣可用焙烧法回收汞，但注意一定要在通风橱中进行。

(5) 含重金属离子的废物，最有效和最经济的方法是加碱或加 Na_2S 把重金属离子变成难溶性的氢氧化物或硫化物而沉积下来，过滤后，残渣可埋于地下。

第一篇　基础化学实验基本知识

第一部分　基 本 知 识

一、实验室用水的规格、制备及检验方法

化学实验中所用的水须是纯化的水。不同的实验，对水质的要求也不相同。一般的化学实验用一次蒸馏水或去离子水；超纯分析或精密物理化学实验中，需用水质更高的二次蒸馏水、三次蒸馏水或根据实验要求用无二氧化碳蒸馏水等。

1. 规格

国家标准（GB 6682—92）中，明确规定了实验室用水的级别、主要技术指标及检验方法。该标准采用了国际标准（ISO 3696—1987），见表 1-1。

表 1-1　实验室用水的级别及主要技术指标（引自 GB 6682—92）

指 标 名 称	一 级	二 级	三 级
pH 范围(25℃)	—	—	5.0～7.5
电导率(25℃)/($mS\cdot m^{-1}$)	≤0.01	≤0.10	≤0.50
可氧化物质(以氧计)/($mg\cdot mL^{-1}$)	—	<0.08	<0.4
蒸发残渣(105±2)℃/($mg\cdot mL^{-1}$)	—	≤1.0	≤2.0
吸光度(254nm,1cm 光程)	≤0.001	≤0.01	
可溶性硅(以 SiO_2 计)/($mg\cdot mL^{-1}$)	<0.01	<0.02	

注：1. 由于在一级水、二级水的纯度下，难于测定其真实的 pH，因此，对其 pH 范围不做规定。

2. 由于在一级水的纯度下，难于测定其可氧化物质和蒸发残渣，因此，对其限量不做规定。可用其他条件和制备方法来保证一级水的质量。

2. 制备方法

实验室制备纯水一般可用蒸馏法、离子交换法和电渗析法。蒸馏法的优点是设备成本低、操作简单，缺点是只能除掉水中非挥发性杂质，且能耗高；离子交换法制得的水，称为“去离子水”，去离子效果好，但不能除掉水中非离子型杂质，常含有微量的有机物；电渗析法是在直流电场作用下，利用阴、阳离子交换膜对原水中存在的阴、阳离子选择性渗透的性质而除去离子型杂质，电渗析法也不能除掉非离子型杂质。在实验中，要依据需要，选择用水。不应盲目追求水的纯度。

3. 检验方法

制备出的纯水水质，一般依其电导率为主要质量指标。一般的检验也可进行，诸如：pH、重金属离子、Cl^- 离子、SO_4^{2-} 离子等的检验；此外，根据实际工作的需要及生化、医药化学等方面的特殊要求，有时还要进行一些特殊项目的检验。

二、化学试剂

1. 化学试剂的分类

化学试剂的种类很多，其分类和分级标准也不尽一致。我国化学试剂的标准有国家标准（GB）、化工部标准（HG）及企业标准（QB）。试剂按用途可分一般试剂、标准试剂、特殊

试剂、高纯试剂等多种；按组成、性质、结构又可分无机试剂、有机试剂。且新的试剂还在不断产生，没有绝对的分类标准。我国国家标准是根据试剂的纯度和杂质含量，将试剂分为五个等级，并规定了试剂包装的标签颜色及应用范围，见表 1-2。

表 1-2 化学试剂的级别及应用范围

级 别	名 称	英文符号	标签颜色	应用范围
一级	优级纯(保证试剂)	GR	绿	精密分析研究工作
二级	分析纯(分析试剂)	AR	红	分析实验
三级	化学纯	CP	蓝	一般化学实验
四级	实验试剂	LR	黄	工业或化学制备
生化试剂	生化试剂(生物染色剂)	BR	咖啡或玫瑰红	生化实验

2. 化学试剂的取用、存放

实验中应根据不同的要求选用不同级别的试剂。化学试剂在实验室分装时，一般把固体试剂装在广口瓶中，把液体试剂或配制的溶液盛放在细口瓶或带有滴管的滴瓶中，把见光易分解的试剂或溶液（如硝酸银等）盛放在棕色瓶内。每一试剂瓶上都贴有标签。上面写有试剂的名称、规格或浓度（溶液）以及日期。在标签外面涂上一层蜡来保护它。

（1）固体试剂的取用规则

① 用干净的药勺取用。用过的药勺必须洗净、擦干后才能再使用。

② 试剂取用后应立即盖紧瓶盖。

③ 多取出的药品，不要再倒回原瓶。

④ 一般试剂可放在称量纸或表面皿上称量。具有腐蚀性、强氧化性或易潮解的试剂不能在纸上称量，应放在玻璃容器内称量。

⑤ 有毒药品要在教师指导下取用。

（2）液体试剂的取用规则

① 从滴瓶中取用时，要用滴瓶中的滴管，滴管不要触及所接收的容器，以免沾污药品。装有药品的滴管不得横置或滴管口向上斜放，以免液体流入滴管的胶皮帽中。

② 从细口瓶中取用试剂时，用倾注法。将瓶塞取下，反放在桌面上，手握住试剂瓶上贴标签的一面，逐渐倾斜瓶子，让试剂沿着洁净的瓶口流入试管或沿着洁净的玻璃棒注入烧杯中。取出所需量后，将试剂瓶口在容器上靠一下，再逐渐竖起瓶子，以免遗留在瓶口的液体滴流到瓶的外壁。

③ 在试管里进行某些不需要准确体积的实验时，可以估算取用量。如用滴管取，1mL相当于多少滴，5mL 液体占一个试管容量的几分之几等。倒入试管里的溶液的量，一般不超过其容积的 1/3。

④ 定量取用时，用量筒或移液管取。

（3）特殊化学试剂（汞、金属钠、钾）的存放

① 汞：汞易挥发，在人体内会积累起来，引起慢性中毒。因此，不要让汞直接暴露在空气中，汞要存放在厚壁器皿中，保存汞的容器内必须加水将汞覆盖，使其不能挥发。玻璃瓶装汞只能至半满。

② 金属钠、钾：通常应保存在煤油中，放在阴凉处。使用时先在煤油中切割成小块，再用镊子夹取，并用滤纸把煤油吸干。切勿与皮肤接触，以免烧伤。未用完的金属碎屑不能乱丢，可加少量酒精，令其缓慢反应掉。

三、溶液及其配制

按照溶液浓度的准确程度，浓度较粗略的称为非标准溶液，而浓度较准确的，一般为四位有效数字，称为标准溶液。

1. 非标准溶液

非标准溶液常用以下三种方法配制。

(1) 直接水溶法　对一些易溶于水而不易水解的固体试剂，如 KNO_3、KCl、NaCl 等，先算出所需固体试剂的量，用台秤或分析天平称出所需量，放入烧杯中，以少量蒸馏水搅拌使其溶解后，再稀释至所需的体积。若试剂溶解时有放热现象，或以加热促使其溶解的，应待其冷却后，再移至试剂瓶或容量瓶，贴上标签备用。

(2) 介质水溶法　对易水解的固体试剂如 $FeCl_3$、$SbCl_3$、$BiCl_3$ 等。配制其溶液时，称取一定量的固体，加入适量的酸（或碱）使之溶解。再以蒸馏水稀释至所需体积，摇匀后转入试剂瓶。在水中溶解度较小的固体试剂如固体 I_2，可选用 KI 水溶液溶解，摇匀转入试剂瓶。

(3) 稀释法　对于液态试剂，如盐酸、硫酸等，配制其稀溶液时，用量筒量取所需浓溶液的量，再用适量的蒸馏水稀释。配制硫酸溶液时，需特别注意，应在不断搅拌下将浓硫酸缓缓倒入盛水的容器中，切不可颠倒操作顺序。

易发生氧化还原反应的溶液（如 Sn^{2+}、Fe^{2+} 溶液），为防止其在保存期间失效，应分别在溶液中放入一些 Sn 粒和 Fe 粉。

见光容易分解的要注意避光保存，如 $AgNO_3$、$KMnO_4$、KI 等溶液应贮于棕色容器中。

2. 标准物质

标准物质（reference material，RM）的定义表述为：已确定其一种或几种特性，用于校准测量器具、评价测量方法或确定材料特性量值的物质。目前，中国的化学试剂中只有滴定分析基准试剂和 pH 基准试剂属于标准物质。滴定分析中常用的工作基准试剂见表 1-3。基准试剂可用于直接配制标准溶液或用于标定溶液浓度。标准物质的种类很多，实验中还会使用一些非试剂类的标准物质，如纯金属、药物、合金等。

表 1-3　滴定分析中常用的工作基准试剂

试剂名称	主要用途	用前干燥方法	国家标准编号
氯化钠	标定 $AgNO_3$ 溶液	500～550℃灼烧至恒重	GB 1253—89
草酸钠	标定 $KMnO_4$ 溶液	(105±5)℃干燥至恒重	GB 1254—90
无水碳酸钠	标定 HCl、H_2SO_4 溶液	270～300℃干燥至恒重	GB 1255—90
乙二胺四乙酸二钠	标定金属离子溶液	硝酸镁饱和溶液恒湿器中放置 7d	GB 12593—90
邻苯二甲酸氢钾	标定 NaOH 溶液	105～110℃干燥至恒重	GB 1257—89
碘酸钾	标定 $Na_2S_2O_3$ 溶液	(180±2)℃干燥至恒重	GB 1258—90
重铬酸钾	标定 $Na_2S_2O_3$、$FeSO_4$ 溶液	(120±2)℃干燥至恒重	GB 1259—89
溴酸钾	标定 $Na_2S_2O_3$ 溶液	(180±2)℃干燥至恒重	GB 12594—90
碳酸钙	标定 EDTA 溶液	(110±2)℃干燥至恒重	GB 12596—90
氧化锌	标定 EDTA 溶液	800℃灼烧至恒重	GB 1260—90
硝酸银	标定卤化物溶液	H_2SO_4 干燥器中干燥至恒重	GB 12595—90
三氧化二砷	标定 I_2 溶液	H_2SO_4 干燥器中干燥至恒重	GB 1256—90

3. 标准溶液

标准溶液是已确定其主体物质浓度或其他特性量值的溶液。化学实验中常用的标准溶液有滴定分析用标准溶液、仪器分析用标准溶液和 pH 测量用标准缓冲溶液。其配制方法如下。

（1）由基准试剂或标准物质直接配制　用分析天平或电子天平准确称取一定量的基准试剂或标准物质，溶于适量的水中，再定量转移到容量瓶中，用水稀释至刻度。根据称取的质量和容量瓶的体积，计算它的准确浓度。

（2）标定法　很多试剂不宜用直接法配制标准溶液，而要用间接的方法，即标定法。先配制出近似所需浓度的溶液，再用基准试剂或已知浓度的标准溶液标定其准确浓度。

（3）稀释法　用移液管或滴定管准确量取一定体积的浓标准溶液，放入适当的容量瓶中，用溶剂稀释到刻度，得到所需浓度较低的标准溶液。

6 种 pH 基准试剂见表 1-4。

表 1-4　pH 基准试剂①

试　剂	规定浓度 /(mol·kg^{-1})	标准值/25℃ 一级 pH 基准试剂 pH(S)$_{\text{I}}$	pH 基准试剂 pH(S)$_{\text{II}}$
四草酸钾	0.05	1.680±0.005	1.68±0.01
酒石酸氢钾	饱和	3.559±0.005	3.56±0.01
邻苯二甲酸氢钾	0.05	4.003±0.005	4.00±0.01
磷酸氢二钠、磷酸二氢钾	0.025	6.864±0.005	6.86±0.01
四硼酸钠	0.01	9.182±0.005	9.18±0.01
氢氧化钙	饱和	12.460±0.005	12.46±0.01

① 引自 GB 6852～6858—86 和 GB 11076—89。

4. 缓冲溶液

许多化学反应要在一定的 pH 条件下进行。缓冲溶液就是一种能抵御少量强酸、强碱和水的稀释而保持体系 pH 基本不变的溶液。

常用缓冲溶液的组成及配制方法见附录十九。

四、常用气体的获得与纯化

1. 气体的制备

化学实验中经常要制备少量气体，可根据原料和反应条件，采用以下某一装置进行。制备氢气、二氧化碳及硫化氢等气体可用启普发生器。

$$Zn + 2HCl \longrightarrow ZnCl_2 + H_2\uparrow$$
$$CaCO_3 + 2HCl \longrightarrow CaCl_2 + CO_2\uparrow + H_2O$$
$$FeS + 2HCl \longrightarrow FeCl_2 + H_2S\uparrow$$

启普发生器由一个玻璃容器和球形漏斗组成（图 1-1），固体药品放在中间圆球内，固体下面放些玻璃棉，以免固体掉至下球内。酸从球形漏斗加入，使用时，打开活塞，酸进入

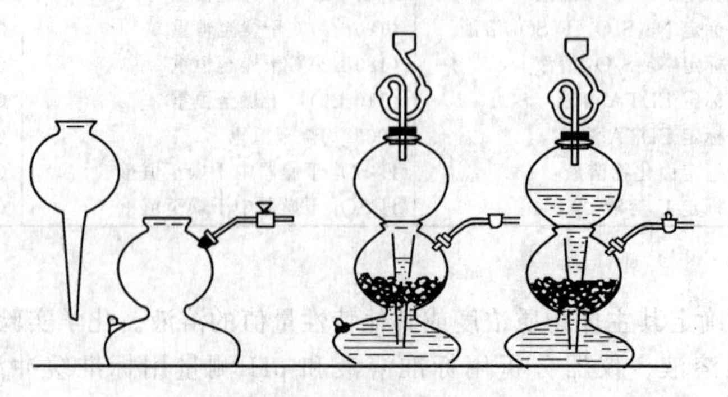

图 1-1　启普发生器的结构及作用示意

中间球内，与固体接触而产生气体。要停止使用，把活塞关闭，气体就会把酸从中间球内压入下球及球形漏斗内，使固体与酸不再接触而停止反应。下次再用，只要重新打开活塞，又会产生气体。启普发生器最突出的优点是可以连续多次使用而不需要清洗和更换试剂。

启普发生器不能加热，且装在发生器内的固体必须是块状的。当制备反应需要在加热情况下进行或固体的颗粒很小甚至是粉末时，就不能用启普发生器，而要采用如图 1-2 所示的仪器装置。如下列反应：

$$2KMnO_4 + 16HCl \longrightarrow 2MnCl_2 + 2KCl + 5Cl_2\uparrow + 8H_2O$$

$$NaCl + H_2SO_4 \longrightarrow NaHSO_4 + HCl\uparrow$$

$$Na_2SO_3 + H_2SO_4 \longrightarrow Na_2SO_4 + SO_2\uparrow + H_2O$$

$$MnO_2 + 4HCl \longrightarrow MnCl_2 + Cl_2\uparrow + 2H_2O$$

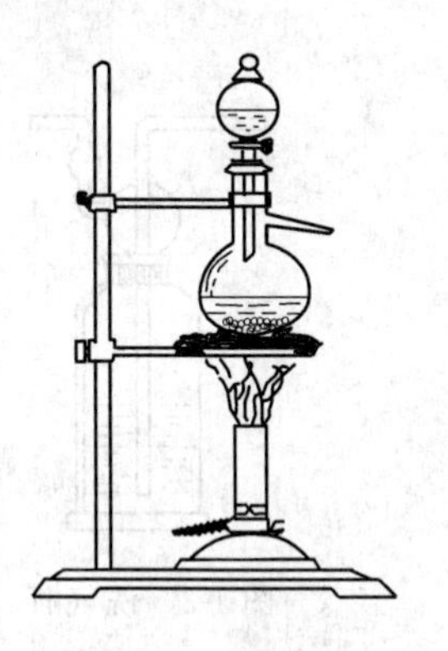

图 1-2 发生气体的装置

在此装置中，固体加在蒸馏瓶内，酸加在分液漏斗中。使用时，打开分液漏斗下面的活塞，使酸液滴加在固体上，以产生气体（注意酸不要加得太多）。当反应缓慢或不发生气体时，可以微微加热。

实验室里还可以使用气体钢瓶直接得到各种气体。气体钢瓶是储存压缩气体的特制的耐压钢瓶。钢瓶的内压很大，且有些气体易燃或有毒，所以操作要特别小心，使用时应注意以下几点。

（1）钢瓶应存放在阴凉、干燥、远离热源（如阳光、暖气、炉火）的地方。可燃性气体钢瓶与氧气瓶分开存放。

（2）不让油或其他易燃性有机物沾在气瓶上（特别是气门嘴和减压器）。不得用棉、麻等物堵漏，以防燃烧引起事故。

（3）使用时，要用减压器（气压表）有控制地放出气体。可燃性气体钢瓶，气门螺纹是反扣的（如氢气、乙炔气）。不燃或助燃性气体钢瓶，气门螺纹是正扣的。各种气体的气压表不得混用。

为了避免把各种气瓶混淆，通常在气瓶外面涂以特定的颜色以利区分，并在瓶上写明瓶内气体的名称，表 1-5 为国内气瓶常用的标记。

表 1-5 国内气瓶常用标记

气体类别	瓶身颜色	标记颜色	气体类别	瓶身颜色	标记颜色
氮气	黑	黄	氯气	黄绿	黄
氢气	深绿	红	乙炔	白	红
氧气	天蓝	黑	二氧化碳	白	黄
氨气	黄	黑	其他一些可燃气体	红	白
空气	黑	白	其他一些不可燃气体	黑	黄

2. 气体的干燥与纯化

由以上方法制得的气体常带有酸雾和水汽，有时要进行净化和干燥。酸雾可用水或玻璃棉除去，水汽可选用浓硫酸、无水氯化钙或硅胶等干燥剂吸收。通常使用洗气瓶（图 1-3）、干燥塔（图 1-4）或 U 型管（图 1-5）等进行净化。液体（如水、浓硫酸）装在洗气瓶内，无水氯化钙和硅胶装在干燥塔或 U 型管内，玻璃棉装在 U 型管内。气体中如还有其他杂质，可根据具体情况分别用不同的洗涤液或固体吸收。

3. 气体的收集

气体的收集可根据其性质选取不同的方式。在水中溶解度很小的气体（如氢气、氧气），可用排水集气法收集（图 1-6）；易溶于水而比空气轻的气体（如氨），可按图 1-7(a) 所示的排气集气法收集；易溶于水而比空气重的气体（如氯气、二氧化碳），可按图 1-7(b) 所示的排气集气法收集。

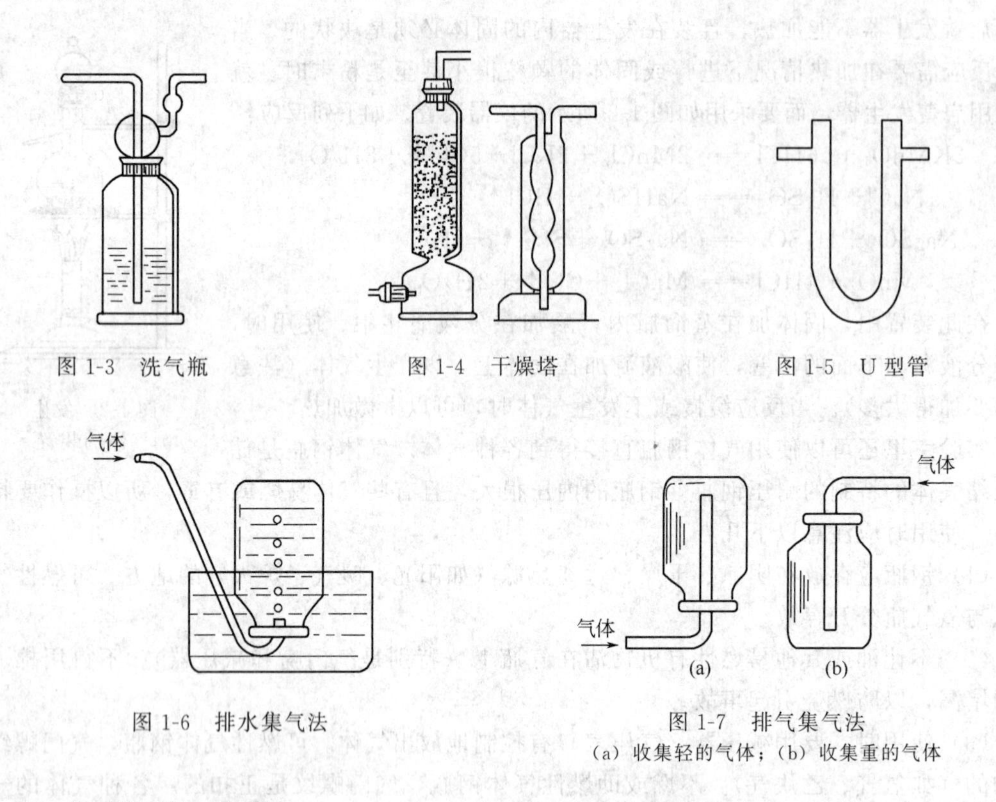

图 1-3　洗气瓶　　图 1-4　干燥塔　　图 1-5　U 型管

图 1-6　排水集气法

图 1-7　排气集气法
(a) 收集轻的气体；(b) 收集重的气体

五、微型化学实验简介

1. 微型化学实验的概念

微型化学实验（microscale chemical experiment 或 microscale laboratory，M. L.）是在微型化的仪器装置中进行的化学实验，其试剂用量比对应的常规实验节约 90％以上。微型实验有两个基本特征：试剂用量少和仪器微型化。微型化实验不是常规实验的简单缩微或减量，而是在微型化的条件下对实验进行重新设计和探索，以尽可能少的试剂来获取尽可能多的化学信息。

微型化学实验与微量化学实验是不同的概念。微量化学指组分的微量或痕量的定量测定、理论、技术和方法，即微量分析化学。而微型化学实验尽管会包含一些微量化学的技术，但实验的对象和内容却超越了微量化学的范围。用于化学教学的微型实验还要具备现象明显、操作简单、效果优良、成本低廉等特点。

2. 微型化学实验的发展

随着科学技术的发展、实验仪器精确程度的提高，化学实验的试剂和样品用量逐渐减少。16 世纪中叶，冶金工业中化学分析的样品用量为数公斤，19 世纪 30～40 年代，0.5mg 精度分析天平的问世，使重量分析样品量达 1g 以下；0.01mg 精度的扭力天平，让 Nernst 尝试做 1mg 样品的分析；1μg 精度天平的出现，使 Frilz Pregl 成功地用 3～5mg 有机样品做了碳、氢等元素的微量分析。

20 世纪，半微量有机合成、半微量的定性分析已广泛地出现在教材中。1925 年，埃及

E. C. Grey 出版的《化学实验的微型方法》是较早的一本微型化学实验大学教材。1955 年在维也纳国际微量化学大会上，马祖圣教授就建议以 mg 作为微量实验的试剂用量单位。自 1982 年始，美国的 Mayo 等人着眼于环境保护和实验室安全的需要，研究微型有机化学实验，并在基础有机化学实验中采用主试剂在 mmol 量级的微型制备实验取得成功。可见化学实验小型化、微型化是化学实验方法不断变革的结果。

中国的微型化学实验的研究是由无机化学、普通化学的微型实验和中学化学的研究开始的。国内自编的首本《微型化学实验》于 1992 年出版。此后，天津大学沈君朴主编的《无机化学实验》、清华大学袁书玉主编的《无机化学实验》、西北大学史启祯等主编的《无机与分析化学实验》等教材已收载了一定数量的微型实验。1995 年华东师范大学陆根土编写的《无机化学教程（三）实验》将微型实验与常规实验并列编入；2000 年周宁怀主编了《微型无机化学实验》。迄今为止，国内已有 800 余所大、中学校开始在教学中应用微型实验，说明微型实验在国内已进入大面积推广阶段。

六、绿色化学简介

1. 绿色化学的概念

绿色化学（green chemistry），又称清洁化学（clean chemistry）、环境无害化学（enviromentally benign chemistry）、环境友好化学（enviromentally friendly chemistry）。绿色化学有三层含义：第一，是清洁化学，绿色化学致力于从源头制止污染，而不是污染后的再治理，绿色化学技术应不产生或基本不产生对环境有害的废弃物，绿色化学所产生出来的化学品不会对环境产生有害的影响；第二，是经济化学，绿色化学在其合成过程中不产生或少产生副产物，绿色化学技术应是低能耗和低原材料消耗的技术；第三，是安全化学，在绿色化学过程中尽可能不使用有毒或危险的化学品，其反应条件尽可能是温和的或安全的，其发生意外事故的可能性是极低的。总之，绿色化学是用化学的技术和方法去减少或消灭对人类健康、社区安全、生态环境有害的原料、溶剂和试剂、催化剂、产物、副产物、产品等的产生和使用。

2. 绿色化学的发展

不可否认，人类进入 20 世纪以来创造了高度的物质文明，从 1990 年到 1995 年的 6 年间合成的化合物数量就相当于有记载以来的 1000 多年间人类发现和合成化合物的总数量（1000 万种），这是科技的发展、是社会的进步；但同时也带来了负面的效应：资源的巨大浪费，日益严重的环境问题等。人们开始重新认识和寻找更为有利于其自身生存和可持续发展的道路，注意人与自然的和谐发展，绿色意识成了人类追求自然完美的一种高级表现形式。

1995 年 3 月，美国成立“绿色化学挑战计划”并设立“总统绿色化学挑战奖”。1997 年中国国家科委主办第 72 届香山科学会议，主题为“可持续发展对科学的挑战——绿色化学”。近些年来，各国化学家在绿色化学的研究领域里，运用物理学、生态学、生物学等的最新理论、技术和手段，取得了可喜的成绩。

3. 绿色化学的思维方式

绿色化学的核心是“杜绝污染源”，防治污染的最佳途径就是从源头消除污染，一开始就不要产生有毒、有害物。事实上，实现化学实验绿色化的关键是建立绿色化学的思维方式。在化学实验教学中，应在教师和学生的头脑中确立这种意识，要树立绿色化学的思维方式，应从环境保护的角度、从经济和安全的角度来考虑各个实验的设置、实验手段、实验方法等，并遵循以下原则。

(1) 设计合成方法时，只要可能，不论原料、中间产物还是最终产品，均应对人体健康和环境无毒害（包括极小毒性和无毒）。

(2) 合成方法必须考虑能耗、成本，应设法降低能耗，最好采用在常温常压下的合成方法。

(3) 化工产品要设计成在其使用功能终结后，它不会永存于环境中，要能分解成可降解的无害产物。

(4) 选择化学生产过程的物质时，应使化学意外事故（包括渗透、爆炸、火灾等）的危险性降低到最小程度。

(5) 在技术可行和经济合理的前提下，原料要采用可再生资源以代替消耗性资源。

第二部分　常用仪器及基本操作

一、一般仪器

仪器名称	规格	用途	注意事项
试管　离心试管	分硬质试管、软质试管、普通试管、离心试管。普通试管以管口外径(mm)×长度(mm)表示。如 25×100,10×15 等。离心试管以 mL 数表示	用作少量试剂的反应容器,便于操作和观察。离心试管还可用作定性分析中的沉淀分离	可直接用火加热;硬质试管可以加热至高温;加热后不能骤冷,特别是软质试管更容易破裂;离心试管只能用水浴加热
试管架	有木质、铝质、塑料的	放试管用	
试管夹	由木头、钢丝或塑料制成	夹试管用	防止烧损或锈蚀
毛刷	以大小和用途表示。如试管刷、滴定管刷等	洗刷玻璃仪器用	小心刷子顶端的铁丝撞破玻璃仪器
烧杯	玻璃质。分硬质、软质,有一般型和高型,有刻度和无刻度。规格按容量(mL)大小表示	用作反应物量较多时的反应容器。反应物易混合均匀	加热时应放置在石棉网上,使受热均匀
烧瓶	玻璃质。分硬质和软质。有平底、圆底、长颈、短颈几种及标准磨口烧瓶。规格按容量(mL)大小表示。磨口烧瓶是以标号表示其口径的大小的。如 14,19 等	反应物多,且需长时间加热时,常用它作反应容器	加热时应放置在石棉网上,使受热均匀
锥形瓶	玻璃质。分硬质和软质	反应容器。振荡很方便,适用于滴定操作	加热时应放置在石棉网上,使受热均匀

续表

仪器名称	规格	用途	注意事项
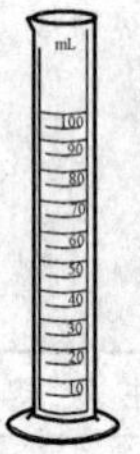 量筒  量杯	玻璃质。以所能量度的最大容积(mL)表示	用于量度一定体积的液体	不能加热；不能用作反应容器；不能量热溶液或液体
 容量瓶	玻璃质。以刻度以下的容积大小表示		配制准确浓度的溶液时用；配制时液面应恰在刻度上
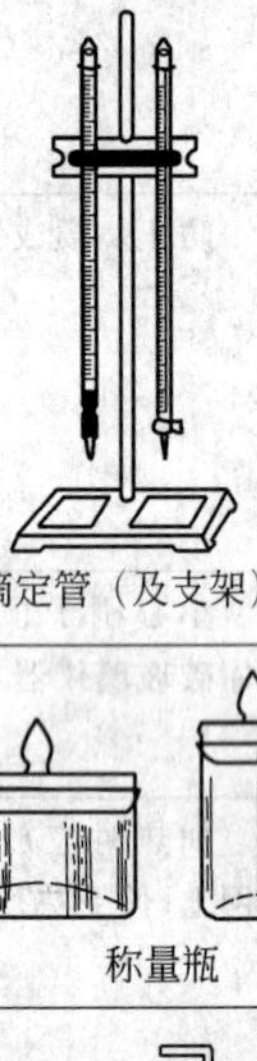 滴定管（及支架）	玻璃质。分酸式和碱式两种；规格按刻度最大标度表示	用于滴定或准确量取液体体积	不能加热或量取热的液体或溶液；酸式滴定管的玻璃活塞是配套的，不能互换使用
 称量瓶	玻璃质。规格以外径(mm)×高(mm)表示；分"扁型"和"高型"两种	差减法称量一定量的固体样品时用	不能用火直接加热，瓶和塞是配套的，不能互换
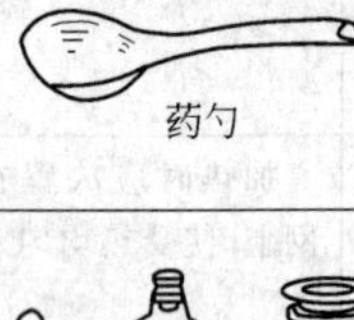 干燥器	玻璃质。规格以外径(mm)表示；分普通干燥器和真空干燥器	内放干燥剂，可保持样品或产物的干燥	防止盖子滑动打碎，灼热的东西待稍冷后才能放入
 药勺	由牛角、瓷或塑料制成，现多数是塑料的	取固体样品用，药勺两端各有一勺，一大一小，根据用药量的大小分别选用	取用一种药品后，必须洗净，并用滤纸屑擦干后，才能取另一种药品
滴瓶 细口瓶 广口瓶	一般多为玻璃质	广口瓶用于盛放固体样品；细口瓶、滴瓶用于盛放液体样品；不带磨口的广口瓶可用作集气瓶	不能用火直接加热；瓶塞不要互换，不能盛放碱液，以免腐蚀塞子

续表

仪器名称	规格	用途	注意事项
表面皿	以口径大小表示，质地玻璃	盖在烧杯上，防止液体进溅或其他用途	不能用火直接加热
(a) (b) (c) (d) 漏斗和长颈漏斗	以口径大小表示，质地玻璃	用于过滤等操作；长颈漏斗特别适用于定量分析中的过滤操作	不能用火直接加热
吸滤瓶和布氏漏斗	布氏漏斗为瓷质；以容量或口径大小表示；吸滤瓶为玻璃质，以容量大小表示	两者配套用于沉淀的减压过滤（利用水泵或真空泵降低吸滤瓶中压力时将加速过滤）	滤纸要略小于漏斗的内径才能贴紧；不能用火直接加热
(a) (b) 分液漏斗	以容积大小和形状（球形、梨形）表示，质地玻璃	用于互不相溶的液-液分离；也可用于少量气体发生器装置中加液	不能用火直接加热；漏斗塞子不能互换，活塞处不能漏液
蒸发皿	以口径或容积大小表示；用瓷、石英或铂制作	蒸发浓缩液体用；随液体性质不同可选用不同质地的蒸发皿	能耐高温，但不宜骤冷；蒸发溶液时，一般放在石棉网上加热
坩埚	以容积（mL）大小表示；用瓷、石英、铁、镍或铂制作	灼烧固体时用；随固体性质不同可选用不同质地的坩埚	可直接用火灼烧至高温，热的坩埚稍冷后移入干燥器中存放
泥三角	由铁丝弯成并套有瓷管，有大小之分	灼烧坩埚时放置坩埚用	

续表

仪器名称	规格	用途	注意事项
石棉网	由铁丝编成，中间涂有石棉，有大小之分	石棉是一种不良导体，它能使受热物体均匀受热，不造成局部高温	不能与水接触，以免石棉脱落或铁丝锈蚀
铁架台		用于固定或放置反应容器，铁环还可以代替漏斗架使用	
三脚架	铁制品；有大小、高低之分，比较牢固	放置较大或较重的加热容器	
研钵	用瓷、玻璃、玛瑙或铁制成；规格以口径大小表示	用于研磨固体物质，或固体物质的混合；按固体的性质和硬度选择不同的研钵	不能用火直接加热；大块固体物质只能碾压，不能捣碎
燃烧匙	铁制品或铜制品	检验物质可燃性用	用后立即洗净，并将匙勺擦干
水浴锅	铜制品或铝制品	用于间接加热，也用于控温实验	用于加热时，防止将锅内水烧干；用完后将锅内水倒掉，并擦干锅体，以免腐蚀

二、玻璃量器

1. 量筒和量杯

量筒和量杯是容量精度不太高的最普通的玻璃量器。量筒分为量出式和量入式两种，见图 1-8(a)、(b)。量入式有磨口塞子。量杯的外形见图 1-8(c)。量出式在基础化学实验中普遍使用，量入式用的不多。

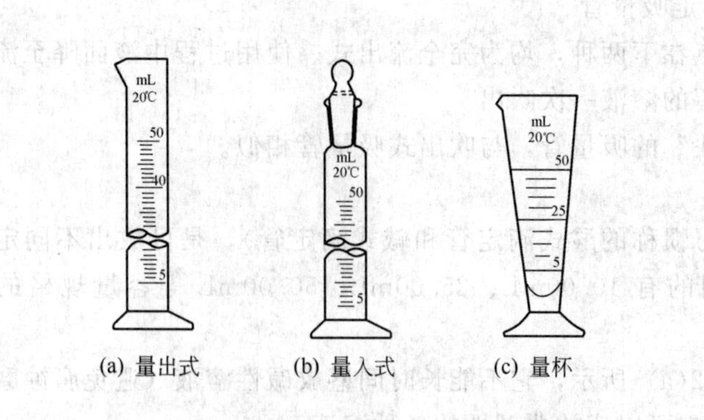

(a) 量出式　(b) 量入式　(c) 量杯

图 1-8　量筒和量杯

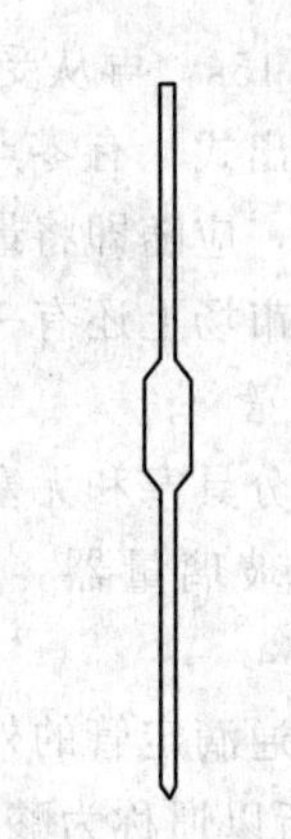

图 1-9　移液管

2. 移液管和吸量管

移液管是用于准确量取一定体积溶液的量出式玻璃量器，全称“单标线吸量管”，习惯称为移液管，如图 1-9。管颈上部刻有一标线，此标线的位置是由放出纯水的体积所决定的。其容量定义为：在 20℃时按下述方式排空后所流出纯水的体积。单位为 mL。

(1) 使用前用铬酸洗液将其洗干净，使其内壁及下端的外壁不挂水珠。移取溶液前，用待取溶液涮洗 3 次。

(2) 移取溶液的正确操作姿势见图 1-10，移液管插入烧杯内液面以下 1～2cm 深度，左手拿吸耳球，排空空气后紧按在移液管管口上，然后借助吸力使液面慢慢上升，管中液面上升至标线以上时，迅速用右手食指按住管口，左手持烧杯并使其倾斜 30°，将移液管流液口靠到烧杯的内壁，稍松食指并用拇指及中指捻转管身，使液面缓缓下降，直到调定零点，使溶液不再流出。将移液管插入准备接收溶液的容器中，仍使其流液口接触倾斜的器壁，松开食指，使溶液自由地沿壁流下，再等待 15s，拿出移液管。

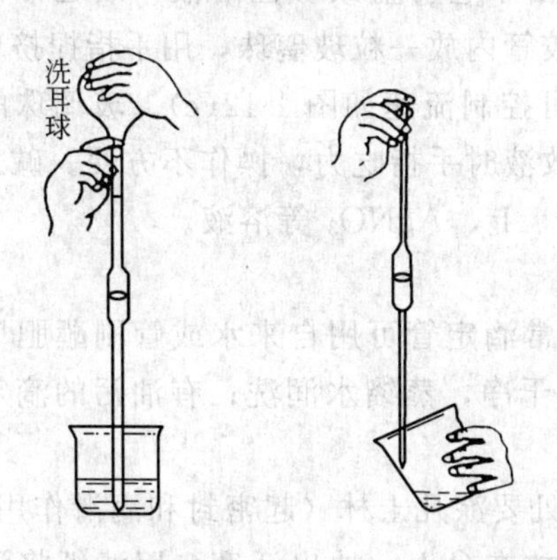

图 1-10　移液管的正确操作

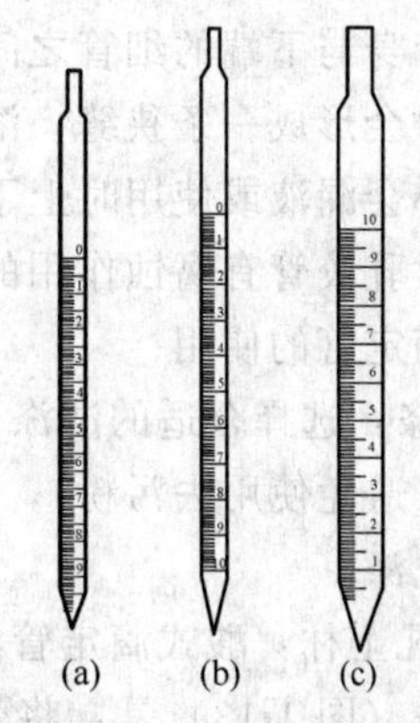

图 1-11　分度吸量管

吸量管的全称是分度吸量管，是带有分度线的量出式玻璃量器（图 1-11），用于移取非固定量的溶液。有以下几种规格。

(1) 完全流出式　有两种形式，零点刻度在上面，如图 1-11(a)，及零点刻度在下面，如图 1-11(c)。

(2) 不完全流出式　零点刻度在上面，如图 1-11(b)。

(3) 规定等待时间式　零点刻度在上面，如图 1-11(a)。使用过程中液面降至流液口处后，要等待 15s，再从受液容器中移走吸量管。

(4) 吹出式　有零点在上和零点在下两种，均为完全流出式。使用过程中液面降至流液口并静止时，应随即将最后一滴残留的溶液一次吹出。

目前，市场上还有一种标有“快”的吸量管，与吹出式吸量管相似。

3. 滴定管

滴定管分具塞和无塞两种（即习惯称的酸式滴定管和碱式滴定管）。是可放出不同定量滴定液体的玻璃量器。实验室常用的有 10.00mL、25.00mL、50.00mL 等容量规格的滴定管。

具塞普通滴定管的外形如图 1-12(a) 所示，它不能长时间盛放碱性溶液（避免腐蚀磨口和活塞），所以惯称为酸式滴定管。它可以盛放非碱性的各种溶液。

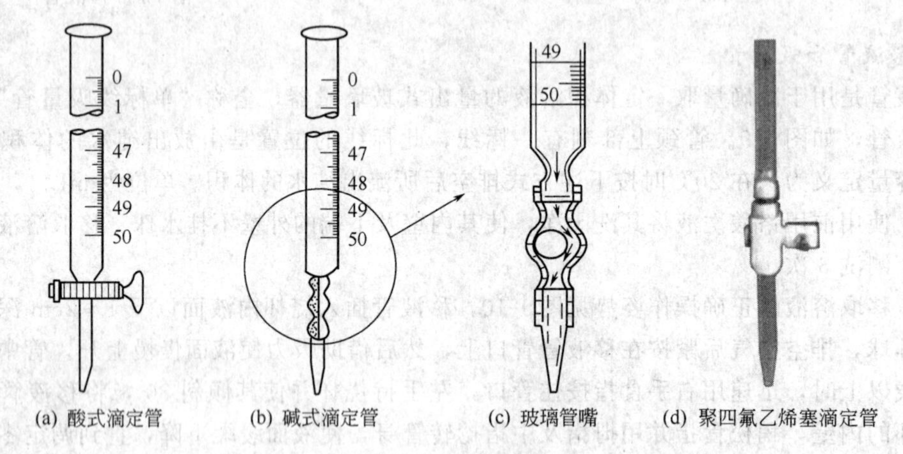

图 1-12　滴定管

无塞普通滴定管的外形如图 1-12(b) 所示，由于它可盛放碱性溶液，故通常称为碱式滴定管。管身与下端的细管之间用乳胶管连接，胶管内放一粒玻璃珠，用手指捏挤玻璃珠周围的橡皮时会形成一条狭缝，溶液即可流出，并可控制流速如图 1-12(c)。玻璃珠的大小要适当，过小会漏液或使用时上下滑动，过大则在放液时手指吃力，操作不方便。碱式滴定管不宜盛放对乳胶管有腐蚀作用的溶液，如 $KMnO_4$、I_2、$AgNO_3$ 等溶液。

(1) 滴定管的使用

① 洗涤：选择合适的洗涤剂和洗涤方法。通常滴定管可用自来水或管刷蘸肥皂水或洗涤剂洗刷（避免使用去污粉），而后用自来水冲洗干净，蒸馏水润洗；有油污的滴定管要用铬酸洗液洗涤。

② 涂凡士林：酸式滴定管洗净后，玻璃活塞处要涂凡士林（起密封和润滑作用）。涂凡士林的方法（图 1-13）是：将管内的水倒掉，平放在台上，抽出活塞，用滤纸将活塞和活塞套内的水吸干，再换滤纸反复擦拭干净。将活塞上均匀地涂上薄薄一层凡士林（涂量不能多），将活塞插入活塞套内，旋转活塞几次直至活塞与塞槽接触部位呈透明状态，否则应重新处理。为避免活塞被碰松动脱落，涂凡士林后的滴定管应在活塞末端套上小橡皮圈。

③ 检漏：检查密合性，管内充水至最高标线，垂直挂在滴定台上，10min 后观察活塞边缘及管口是否渗水；转动活塞，再观察一次，直至不漏水为准。

④ 装入操作溶液：滴定前用操作溶液（滴定液）洗涤三次后，将操作溶液（滴定液）装入滴定管，排出管内空气（图 1-14），并调定零点。

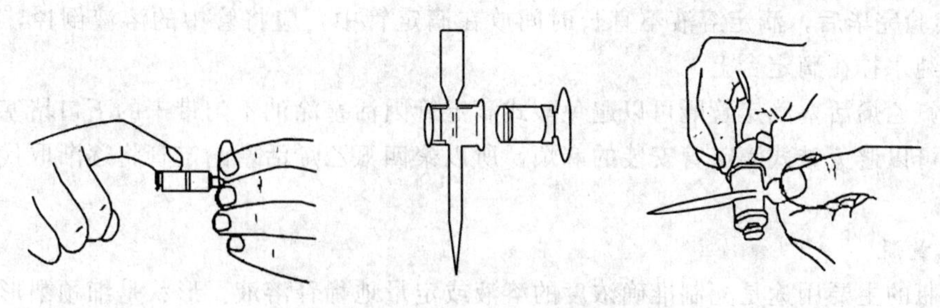

图 1-13　活塞涂凡士林的方法

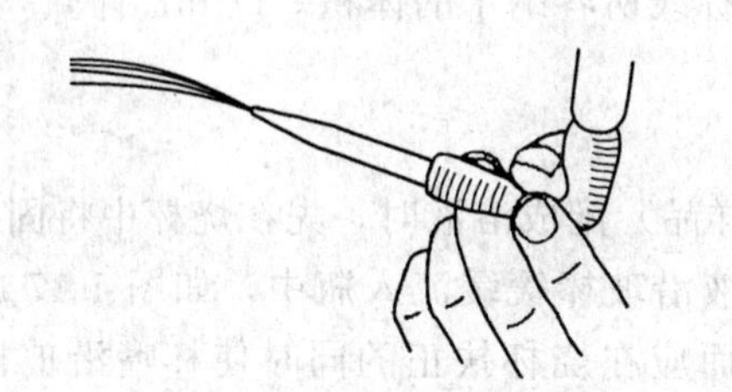

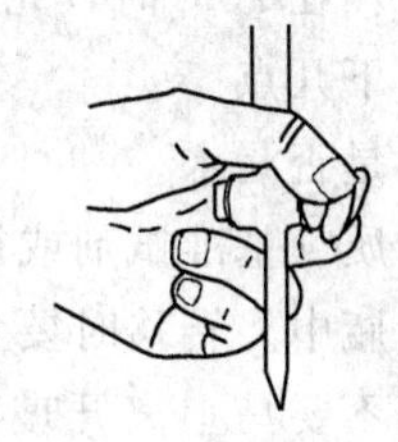

图 1-14　滴定管排气法

（2）滴定操作（读数）时注意事项

① 滴定管要垂直，操作者要坐正或站正，视线与零线或弯液面（滴定读数时）在同一水平。

② 为了使弯液面下边缘更清晰，调零和读数时可在液面后衬一纸板。

③ 深色溶液的弯液面不清晰时，应观察液面的上边缘；在光线较暗处读数时可用白纸板作后衬。

④ 使用碱式滴定管时，把握好捏胶管的位置。位置偏上，调定零点后手指一松开，液面就会降至零线以下；位置偏下，手一松开，尖嘴（流液口）内就会吸入空气，这两种情况都直接影响滴定结果。滴定读数时，若发现尖嘴内有气泡必须小心排除。

⑤ 握塞方式及操作如图 1-15 所示，通常滴定在锥形瓶中进行，右手持瓶，使瓶内溶液不断旋转；对溴酸钾法、碘量法等需在碘量瓶中进行反应和滴定。碘量瓶是带有磨口塞和水槽的锥形瓶（图 1-16），喇叭形瓶口与瓶塞柄之间形成一圈水槽，槽中加入纯水便形成水封，可防止瓶中溶液反应生成的气体遗失。反应一定时间后，打开瓶塞，水即流下并可冲洗瓶塞和瓶壁，接着进行滴定。无论哪种滴定管，都要掌握好加液速度（连续滴加、逐滴滴加、半滴滴加），终点前，用蒸馏水冲洗瓶壁，再继续滴至终点。

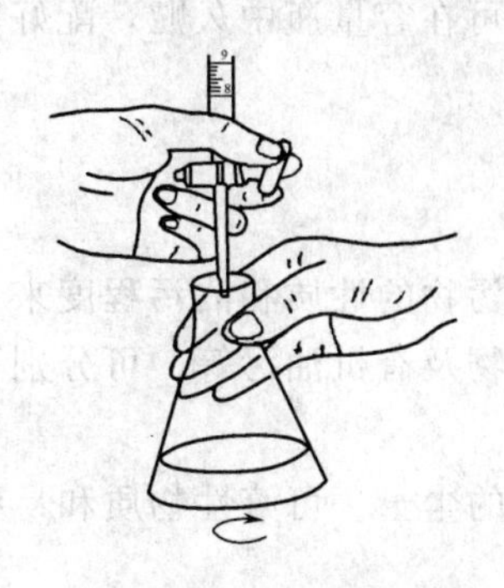

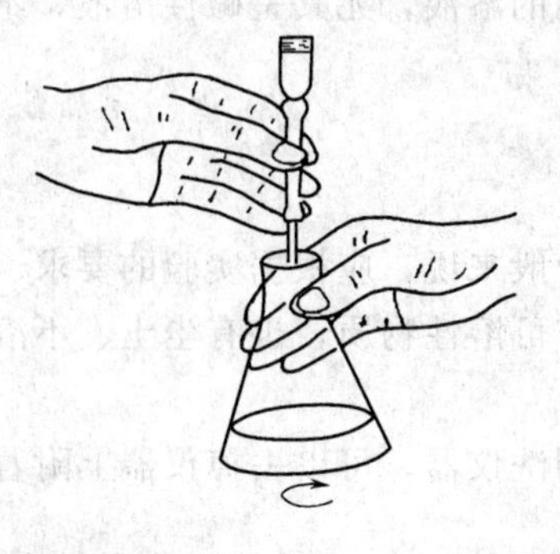

图 1-15　滴定操作

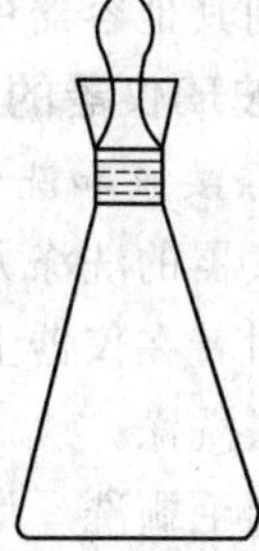

图 1-16　碘量瓶

⑥ 实验完毕后，滴定溶液不宜长时间放在滴定管中，应将管中的溶液倒掉，用水洗净后再装满纯水挂在滴定台上。

聚四氟乙烯活塞滴定管既可以避免酸式滴定管因活塞涂油不匀带来的下口堵塞或漏液等问题；又可以避免碱式滴定管安装的麻烦，所以聚四氟乙烯活塞滴定管将逐渐取代酸式和碱式滴定管。

4. 容量瓶

容量瓶的主要用途是配制准确浓度的溶液或定量地稀释溶液。形状是细颈梨形平底玻璃瓶，由无色或棕色玻璃制成，带有磨口玻璃塞或塑料塞，颈上有一标线。容量瓶均为量入式，其容量定义为：在20℃时，充满至标线所容纳水的体积，以mL计。

使用时注意以下几点。

(1) 检查瓶口是否漏水。

(2) 将固体物质（基准试剂或被测样品）配成溶液时，先在烧杯中将固体物质全部溶解后，再转移至容量瓶中。转移时要使溶液沿玻棒缓缓流入瓶中，如图1-17所示。烧杯中的溶液倒尽后，烧杯不要马上离开玻棒，而应在烧杯扶正的同时使杯嘴沿玻棒上提1～2cm，随后烧杯离开玻棒（这样可避免烧杯与玻棒之间的一滴溶液流到烧杯外面），然后用少量水（或其他溶剂）涮洗3～4次，每次都用洗瓶或滴管冲洗杯壁及玻棒，按同样的方法转入瓶中。当溶液达2/3容量时，可将容量瓶沿水平方向摆动几周以使溶液初步混合。再加水至标线以下约1cm处，等待1min左右，最后用洗瓶（或滴管）沿壁缓缓加水至标线。盖紧瓶塞，左手捏住瓶颈上端，食指压住瓶塞，右手三指托住瓶底，将容量瓶颠倒15次以上，并且在倒置状态时水平摇动几周。

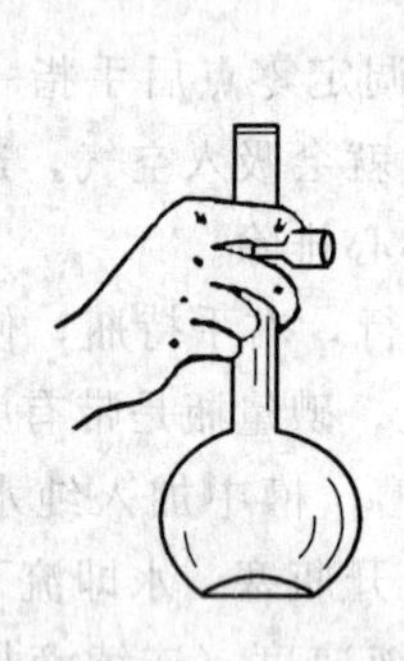
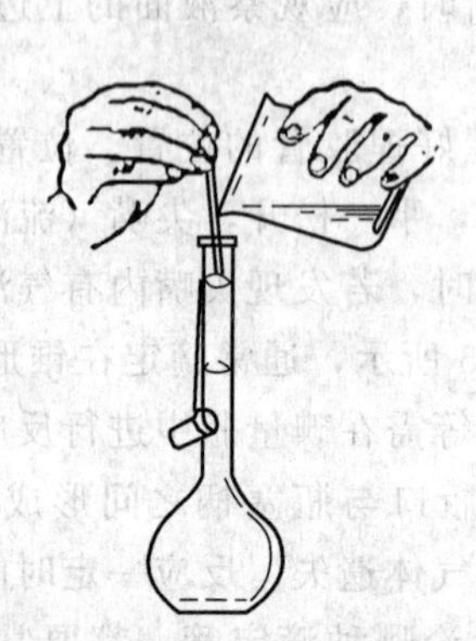
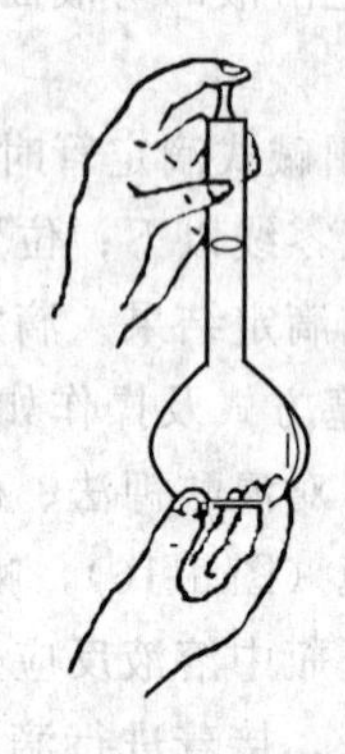

图1-17 容量瓶的拿法及溶液的转移

(3) 对容量瓶材料有腐蚀作用的溶液，尤其是碱性溶液，不可在容量瓶中久贮，配好以后应转移到其他容器中存放。

三、玻璃仪器的洗涤与干燥

1. 洗涤要求和洗涤方法

玻璃仪器的洗涤方法很多，一般来说，应根据实验的要求、污物的性质和沾污程度来选择方法。附着在仪器上的污物既有可溶性物质，也有尘土、不溶物及有机油污等。可分别采用下列方法洗涤。

(1) 用毛刷洗　用毛刷蘸水刷洗仪器，可以去掉仪器上附着的尘土、可溶性物质和易脱落的不溶性杂质。

(2) 用去污粉（肥皂、合成洗涤剂）洗　去污粉是由碳酸钠、白土、细沙等混合而成的。将要洗的容器先用水湿润（需用少量水），然后，撒入少量去污粉，再用毛刷擦洗，它是利用碳酸钠的碱性具有强的去污能力、细沙的摩擦作用、白土的吸附作用，增加了对仪器的清洗效果。仪器内外壁经擦洗后，先用自来水冲洗去去污粉颗粒，然后用蒸馏水洗三次，去掉自来水中带来的钙、镁、铁、氯等离子。每次蒸馏水的用量要少些，注意节约用水（采取“少量多次”的原则）。

（3）用铬酸洗液洗　铬酸洗液是由浓硫酸和重铬酸钾配制而成的（通常将 25g $K_2Cr_2O_7$ 置于烧杯中，加 50mL 水溶解，然后在不断搅拌下，慢慢加入 450mL 浓硫酸），呈深红褐色，具有强酸性、强氧化性，对有机物、油污等的去污能力特别强。

一些较精密的玻璃仪器，如滴定管、容量瓶、移液管等，由于口小、管细，难以用刷子刷洗，且容量准确，不宜用刷子摩擦内壁。常可用铬酸洗液来洗。洗涤时装入少量洗液，将仪器倾斜转动，使管壁全部被洗液湿润。转动一会儿后将洗液倒回原洗液瓶中，再用自来水把残留在仪器中的洗液洗去，最后用少量的蒸馏水洗三次。沾污程度严重的玻璃仪器用铬酸洗液浸泡十几分钟，再依次用自来水和蒸馏水洗涤干净。把洗液微微加热浸泡仪器效果会更好。

如何判断器皿的清洁与否呢？已经清洁的器皿壁上留有均匀的一层水膜，而不挂水珠。凡是已经洗净的仪器，绝不能用布或纸擦干，否则，布或纸上的纤维将会附着在仪器上。

使用铬酸洗液时，应注意以下几点：

① 尽量把仪器内的水倒掉，以免把洗液冲稀；

② 洗液用完应倒回原瓶内，可反复使用；

③ 洗液具有强的腐蚀性，会灼伤皮肤、破坏衣物，如不慎把洗液洒在皮肤、衣物和桌面上，应立即用水冲洗；

④ 已变成绿色的洗液（重铬酸钾还原为硫酸铬的颜色，无氧化性）不能继续使用；

⑤ 铬（Ⅵ）有毒，清洗残留在仪器上的洗液时，第一、二遍的洗涤水不要倒入下水道，应回收处理。

2. 仪器的干燥

（1）烘干　洗净的玻璃仪器可以放在电热干燥箱（烘箱）内烘干。放进去之前应尽量把水沥干净。放置时，应注意使仪器的口朝下（倒置后不稳的仪器则应平放）。可以在电热干燥箱的最下层放一个搪瓷盘，以接收从仪器上滴下的水珠，不使水滴到电炉丝上，以免损坏电炉丝。

（2）烤干　烧杯和蒸发皿可以放在石棉网的电炉上烤干。试管可以直接用小火烤干（图 1-18），操作时，先将试管略为倾斜，管口向下，并不时地来回移动试管，水珠消失后，再将管口朝上，以便水汽逸出。

（3）晾干　洗净的仪器可倒置在干净的表面皿上并放入实验柜内或直接放在仪器架上（倒置后不稳定的仪器，应平放），让其自然干燥。

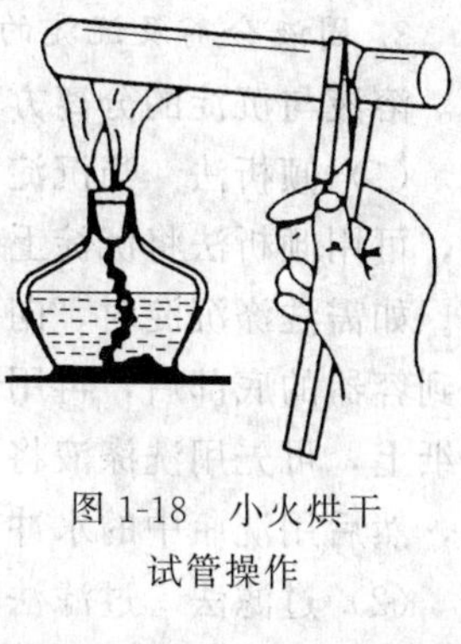

图 1-18　小火烘干试管操作

（4）吹干　用压缩空气或吹风机把仪器吹干。

（5）用有机溶剂干燥　一些带有刻度的计量仪器，不能用加热方法干燥，否则，会影响仪器的精密度。可将一些易挥发的有机溶剂（如酒精或酒精与丙酮的混合液）倒入洗净的仪器中（量要少），把仪器倾斜，转动仪器，使器壁上的水与有机溶剂混合，然后倾出，少量残留在仪器内的混合液，很快挥发使仪器干燥。

四、溶解、结晶、固液分离

1. 固体的溶解

当固体物质溶解于溶剂时，如固体颗粒太大，可先在研钵中研细。对一些溶解度随温度升高而增加的物质来说，加热对溶解过程有利。加热时要盖上表面皿，要防止溶液剧烈沸腾和迸溅。加热后要用蒸馏水冲洗表面皿和烧杯内壁，冲洗时也应使水流顺烧杯壁流下。

搅拌可加速溶质的扩散，从而加快溶解速度。搅拌时注意手持玻棒，轻轻转动，使玻棒不要触及容器底部及器壁。

在试管中溶解固体时，可用振荡试管的方法加速溶解，振荡时不能上下，也不能用手指堵住管口来回振荡。

2. 结晶

(1) 蒸发（浓缩） 当溶液很稀而所制备的物质的溶解度又较大时，为了能从中析出该物质的晶体，必须通过加热，使水分蒸发、溶液浓缩到一定程度时冷却，方可析出晶体。若物质的溶解度较大时，必须蒸发到溶液表面出现晶膜时才可停止；若物质的溶解度较小或高温时溶解度较大而室温时溶解度较小，则不必蒸发到液面出现晶膜就可冷却。蒸发在蒸发皿中进行。

蒸发浓缩时视溶质的性质选用直接加热或水浴加热的方法进行。若无机物对热是稳定的，可以用煤气灯直接加热（应先预热），否则用水浴间接加热。

(2) 结晶与重结晶 析出晶体的颗粒大小与结晶条件有关。如果溶液的浓度较高，溶质在水中的溶解度是随温度下降而显著减小的，冷却得越快，析出的晶体就越细小，否则就得到较大颗粒的结晶。搅拌溶液和静止溶液，可以得到不同的效果，前者有利于细小晶体的生成，后者有利于大晶体的生成。若溶液容易发生过饱和现象，可以用搅拌、摩擦器壁或投入几粒小晶体（晶种）等办法，使其形成结晶中心而结晶析出。

如果第一次结晶所得物质的纯度不合要求，可进行重结晶。其方法是在加热情况下使纯化的物质溶于一定量的水中，形成饱和溶液，趁热过滤，除去不溶性杂质，然后使滤液冷却，被纯化物质即结晶析出，而杂质则留在母液中，过滤便得到较纯净的物质。若一次重结晶达不到要求，可再次结晶。重结晶是使不纯物质通过重新结晶而获得纯化的过程，它是提纯固体物质常用的重要方法之一，适用于溶解度随温度有显著变化的化合物。

3. 固液分离及沉淀的洗涤

溶液与沉淀的分离方法有三种：倾析法、过滤法、离心分离法。

(1) 倾析法 当沉淀的相对密度较大或结晶的颗粒较大，静止后能很快沉降至容器底部时，可用倾析法将沉淀上部的溶液倾入另一容器中而使沉淀与溶液分离。操作如图 1-19 所示。如需洗涤沉淀时，向盛沉淀的容器内加入少量水或洗涤液，将沉淀搅动均匀，待沉淀沉降到容器的底部后，再用倾析法分离。反复操作两三次，即能将沉淀洗净。要把沉淀转移到滤纸上，可先用洗涤液将沉淀搅起，将悬浮液倾到滤纸上，这样大部分沉淀就可从烧杯中移走，然后用洗瓶中的水冲下杯壁和玻棒上的沉淀，再行转移。此操作如图 1-20 所示。

(2) 过滤法 过滤法是固液分离较常用的方法之一。溶液和沉淀的混合物通过过滤器（如滤纸）时，沉淀留在过滤器上，溶液则通过过滤器，过滤后所得的溶液叫做滤液。

溶液的黏度、温度、过滤时的压力及沉淀物的性质、状态、过滤器孔径大小都会影响过滤速度。溶液的黏度越大，过滤越慢。热溶液比冷溶液容易过滤。减压过滤比常压过滤快。

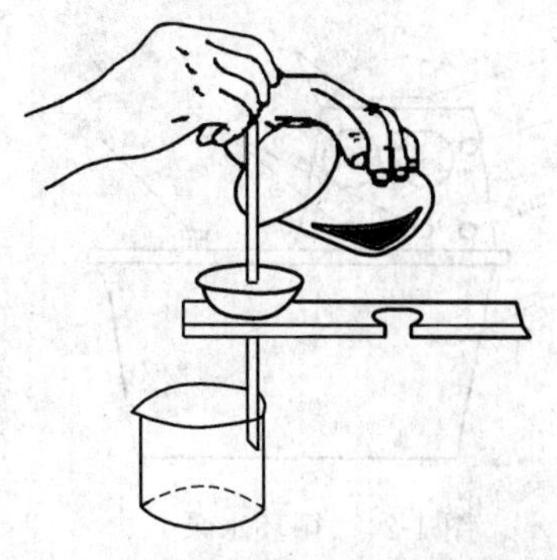

图 1-19　倾析法过滤沉淀

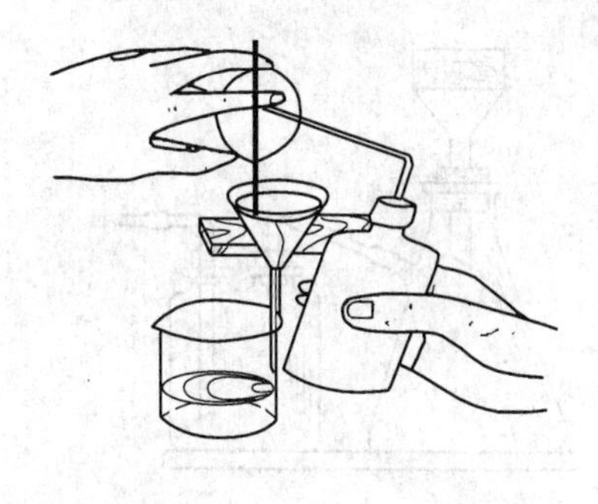

图 1-20　冲洗转移沉淀的方法

如果沉淀呈胶体状态时，易穿过一般过滤器（滤纸），应先设法将胶体破坏（如用加热法）。

常用的过滤方法有常压过滤、减压过滤和热过滤三种。

① 常压过滤：使用玻璃漏斗和滤纸进行过滤。滤纸按用途分定性、定量两种；按滤纸的空隙大小，又分“快速”、“中速”、“慢速”三种。

过滤时，把一圆形或方形滤纸对折两次成扇形（方形滤纸需剪成扇形），展开使呈锥形，恰能与 60°角的漏斗相密合。如果漏斗的角度大于或小于 60°，应适当改变滤纸折成的角度，使之与漏斗相密合。滤纸边缘应略低于漏斗边缘（图 1-21）。然后在三层滤纸的那边将外两层撕去一小角，用食指把滤纸按在漏斗内壁上，用少量蒸馏水润湿滤纸，再用玻璃棒轻压滤纸四周，赶走滤纸与漏斗壁间的气泡，使滤纸紧贴在漏斗壁上。过滤时，漏斗要放在漏斗架上，并使漏斗管的末端紧靠接受器内壁。先倾倒溶液，后转移沉淀，转移时应使用玻棒，应使玻棒接触三层滤纸处，漏斗中的液面应低于滤纸边缘。如果沉淀需要洗涤（图 1-22），应待溶液转移完毕，再将少量洗涤液倒入沉淀上，然后用玻璃棒充分搅动，静止放置一段时间，待沉淀下沉后，将上清液倒入漏斗。洗涤两三遍，最后把沉淀转移到滤纸上。

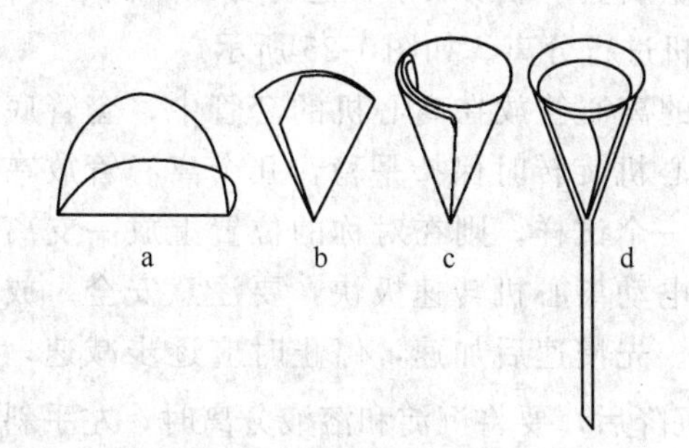

图 1-21　滤纸的折叠方法

图 1-22　沉淀的洗涤

② 减压过滤（简称“抽滤”）：减压过滤装置如图 1-23、图 1-24 所示，联合组装。减压过滤可缩短过滤时间，并可把沉淀抽得比较干燥，但它不适用于胶状沉淀和颗粒太细的沉淀的过滤。利用水泵中急速的水流不断将空气带走，从而使吸滤瓶内的压力减小，在布氏漏斗内的液面与吸滤瓶之间造成一个压力差，提高了过滤的速度。在连接水泵的橡皮管和吸滤瓶之间安装一个安全瓶，用以防止因关闭水阀或水泵后流速的改变引起自来水倒吸入吸滤瓶将滤液沾污。在停止过滤时，应先从吸滤瓶上拔掉橡皮管，然后再关闭自来水龙头，以防止自来水倒吸入瓶内。抽滤用的滤纸应比布氏漏斗的内径略小，但又能把瓷孔全部盖没。将滤纸放入并润湿后，慢慢打开自来水龙头，先稍微抽气使滤纸紧贴，然后用玻棒往漏斗内转移

图 1-23 减压过滤装置

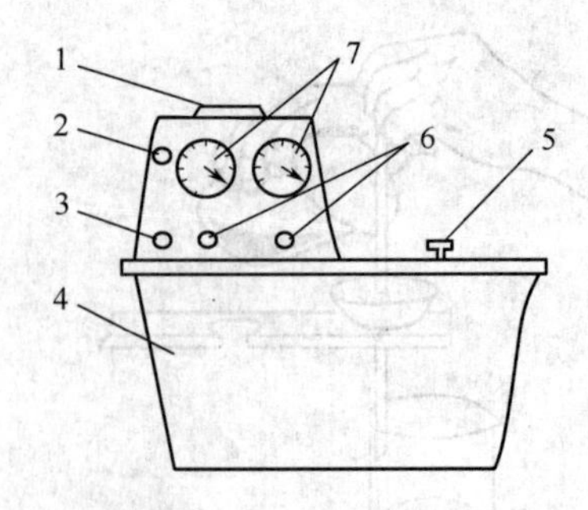

图 1-24 循环水泵

1—电动机；2—指示灯；3—电源开关；4—水箱；5—水箱盖；6—抽气管接口；7—真空表

溶液，注意加入的溶液不要超过漏斗容积的 2/3。开大水龙头，等溶液抽完后再转移沉淀。继续减压抽滤，直至沉淀抽干。滤毕，先拔掉橡皮管，再关水龙头。用玻棒轻轻揭起滤纸边缘，取出滤纸和沉淀。滤液则由吸滤瓶的上口倾出。洗涤沉淀时，应关小水龙头或暂停抽滤，加入洗涤剂使其与沉淀充分接触后，再开大水龙头将沉淀抽干。

有些浓的强酸、强碱和强氧化性溶液，过滤时不能用滤纸，可用石棉纤维来代替，也可用玻璃砂漏斗，这种漏斗是玻璃质的，可以根据沉淀颗粒的不同选用不同规格的。这种漏斗不适用于强碱性溶液的过滤，因为强碱会腐蚀玻璃。

③ 热过滤：当溶质的溶解度对温度极为敏感易结晶析出时，可用热滤漏斗过滤（热过滤）。把玻璃漏斗放在金属制成的外套中，底部用橡皮塞连接并密封，夹套内充水至约 2/3 处。灯焰放在夹套支管处加热。这种热滤漏斗的优点是能够使待滤液一直保持或接近其沸点，尤其适用于滤去热溶液中的脱色炭等细小颗粒的杂质。缺点是过滤速度慢。

(3) 离心分离法　当被分离的沉淀量很少时，使用一般的方法过滤后，沉淀会粘在滤纸上，难以取下，这时可以用离心分离。实验室内常用电动离心机进行分离。如图 1-25 所示。

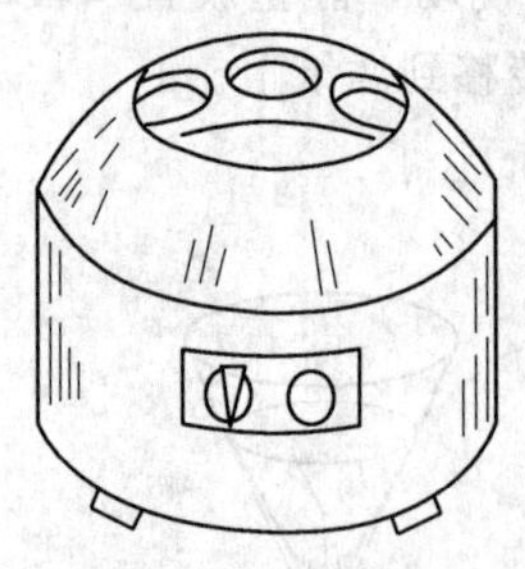

图 1-25 电动离心机

使用时，将装试样的离心管放在离心机的套管中，套管底部先垫些棉花，为了使离心机旋转时保持平稳，几个离心管放在对称的位置上，如果只有一个试样，则在对称的位置上放一支离心管，管内装等量的水。电动离心机转速极快，要注意安全。放好离心管后，应盖好盖子。先慢速后加速，停止时应逐步减速，最后任其自行停下，决不能用手强制它停止。离心沉降后，要将沉淀和溶液分离时，左手斜持离心管，右手拿毛细滴管，把毛细管伸入离心管，末端恰好进入液面，取出清液。在毛细管末端接近沉淀时，要特别小心，以免沉淀也被取出。沉淀和溶液分离后，沉淀表面仍含有少量溶液，必须经过洗涤才能得到纯净的沉淀。为此，往盛沉淀的离心管中加入适量的蒸馏水或洗涤用的溶液，用玻棒充分搅拌后，进行离心分离。用毛细管将上层清液取出，再用上法操作 2～3 遍。

五、重量分析操作

1. 方法分类

重量分析法一般是将被测组分与试样中的其他组分分离后，转化为一定的称量形式，然后用称重的方法测定该组分的含量。由于试样中待测组分性质不同，采用的分离方法也不同。按其分离方法的不同，重量分析可分为沉淀法、挥发法、萃取法和电解法。

(1) 沉淀法 将待测组分以难溶化合物的形式沉淀下来，经过分离、烘干、灼烧等步骤，使其转化为称量形式，然后称量沉淀的质量，根据沉淀质量计算该组分在样品中的质量分数。较常用的是沉淀重量法。

(2) 挥发法 将试样加热或与某种试剂作用，使待测组分生成挥发性物质逸出，然后根据试样所减轻的质量，计算待测组分的质量分数（间接挥发法）；或者用某种吸收剂将逸出的挥发性物质吸收，根据吸收剂所增加的质量，计算待测组分的质量分数（直接挥发法）。

(3) 萃取法 利用待测组分在两种互不相溶的溶剂中溶解度的不同，使它从原来的溶剂中定量地转入作为萃取剂的另一种溶剂中，然后将萃取剂蒸干，称量萃取物的质量，根据萃取物的质量计算待测组分质量分数的方法，称为萃取重量法。

(4) 电解法 利用电解的原理，使金属离子在电极上析出，然后称重，求得其含量。

2. 沉淀重量法的操作

沉淀重量法的操作包括：样品溶解、沉淀制备、过滤、沉淀洗涤、沉淀烘干、炭化、灰化、灼烧、称量等。

(1) 样品溶解

① 准备好洁净的烧杯、玻璃棒和表面皿。玻璃棒的长度应比烧杯高 5～7cm，不要太长。表面皿的直径应略大于烧杯口直径。烧杯内壁和底不应有纹痕。

② 称取样品于烧杯中，溶样时，若无气体产生，可取下表面皿，将溶剂顺着紧靠杯壁的玻璃棒下端加入，或沿杯壁加入。边加入边搅拌，直至样品完全溶解。然后盖上表面皿。若有气体产生（如白云石等），应先加少量的水润湿样品，盖好表面皿，再由烧杯嘴与表面皿间的狭缝滴加溶剂。待气泡消失后，再用玻璃棒搅拌使其溶解。样品溶解后，用洗瓶吹洗表面皿和烧杯内壁。

③ 样品在溶解过程中需加热时，可在电炉或煤气灯上进行。但一般只能让其微热或微沸溶解，不能暴沸。加热时须盖上表面皿。

④ 溶解后需加热蒸发时，可在烧杯口放上泥三角或在杯沿上挂三个玻璃钩，再盖上表面皿，加热蒸发。

(2) 沉淀制备 根据沉淀的晶形或非晶形性质，选择不同的沉淀条件。

① 晶形沉淀：可按照“稀、热、慢、搅、陈”的操作方法沉淀，即沉淀的溶液要冲稀一些；沉淀时应将溶液加热；加入沉淀剂的速度要慢，同时应搅拌；沉淀完全后，盖上表面皿，放置过夜或在水浴锅上加热 1h 左右，使沉淀陈化。

② 非晶形沉淀：宜用较浓的沉淀剂溶液，加入沉淀剂和搅拌的速度均快些，沉淀完全后要用蒸馏水稀释，不必放置陈化，有时还需加入电解质等。

③ 过滤和洗涤。

④ 干燥和灼烧

a. 干燥器。首先将干燥器擦干净，烘干多孔瓷板，将干燥剂装入干燥器的底部（图 1-26），应避免干燥剂沾污内壁的上部，然后盖上瓷板；再在磨口上涂上凡士林油，盖上干燥器盖。

b. 干燥剂。一般常用变色硅胶。还可用无水 $CaCl_2$ 等。由于各种干燥剂吸收水分的能力都是有一定限度的，因此干燥器中的空气并不是绝对干燥。所以灼烧和干燥后的坩埚和沉淀在干燥器中放置过久，可能会吸收少量水分而使质量增加，这点需多加注意。

c. 干燥器操作。左手按住干燥器的下部，右手按住盖子上的圆顶，向左前方推动可打开干燥器，如图 1-27 所示。盖子取下后应拿在右手中，用左手放入（或取出）坩埚（或称量瓶），及时盖上干燥器盖。也可将盖子放在桌上安全的地方（注意要磨口向上，顶部朝下）。加盖时，也应拿住盖上圆顶，推着盖好。当坩埚或称量瓶等放入干燥器时，应放在瓷板圆孔内。称量瓶若比圆孔小时则应放在瓷板上。放入坩埚等热的容器时，应连续推开干燥器 1～2 次。搬动或挪动干燥器时，应该用两手的拇指同时按住盖，防止滑落打碎，如图 1-28所示。

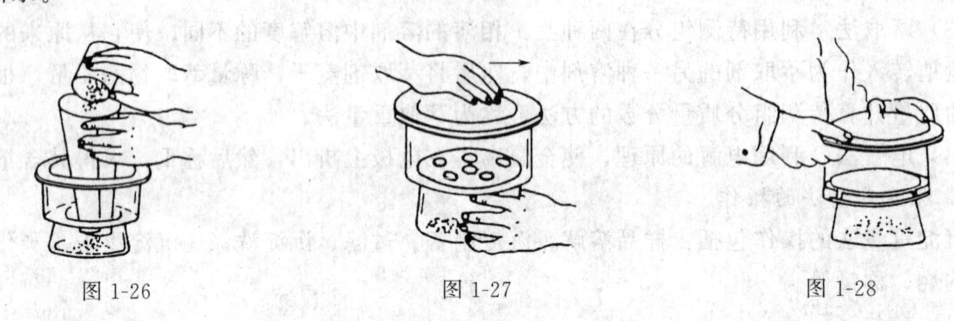

图 1-26　　图 1-27　　图 1-28

d. 坩埚的准备。灼烧沉淀常用瓷坩埚。用前须用稀盐酸等溶剂洗净坩埚、晾干或烘干。用记号笔或 $K_4[Fe(CN)_6]$ 溶液在坩埚和盖上编号，干后，将它放入高温炉（800℃左右）中进行灼烧。第一次灼烧约 30min，取出稍冷后，放入干燥器中冷至室温，称量。然后进行第二次灼烧，约 15～20min，稍冷后，再放入干燥器中，冷至室温，再称量。如此重复直至恒重（见注释）。瓷坩埚放在煤气灯上灼烧时，应放在架有铁环的泥三角上，逐渐升温灼烧，正确的操作如图 1-29(a) 所示，但不能按图 1-29(b) 进行，因铁丝烧红变软，坩埚容易跌落。瓷坩埚应放置氧化焰中进行灼烧，灼烧时应带坩埚盖，但不能盖严，需留一条小缝。灼烧过程中用坩埚钳不时转动瓷坩埚，使之均匀加热，灼烧时间和操作方法与在高温炉中灼烧相同。

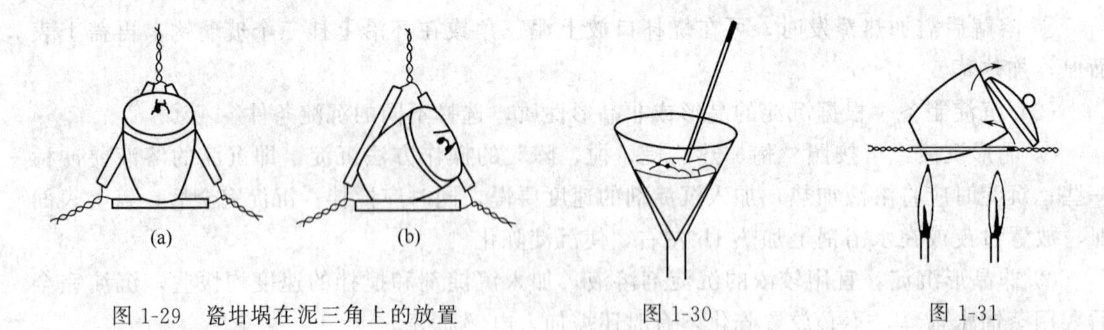

图 1-29　瓷坩埚在泥三角上的放置
(a) 滤纸的烘干；(b) 炭化

图 1-30　　图 1-31

(3) 沉淀和滤纸的烘干　从漏斗中取出沉淀和滤纸时，用扁头玻璃棒将滤纸边挑起，向中间折叠，使其将沉淀盖住，如图 1-30 所示。再用玻璃棒轻轻转动滤纸包，以便擦净漏斗内壁可能粘有的沉淀。然后将滤纸包转移至已恒重的坩埚中，使它倾斜放置，滤纸包的尖端朝上，进行烘干。烘干时可在煤气灯（或电炉）上进行。将放有沉淀的坩埚斜放在泥三角上（注意，滤纸的三层部分向上），坩埚底部枕在泥三角的一边上，坩埚口朝泥三角的顶角［如图 1-29(a)］，为使滤纸和沉淀迅速干燥，应该用反射焰，即用小火加热坩埚盖的中部，这时热空气流便进入坩埚内部，而水蒸气则从坩埚上面逸出，如图 1-31 所示。

(4) 滤纸的炭化和灰化　滤纸和沉淀干燥后（滤纸只是被干燥，而不变黑），将煤气灯逐渐移至坩埚底部，使火焰逐渐加大，炭化滤纸，炭化时如遇滤纸着火，可立即用坩埚盖盖住，使坩埚内的火焰熄灭（切不可用嘴吹灭）。炭化后可加大火焰，使滤纸灰化（滤纸呈灰白色而不是黑色）。沉淀的烘干、炭化和灰化也可在电炉上进行。应注意温度。这时坩埚应是直立，坩埚盖不能盖严，其他操作和注意事项同前。

(5) 沉淀的灼烧与称量　沉淀和滤纸灰化后，将坩埚移入高温炉中（根据沉淀性质调节适当温度），盖上坩埚盖（稍留一小空隙）。灼烧 40～45min（与空坩埚灼烧操作相同），取出，冷至室温，称量。然后进行第二次、第三次灼烧，直至坩埚和沉淀恒重① 为止。一般第二次以后灼烧 20min 即可。

在干燥器冷却时，原则是冷至室温，一般需 30min 以上。但要注意，每次灼烧、称量和放置的时间，都要保持一致。

【注释】

①“恒重”一般是指连续两次称量，质量相差不大于 0.2mg。但此数仅作参考，应根据沉淀质量允许误差及天平的精确度来确定。

六、试纸的制备及使用

1. 试纸的种类

试纸包括石蕊试纸、酚酞试纸、pH 试纸、淀粉-碘化钾试纸、碘-淀粉试纸、醋酸铅试纸等。

(1) 石蕊试纸和酚酞试纸：分别用来定性检验溶液的酸碱性。其中石蕊试纸有红色和蓝色两种，酚酞试纸为白色。

(2) pH 试纸　包括广泛 pH 试纸和精密 pH 试纸两类，用来检验溶液的 pH。广泛 pH 试纸的变色范围是 pH1～14，它只能粗略地估计溶液的 pH。精密 pH 试纸可以较精确地估计溶液的 pH，根据其变色范围可分为多种。如变色范围为 pH3.8～5.4，pH 8.2～10 等。根据待测溶液的酸碱性，可以选用某一变色范围的试纸。

(3) 淀粉-碘化钾试纸、碘-淀粉试纸　用来检验氧化性、还原性气体，如 Cl_2、Br_2 等，当氧化性气体遇到润湿的淀粉-碘化钾试纸后，则将试纸上的 I^- 氧化成 I_2，I_2 立即与试纸上的淀粉作用变成蓝色；如气体的氧化性很强，而且浓度大时，还可以进一步将 I_2 氧化成 IO_3^- 使试纸的蓝色退去。使用时须仔细观察试纸颜色的变化，否则会得出错误的结论。

(4) 醋酸铅试纸　用来定性检验硫化氢气体。当含有 S^{2-} 的溶液被酸化时，逸出的硫化氢气体遇到润湿的醋酸铅试纸后，即与试纸上的醋酸铅反应，生成褐色的硫化铅沉淀，使试纸呈褐黑色，并有金属光泽。当溶液中 S^{2-} 浓度较小时，则不易检出。

2. 试纸的制备

(1) 酚酞试纸（白色）　溶解 1g 酚酞在 100mL 乙醇中，振摇后，加入 100mL 蒸馏水，将滤纸浸渍后，放在无氨蒸气处晾干。

(2) 淀粉-碘化钾试纸（白色）　把 3g 淀粉和 25mL 水搅和，倾入 225mL 沸水中，加入 1g 碘化钾和 1g 无水碳酸钠，再用水稀释至 500mL，将滤纸浸泡后，取出放在无氧化性气体处晾干。

(3) 醋酸铅试纸（白色）　将滤纸浸入 3% 的醋酸铅溶液中浸渍后，取出放在无硫化氢气体处晾干。

3. 试纸的使用方法

(1) 石蕊试纸、酚酞试纸、pH 试纸

① 先将试纸剪成大小合适的小纸条；

② 将小纸条放在干燥洁净的表面皿上；

③ 再用玻璃棒蘸取要检验的溶液，滴在试纸小纸条上；

④ 然后观察试纸的颜色。切不可将试纸条投入溶液中试验。

(2) 醋酸铅试纸、淀粉-碘化钾试纸、碘-淀粉试纸等用于检验挥发性试剂

① 先将试纸剪成大小合适的小纸条；

② 将小纸条放在干燥洁净的表面皿上，用蒸馏水润湿；

③ 悬空放在挥发性试剂的上方，观察试纸颜色变化。

七、加热、灼烧、干燥用仪器

1. 加热用仪器

在实验室中加热常用酒精灯、酒精喷灯、煤气灯、电炉、电热板、电热套、红外灯等。

(1) 酒精灯　提供的温度不高。酒精易燃，使用时要特别注意安全。必须用火柴点燃，决不能用另一燃着的酒精灯来点燃，否则会把酒精洒在外面而引起火灾或烧伤，不用时将灯罩罩上，火焰即熄灭，不能用嘴吹。酒精灯温度通常可达 400～500℃。

(2) 酒精喷灯　由金属材料制成。火焰温度可达 700～1000℃。使用前，先疏通进气孔，再在预热盆上注满酒精，然后点燃盆内的酒精，以加热铜质灯管。待盆内的酒精将近燃完时，打开酒精储罐开关，再逐渐调节开关螺丝，这时酒精在灼热的灯管内汽化，并与来自气孔的空气混合后燃烧，调节风门，使燃烧充分，当火焰正常时，开始加热。使用结束，先关闭酒精储罐，待火焰熄灭后再关闭开关螺丝。应该注意，在开启开关、点燃以前，管灯必须充分灼烧，否则酒精在灯管内不会全部汽化，会有液态酒精由管口喷出，形成“火雨”，甚至会引起火灾。不用时，必须关好储罐的开关，以免酒精漏失，造成危险。

(3) 煤气灯　实验室中如果备有煤气，在加热操作中，可用煤气灯。使用时按下述方法进行操作。

① 煤气由导管输送到实验台上，用橡皮管将煤气龙头和煤气灯相连。

② 煤气的点燃。旋紧金属灯管，关闭空气入口，点燃火柴，打开煤气开关，将煤气点燃，观察火焰的颜色。

③ 调节火焰。旋紧金属管，调节空气进入量，观察火焰颜色的变化，待火焰分为三层时，即得正常火焰。当煤气完全燃烧时，生成不发光亮的无色火焰，可以得到最大的热量。如果点燃煤气时，空气入口开得太大，进入的空气太多，就会产生“侵入火焰”。此时煤气在管内燃烧，发出“嘘嘘”的响声，火焰的颜色变绿色，灯管被烧得很热。发生这种现象时，应该关上煤气，待灯管冷却后，再关小空气入口，重新点燃。煤气量的大小，一般可用煤气开关调节，也可用煤气灯下的螺丝来调节。

④ 关闭煤气灯。往里旋转螺旋形针阀，关闭煤气灯开关，火焰即灭。

(4) 电炉　根据发热量不同有不同规格，如 800W、1000W 等。使用时注意以下几点：

① 电源电压与电炉电压要相符；

② 加热容器与电炉间要放一块石棉网，以使加热均匀；

③ 耐火炉盘的凹渠要保持清洁，及时清除烧灼焦糊的杂物，以保证炉丝传热良好，延长使用寿命。

（5）电热板、电热套　电炉做成封闭式称为电热板。由控制开关和外接调压变压器调节加热温度。电热板升温速度较慢，且受热是平面的，不适合加热圆底容器，多用作水浴和油浴的热源，也常用于加热烧杯、锥形瓶等平底容器。电热套（也称电热包）是专为加热圆底容器而设计的，使用时应根据圆底容器的大小选用合适的型号。电热套相当于一个均匀加热的空气浴。为有效地保温，可在包口和容器间用玻璃布围住。

（6）红外灯　红外灯用于低沸点易燃液体的加热。使用时，受热容器应正对灯面，中间留有空隙，再用玻璃布或铝箔将容器和灯泡松松包住，既保温又可防止灯光刺激眼睛，并能保护红外灯不被溅上冷水或其他液滴。

2．干燥用仪器

（1）干燥箱（电烘箱）　用于烘干玻璃仪器和固体试剂。工作温度从室温起至最高温度。在此温度范围内可任意选择，借助自动控制系统使温度恒定。箱内装有鼓风机，促使箱内空气对流，温度均匀。工作室内设有二层网状搁板以放置被干燥物，见图1-32。使用时注意以下两点。

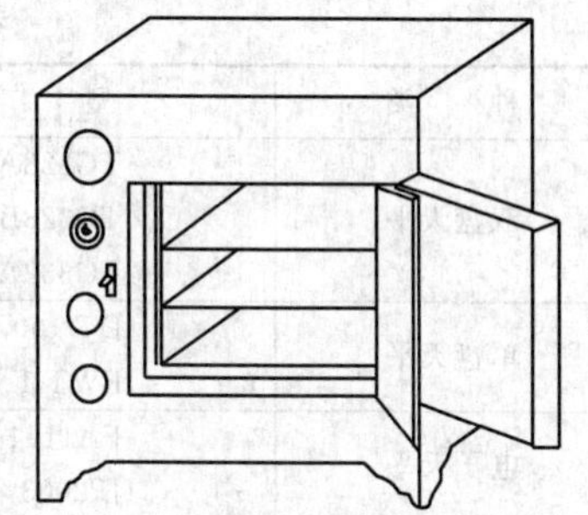

图1-32　电烘箱

① 洗净的仪器尽量把水沥干后放入，并使口朝下，烘箱底部放有搪瓷盘承接从仪器上滴下的水，使水不能滴到电热丝上。升温时应定时检查烘箱的自动控温系统，如自动控温系统失效，会造成箱内温度过高，导致水银温度计炸裂。

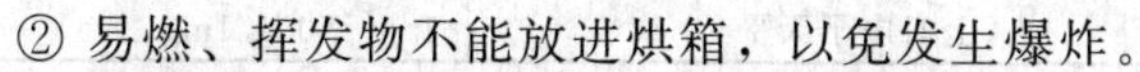

② 易燃、挥发物不能放进烘箱，以免发生爆炸。

（2）电吹风　用于局部加热，快速干燥仪器。

3．灼烧用仪器

灼烧除用电炉外，还常用高温炉。高温炉利用电热丝或硅碳棒加热，用电热丝加热的高温炉最高使用温度为950℃；用硅碳棒加热的高温炉温度高达1300～1500℃。高温炉根据形状分为箱式和管式，箱式又称马弗炉。高温炉的炉温由高温计测量，它由一对热电偶和一只毫伏表组成。使用时注意事项如下。

① 查看高温炉所接电源电压是否与电炉所需电压相符。热电偶是否与测量温度相符，热电偶正负极是否接对。

② 调节温度控制器的定温调节使定温指针指示所需温度处。打开电源开关升温，当温度升至所需温度时即能恒温。

③ 灼烧完毕，先关电源，不要立即打开炉门，以免炉膛骤冷碎裂。一般当温度降至200℃以下时方可打开炉门。用坩埚钳取出样品。

④ 高温炉应放置在水泥台上，不可放置在木质桌面上，以免引起火灾。

⑤ 炉膛内应保持清洁，炉周围不要放置易燃物品，也不可放精密仪器。

八、分析天平

1．分析天平的分类及构造原理

根据天平的构造，可分为机械天平和电子天平。

根据天平的使用目的，可分为通用天平和专用天平。

根据天平的分度值大小，可分为常量天平（0.1mg）、半微量天平（0.01mg）、微量天平（0.001mg）等。

根据天平的精度等级，分为四级：

Ⅰ——特种准确度（精细天平）；

Ⅱ——高准确度（精密天平）；

Ⅲ——中等准确度（商用天平）；

Ⅳ——普通准确度（粗糙天平）。

根据天平的平衡原理，可分为：杠杆式天平、电磁力式天平、弹力式天平和液体静力平衡式天平四大类。

杠杆式天平是根据杠杆原理制成的一种精密衡量仪器，是用已知质量的砝码来衡量被称物的质量。有等臂和不等臂两种。

常用的半机械加码电光天平就是等臂分析天平的一种，它的横梁用三个玛瑙三棱体的锐边（刀口）分别作为支点（刀口朝下）和力点（刀口朝上），这三个刀口必须完全平行并且位于同一水平面上。常用分析天平的型号和规格见表 1-6。

表 1-6 常用分析天平的型号和规格

种 类	型 号	名 称	规 格[①]
双盘天平	TG328A	全机械加码电光天平	200g/0.1mg
	TG328B	半机械加码电光天平	200g/0.1mg
	TG332A	半微量天平	20g/0.01mg
单盘天平	DT-100	单盘精密天平	100g/0.1mg
	BWT-1	单盘半微量天平	20g/0.01mg
电子天平	FA1104	上皿电子天平	110g/0.1mg
	JP2003	上皿电子天平	500g/1mg

① 量程/精度。

2．分析天平的质量和计量性能的检定

分析天平的质量指标主要有：灵敏度、不等臂性和示值变动性。

天平安装后或使用一定时间后，都要对其质量或计量性能进行检查和调整。天平的正规检定应按国家计量部门的标准进行。主要检定项目有分度值、示值变动性和不等臂性。天平的灵敏度在文献中也常用感量来表示。感量与灵敏度互为倒数。感量就是分度值。三者之间的关系：

$$分度值=感量=1/灵敏度$$

(1) 分析天平的灵敏度　灵敏度是指天平的一个盘上增加一定质量时，天平指针所偏转的角度，用分度值来表示。一定的质量下，指针偏转角度愈大，天平的灵敏度愈高。

在双盘天平（TG 328B 型号）左盘上加 10mg 标准砝码，如果平衡位置在 99～101 分度内，其空载时的分度值误差就在国家规定的允差之内。测定结果若超出这个范围，就应调整其灵敏度（见仪器说明书）。

(2) 天平示值变动性误差　天平在空载时所停的点，叫零点；而天平载重时所停的点，叫平衡点。连续多次测定天平空载和全载时标尺的平衡位置，往往会有微小的差别，各次测量值的极差称为天平的示值变动性 Δ_0（空载时）和 Δ_P（全载时），应连续测定 5 次。天平的示值变动性，一般要求允差在 1 个分度以内。

(3) 双盘天平的不等臂性　由于双盘天平的支点刀与两个承重刀之间的距离不可能调到绝对相等，往往有微小的差异，由此产生的称量误差叫做不等臂性误差。将一对等量砝码分别放在两个秤盘上，测定天平的平衡位置，即可计算出天平的不等臂性误差。规定的允差为 3 个分度。

3. 双盘半机械加码电光天平的结构

各种型号的等臂天平，其构造和使用方法大同小异，现以 TG 328B 型（图 1-33）为例，介绍这类天平的结构和使用方法。

（1）结构

① 天平横梁：是天平的主要部件，一般用铝合金制成。三个玛瑙刀等距安装在梁上，梁的两端装有两个平衡铊，用来调节横梁的平衡位置（即粗调零点），梁的中间装有垂直向下的指针，用以指示平衡位置。支点刀的后上方装有重心铊，用以调整天平的灵敏度。

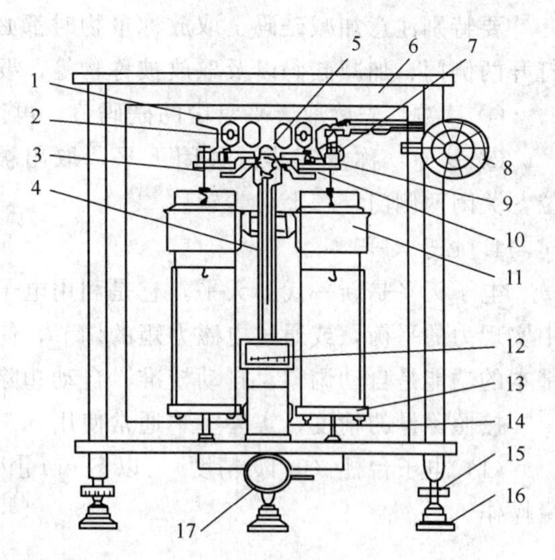

图 1-33　TG 328B 型分析天平

1—横梁；2—平衡铊；3—吊耳；4—指针；5—支点刀；6—框罩；7—圈码；8—指数盘；9—支力销；10—托翼；11—阻尼内筒；12—投影屏；13—秤盘；14—盘托；15—螺旋脚；16—垫脚；17—升降旋钮

② 天平立柱：安装在天平底板上。柱的上方嵌有一块玛瑙平板，与支点刀口相接触。柱的上部装有能升降的托梁架（托翼），关闭天平时它托住横梁，与刀口脱离接触，以减少磨损。柱的中部装有空气阻尼器的外筒。

③ 悬挂系统：将吊耳、空气阻尼器以及秤盘等悬挂在相应位置。

④ 读数系统：指针下端装有缩微标尺，光源通过光学系统将缩微标尺上的分度线放大，再反射到光屏上，从屏上可看到标尺的投影，中间为零，左负右正。光屏中央有一条垂直刻线，标尺投影与该线重合处即天平的平衡位置。天平箱下的调屏拉杆可将光屏在小范围内左右移动，用于细调天平的零点。

⑤ 升降旋钮：位于天平底板正中，它连接托翼、盘托和光源开关。开启天平时，顺时针旋转升降旋钮，托翼即下降，三个刀口与相应的玛瑙平板接触，使吊钩及秤盘自由摆动，同时接通电源，天平进入工作状态。停止称量时，反时针旋转升降旋钮，横梁、吊耳以及秤盘被托住。刀口与玛瑙平板脱离，电源切断，天平进入休息状态。

⑥ 机械加码装置：转动圈码指数盘，可使右盘增加 10～990mg 圈形砝码。内层为 10～90mg 组，外层为 100～900mg 组。

⑦ 砝码：每台天平都附有一盒配套使用的砝码，取用砝码时要用镊子，用完及时放回盒内并盖严。

（2）使用方法及注意事项　分析天平是精密仪器，使用时要认真、仔细，按操作规程进行。

① 准备：取下防尘罩，叠好放在指定位置。检查天平是否正常，是否水平，秤盘是否洁净，圈码指数盘是否在“000”位，圈码是否脱位等。

② 调零点：接通电源，轻轻开启升降旋钮，标尺稳定后，观察屏中央刻线与标尺上的“0”线是否重合，若不重合，拨动调屏拉杆，移动屏幕位置进行调整；若调屏拉杆调整不到零点，需调节横梁上的平衡铊。

③ 称量：欲称量物先在台秤上粗称，然后放到天平左盘中心，加码至粗称数据的克位。半开天平，观察标尺指针走向。克组调定后，再依次调定 100 毫克组、10 毫克组。最后完全开启天平，准备读数。

要特别注意加减砝码、取放称量物时都必须在天平的关闭状态下进行，操作升降旋钮、打开两侧门、加减砝码以及取放被称物等，要轻、缓，不可用力过猛。

④ 读数：先读取天平盘中的砝码值，再读取圈码值，最后读取标尺上的数值。

⑤ 复原：称量完毕，关闭天平，取出被称物，砝码放回盒内，圈码盘退回到“000”位，关闭两侧门，盖上防尘罩。

4. 电子天平

电子天平是新一代的天平，它是利用电子装置完成电磁力补偿的调节，使物体在重力场中实现力的平衡，或通过电磁力矩的调节，使物体在重力场中实现力矩的平衡。电子天平最基本的功能是自动调零、自动校准、自动扣除空白和自动显示称量结果。

按照称量的精度，实验室中通常使用 0.1g 精度的电子台秤和 0.1mg 精度的电子天平。

(1) 电子台秤（0.1g 精度） 以 ScoutⅡ型电子台秤［图 1-34(a)］为例，说明台秤的称量操作。

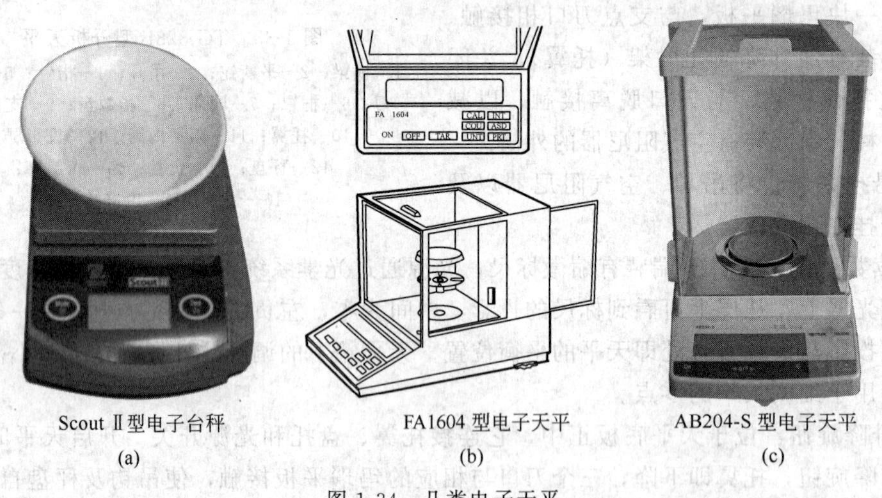

ScoutⅡ型电子台秤 (a)　FA1604 型电子天平 (b)　AB204-S 型电子天平 (c)

图 1-34 几类电子天平

台秤的称量操作分为预热、校准、称量和关机四步。首先用毛刷清扫称量盘，然后接通电源，按下 Zero On，预热五分钟。

台秤位置移动或长期不用，使用前要进行校准：按住 Zero On 键，至显示屏显示“Cal”松开，出现“—C—”。随后显示所需砝码质量“C300.0g”，即校准模式。将校准砝码放到塑料托盘上，注意轻拿轻放，以免损坏台秤。按下 Zero On 键，显示“300.0g”。拿掉砝码，显示屏上应该出现“0.0g”，校准完毕。如果不出现“0.0g”，则需要清零，并再次校准。校准过的台秤方可用来称量。

称量操作有三点注意事项。

① 台秤不能称量热的东西。

② 使用前，将塑料托盘或金属托盘刷干净。

③ 看清台秤的称量模式；如果屏幕显示不是“0.0g”，要按 Mode Off 键，调至显示“0.0g”。

烧杯、表面皿等物可以直接称得其质量。使用完毕，应该关闭仪器，按住 Mode Off，直至“OFF”出现，松开，台秤关闭（“OFF”消失）。

如果台秤出现以下几个模式，“0.000_{oz}”、“0.000_{ozt}”、“0.0_{dwt}”，则不在称量状态，需

要调至“0.0g”模式。

(2) 电子天平（0.1mg精度） 电子天平（0.1mg精度）是实验室经常用来准确称量的仪器，一般应放在专门实验室稳定的台面上。其结构设计一直在不断改进和提高，向着功能多、平衡快、体积小、质量轻和操作简便的趋势发展。但就其基本结构和称量原理而言，各种型号的都相差不多［图1-34(b)，图1-34(c)］。以梅特勒-托利多AB204-N型和AB204-S型电子天平［图1-34(c)］为例说明校准和称量操作。

① 水平调节：使用前观察水平仪是否水平（水泡应位于水平仪中心），若不水平，需调整水平调节脚。

② 校准：因长时间不使用、位置移动或环境变化，天平在使用前或使用一段时间后都应进行校准。

AB204-S型电子天平（最大称量值220g，精度0.1mg）是内校砝码，因为气候或其他条件的变化，天平会自动校准。自动校准时天平发出嗤嗤的响声，显示器显示“-----------CAL”开始校正，等到显示器出现“cal donE”状态，最后显示“0.0000g”表示自动校正完成。

AB204-N型天平（最大称量值210g，精度0.1mg）的校准，则需要人工进行，其过程是：在清扫干净的天平空载下，按住CAL键，当显示器上闪现“-----------CAL”时，即松手，当显示器上闪现“200.0000CAL”时，把准备好的200g校准砝码放在秤盘中央，显示器即出现“-----------CAL”，校正开始，待显示器闪现“0.0000gCAL”时，拿去校准砝码，显示器又闪现“-----------CAL”，片刻后闪现“cal donE”，最后显示“0.0000g”，校准结束。若显示不为零，需清零，重复以上校准操作（注意：为了得到准确的校准结果、最好重复以上校准操作两次）。

③ 称量方法：根据不同的称量物和称量要求，选用不同的称量方法。通常分为：加重法（直接称量法、指定质量称量法）和减重法（又称差减法）。

a. 直接称量法 对某些在空气中无吸湿性的物质，如洁净干燥的器皿、无腐蚀性的金属（或合金）等，可用直接法称量法。如称取镁条：开启天平，待其稳定后，先用镊子夹取一片称量纸称其质量，清零，再取一片镁条称其质量，待数显稳定后，读数即为镁条质量。

b. 指定质量称量法（又称固定称量法） 如用基准物质配制指定浓度的标准溶液或在进行分析工作中为简化计算，往往需要称出某一指定量的试剂或试样。可以在称量去皮重的容器内直接投放待称试样，直至达到所需质量为止。

c. 差减法 差减法又称减重法，是常用的称量方式之一，应该熟练掌握，做到既快速又准确地称出所需样品量。如准确称取0.4～0.6g邻苯二甲酸氢钾的操作。

(a) 将内装约2g邻苯二甲酸氢钾的洁净干燥的称量瓶放在秤盘的中央，关好边门，待数显稳定后，读数并记录克数m_1。

(b) 从称量瓶中小心倾出0.4～0.6g邻苯二甲酸氢钾于一洁净干燥的小烧杯中（按图1-35，图1-36操作），然后再称出称量瓶与剩余的邻苯二甲酸氢钾的质量m_2，计算倾出的邻苯二甲酸氢钾的质量m(如果小于0.4g，可再倾一次，再称量，直至倾出的邻苯二甲酸氢钾质量在0.4～0.6g范围内为止)。

$$m=m_1-m_2$$

(c) 除皮调零

若使用调零键更为方便：即在开始称出总质量m_1后，按清零键归零，数显为0.0000g后，

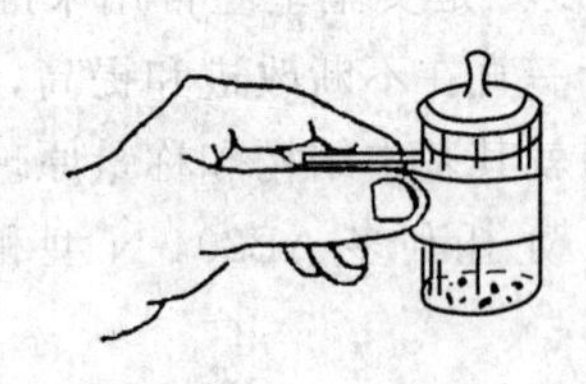

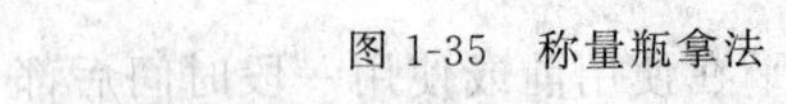

图 1-35 称量瓶拿法

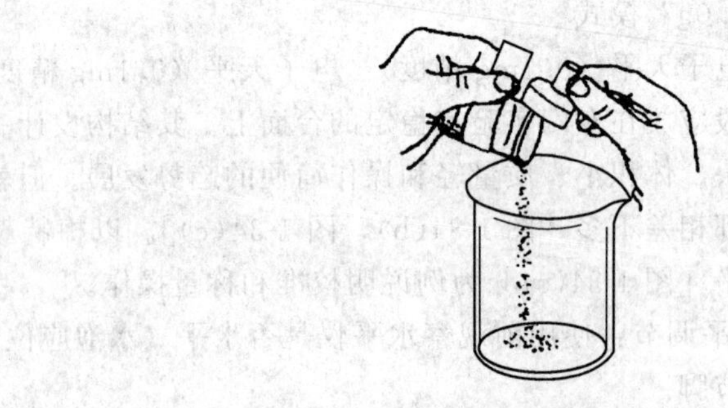

图 1-36 从瓶中倾出样品

取出称量瓶，倾出适量的样品后，再次称量，此时的数显为负数，而该数的绝对值即为倾入锥形瓶的样品质量 m。

称量结束后关好边门，关闭天平，罩上天平罩。在使用记录本上登记使用情况。

第三部分　实验误差与数据处理

一、误差

化学是一门实验科学，常常要进行许多定量测定，然后由实验测得的数据经过计算得到分析结果。结果的准确与否是一个很重要的问题。不准确的分析结果往往导致错误的结论。在任何一种测量中，无论所用仪器多么精密，测量方法多么完善，测量过程多么精细，但测量结果总是不可避免地带有误差。测量过程中，即使是技术非常娴熟的人，用同一种方法，对同一试样进行多次测量，也不可能得到完全一致的结果。这就是说，绝对准确是没有的，误差是客观存在的。实验时应根据实际情况正确测量、记录并处理实验数据，使分析结果达到一定的准确度。

在实验测定中，会因各种原因导致误差的产生。根据其性质的不同，可以分为系统误差和偶然误差两大类；另外，在实验中还会因人为因素出现不应产生的过失误差。

1. 系统误差

由某种固定原因所造成的，有重复、单向的特点。系统误差的大小、正负，在理论上说是可以测定的，故又称为可测误差。

根据系统误差的性质和产生原因，可分为以下几类。

（1）方法误差　由实验方法本身的缺陷造成。如滴定中，反应进行不完全、干扰离子的影响、滴定终点与化学计量点的不相符等。

（2）仪器和试剂误差　由仪器、试剂等原因带来的误差。如仪器刻度不够精确，试剂纯度不高等。

（3）操作误差和主观误差　由操作者的主观原因造成。如对终点颜色的深浅把握不好；平行滴定时，估读滴定管最后一位数字时，常想使第二份滴定结果与前一份滴定结果相吻合，有种“先入为主”的主观因素存在等。

2. 偶然误差

由某些难以控制的偶然原因（如测定时环境温度、湿度、气压等外界条件的微小变化、仪器性能的微小波动等）造成的，又称为随机误差。这种误差在实验中无法避免，时大、时小、时正、时负，故又称不可测误差。

偶然误差难以找到原因，似乎没有规律可言。但它遵守统计和概率理论，因此能用数理统计和概率论来处理。偶然误差从多次测量整体来看，具有下列特性：

（1）对称性　绝对值相等的正、负误差出现的概率大致相等；

（2）单峰性　绝对值小的误差出现的概率大；而绝对值大的误差出现的概率小；

（3）有界性　一定测量条件下的有限次测量中，误差的绝对值在一定的范围内；

（4）抵偿性　在相同条件下对同一过程多次测量时，随着测量次数的增加，偶然误差的代数和趋于零。

由上可见，在实验中可以通过增加平行测定次数和采用求平均值的方法来减小偶然误差。

3. 过失误差

是一种与事实明显不符的误差。是因读错、记错或实验者的过失和实验错误所致。发生此类误差，所得实验数据应予以删除。

4. 误差的表示

误差可由绝对误差和相对误差两种形式表示。前者是指测定值与真实值之差，后者是指绝对误差与真实值的百分比。即

$$绝对误差=测定值-真实值$$

$$相对误差=\frac{绝对误差}{真实值}\times 100\%$$

真实值（真值） 一般来说是未知的。但在某些情况下可以认为真值是已知的。

理论值 如一些理论设计值、理论公式表达值等。

计量学约定值 如国际计量大会上确定的长度、质量、物质的量等。

相对值 精度高一个数量级的测量值作为低一级测量值的真值，如实验中用到的一些标准试样中组分的含量等。

绝对误差和相对误差都有正、负值。正值表示测量结果偏高；负值表示测量结果偏低。

二、准确度与精密度

1. 准确度

准确度是指测定值与真实值之间相符合的程度。通常用误差的大小来衡量。误差越小，分析结果的准确度越高。

2. 精密度

精密度是各次测定结果之间的接近程度。通常用偏差的大小来衡量。在实际工作中，一般要进行多次测定，以求得分析结果的算术平均值。单次测定值与平均值之间的差值为偏差 d。

$$d=x-\bar{x}$$

偏差有绝对偏差、相对偏差、（算术）平均偏差、平均相对偏差、方差、标准偏差以及相对标准偏差（变异系数）等表示形式。

算术平均值 $\bar{x}=\frac{x_1+x_2+x_3+\cdots+x_n}{n}$

绝对偏差 $d_i=x_i-\bar{x}$

相对偏差 $\frac{d}{x}=\frac{x-\bar{x}}{x}\times 100\%$

平均偏差 $\bar{d}=\frac{|d_1|+|d_2|+|d_3|+\cdots+|d_n|}{n}$

相对平均偏差 $\frac{\bar{d}}{\bar{x}}\times 100\%$

方差 $\frac{\sum_{i=1}^{n}(x_i-\bar{x})^2}{n-1}$

标准偏差 $s=\sqrt{\frac{\sum_{i=1}^{n}(x_i-\bar{x})^2}{n-1}}$

相对标准偏差（变异系数） $CV=\frac{s}{\bar{x}}\times 100\%$

三、有效数字

1. 有效数字的概念

有效数字是指在科学实验中实际能测量到的数字。在这个数字中，除最后一位数是“可疑数字”（也是有效的），其余各位数都是准确的。

有效数字与数学上的数字含义不同。它不仅表示量的大小，还表示测量结果的可靠程度，反映所用仪器和实验方法的准确度。

如需称取“$K_2Cr_2O_7$ 8.4g”，有效数字为两位，这不仅说明了 $K_2Cr_2O_7$ 重 8.4g，而且表明用精度为 0.1g 的台秤称量就可以了。若需称取“$K_2Cr_2O_7$ 8.4000g”则表明须在精度为 0.0001g 的分析天平上称量，有效数字是 5 位。

所以，记录数据时不能随便写。任何超越或低于仪器准确限度的有效数字的数值都是不恰当的。

“0”在数字中的位置不同，其含义是不同的，有时算作有效数字，有时则不算。

(1)“0”在数字前，仅起定位作用，本身不算有效数字。如 0.00124，数字“1”前面的三个“0”都不算有效数字，该数是三位有效数字。

(2)“0”在数字中间，算有效数字。如 4.006 中的两个“0”都是有效数字，该数是四位有效数字。

(3)“0”在数字后，也算有效数字。如 0.0350 中，“5”后面的“0”是有效数字，该数是三位有效数字。

(4) 以“0”结尾的正整数，有效数字位数不定。如 2500，其有效数字位数可能是两位、三位甚至是四位。这种情况应根据实际改写成 2.5×10^3（两位），或 2.50×10^3（三位）等。

(5) pH，lg*K* 等对数的有效数字的位数取决于小数部分（尾数）数字的位数。如pH＝10.20，其有效数字位数为两位，这是因为由 $[H^+]=6.3\times10^{-11}\ mol\cdot L^{-1}$ 得来。

2. 数字的修约

在处理数据过程中，涉及到各测量值的有效数字位数可能不同，因此需要按下面所述的运算规则，确定各测量值的有效数字位数。各测量值的有效数字位数确定以后，就要将它后面多余的数字舍弃。舍弃多余数字的过程称为“数字的修约”，目前一般采用“四舍六入五成双”规则。

规则规定：当测量值中被修约的数字等于或小于 4 时，该数字舍弃；等于或大于 6 时，进位；等于 5 时，若 5 后面跟非零的数字，进位；若恰好是 5 或 5 后面跟零时，按留双的原则，5 前面数字是奇数，进位；5 前面的数字是偶数，舍弃。

根据这一规则，下列测量值修约成两位有效数字时，其结果应为：

4.147	4.1
6.2623	6.3
1.4510	1.5
2.5500	2.6
4.4500	4.4

3. 有效数字的运算规则

(1) 加减法运算　几个数据相加或相减时，有效数字的保留应以这几个数据中小数点位数最少的数字为依据。

如 $0.0231+12.56+1.0025=?$

由于每个数据中的最后一位数有±1的绝对误差，其中以12.56的绝对误差最大，在加合的结果中总的绝对误差值取决于该数，故有效数字位数应根据它来修约。

即修约成 $0.02+12.56+1.00=13.58$

（2）乘除法运算　几个数据相乘或相除时，有效数字的位数应以这几个数据中相对误差最大的为依据，即根据有效数字位数最少的数来进行修约。

如 $0.0231\times12.56\times1.0025=?$

先修约成 $0.0231\times12.6\times1.00=0.291$

有时在运算中为了避免修约数字间的累计，给最终结果带来误差，也可先运算最后再修约或修约时多保留一位数进行运算，最后再修约掉。

在乘除运算中，常会遇到数字第一位是8、9以上的大数，如9.00，8.97等。其与10.00这类四位有效数字的数值相接近，所以通常将它们当作四位有效数字的数值处理。

四、实验数据及其表达方式

1. 数据的计算处理

对要求不太高的实验，一般只重复两三次，如数据的精密度好，可用平均值作为结果。如若非得注明结果的误差，可根据方法误差求得，或者根据所用仪器的精密度估计出来，对于要求较高的实验，往往要多次重复进行，所获得的一系列数据要经过严格处理，其具体做法是：①整理数据；②算出平均值；③算出各数据对平均值的偏差；④计算方差、标准偏差等。

2. 数据的列表处理

这是表达实验数据最常用的方法之一。将各种实验数据列入一种设计得体、形式紧凑的表格内。可起到化繁为简的作用，有利于获得对实验结果相互比较的直观效果，有利于分析和阐明某些实验结果的规律性。设计数据表的原则是简单明了。因此，列表时注意以下几点：

（1）每个表应有简明、达意、完整的名称；

（2）表格的横排称为行，纵排称为列，每个变量占表格一行或一列，每一行或一列的第一栏，要写出变量的名称和量纲；

（3）表中数据应化为最简单的形式，公共的乘方因子应在第一栏的名称下面注明；

（4）表中数据排列要整齐，应注意有效数字的位数，小数点对齐；

（5）处理方法和运算公式要在表下注明。

3. 数据的作图处理

利用图形表达实验结果能直接显示出数据的特点、数据的变化规律，并能利用图形作进一步的处理。如求斜率、截距、外推值、内插值等。作图时要注意以下事项。

（1）正确选择坐标纸、比例尺度　坐标纸有直角普通坐标纸、三角坐标纸、半对数坐标纸、对数坐标纸等种类。将一组实验数据绘图时，究竟使用什么形式的坐标纸，通常依据能否获得线性图形来选择，根据具体情况选择。如下表所示。

函数一般式	所用坐标纸名称
$y=a+bx$	直角坐标纸
$y=ax^b(\lg y=\lg a+b\lg x)$	对数坐标纸
$y=a+b\lg x$	半对数坐标纸

在基础化学实验中多使用直角坐标纸。习惯上以横坐标为自变量，纵坐标为应变量。坐标轴旁须注明变量的名称和单位。坐标轴上的比例尺度的选择极为重要，选择时注意以下几点。

① 要能表示全部有效数字，这样由图形所求出的物理量的准确度与测量的准确度相一致。

② 坐标标度应选取便于计算的分度。即每一小格应代表1,2或5的倍数，而不要采用3,6,7,9的倍数。而且应把数字标在逢5或逢10的粗线上。

③ 要使数据点在图上分散开，占满纸面，使全图布局匀称。

④ 如若图形是直线，则比例尺的选择应使直线的斜率接近1。

(2) 工具　在处理实验数据时，作图所用的主要工具有铅笔、三角板、曲线板（或尺）、绘图笔、圆规和黑墨水等。铅笔以使用中等硬度的为宜。三角板和曲线板应选用透明的，以便作图时能全面观察实验点的分布情况；绘图笔备有不同规格的几支，以便描绘不同粗细的线条。

(3) 点、线的描绘　代表某一数值的点，称为代表点。可用●，△，◆，×等不同的符号表示。符号的重心所在即表示读数值。描点时，用细铅笔将所描的点准确而清晰地标在其位置上，描出的线必须平滑，尽可能接近（或贯穿）大多数的点（并非要求强行贯穿所有的点），只要使代表点均匀分布在曲线两侧邻近处即可，更确切地说，使所有代表点离曲线的距离的平方和为最小，这就是最小二乘法的原理。这样描出的线能表示出被测量数值的平均变化情况。同一图中表示不同曲线时，要用不同的符号描点，以示区别。在曲线的极大、极小或转折处应多取一些点，以保证曲线所表示的规律的可靠性。如果发现有个别点远离曲线，又不能判断被测量在此区域会发生什么突变，就要分析一下是否有偶然性的过失误差；如果属于后一种情况，描线时可不考虑这一点。但是，如果重复实验仍然有同样的情况，就应在这一区域进行仔细的测量，搞清是否有某些必然的规律。总之，切不可毫无理由地丢弃离曲线较远的点。

(4) 图名与说明　每一个图都应有序号和简明的标题，有时还应对测试条件作简明的说明，这些一般安置在图的下方。

(5) 图解术　图解术是指用已得图形作进一步的计算和处理，以获得所需结果的技术。由于在许多情况下所求结果都不能简单地从通常所绘的图形中直接读出，因此图解术的重要性并不亚于作图技术。目前常用的图解术有内插法，外推法，计算直线的斜率与截距，求波高，图解微分，图解积分等。

例1　求外推值　有的数据不易或不能直接测定，在适当的条件下，常可用作图外推的方法获得。所谓外推，就是将变量间的函数关系按测量数据描绘的图像延伸至测量范围以外，求出测量范围外的函数值。但是必须指出，外推法只有在满足下列条件时才能采用。

① 在外推的那段范围及其邻近区域，被测量的变量间的函数关系呈线性或可以认为呈线性；

② 外推的那段范围离实测的范围不能相距太远；

③ 外推所得结果与已有的正确经验不能抵触。

分析化学中常用的标准加入法就是用外推法求得试样中待测组分浓度的。取若干份同体试样溶液（一般取4～5份），除第一份外，其余各份分别加入不同量的待测组分的标准溶液，并稀释至一定相同的体积。设加入标准溶液的浓度为c_i($i=1,2,3,\cdots$)，所测物理量为

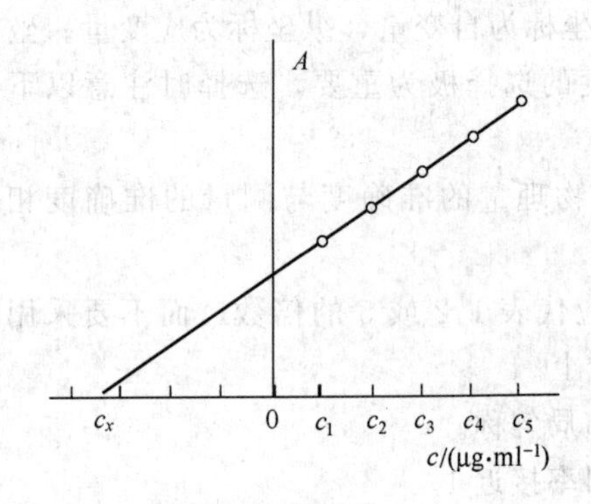

图 1-37 标准加入法

A_i。将被测量物理量对浓度作图，得到右图所示的直线。延长直线与 x 轴的交点，即为未知试样的浓度 c_x（图 1-37）。

例 2 求函数的微商（图解微分法） 作图法不仅能表示出测量数据间的定量函数关系，而且可以从图上求出各点的函数的微商，而不必先求出函数关系的解析式，这就是所谓的图解微分法。具体做法是在所得曲线上选定若干个点，作出切线，计算出各点切线的斜率，即得各点的函数微商值。通常按下式计算切线的斜率：$\frac{dy}{dx}=\frac{y_2-y_1}{x_2-x_1}$

式中 (x_1, y_1)和(x_2, y_2)——切线上的两个点，这两个点应尽量选得相距远一些。

由于作切线主要凭经验，因此图解微分的精度一般是很差的。

在物理化学实验中常常用到求函数的微商。例如，在测定聚合物相对分子质量的实验中，用分级法得到各个分级的质量占试样总质量的百分数 w_i，并测定出各个分级的平均相对分子质量 M_i 或特性黏度 η_i，按公式：

$$I_{M_i}=\frac{1}{2}w_i+\sum_{j=1}^{j=i}w_j \quad (i>j)$$

根据上式可算出累计质量百分数 I_{M_i}后，即可画出 I_{M_i}-M_i 或I_{M_i}-η_i 的阶梯形分级曲线，通过阶梯形曲线上各个阶梯的中点画出一条平滑的曲线，即为累计质量分布曲线。从该曲线经过图解微分求得各点的斜率对相对分子质量作图，即得未归一化的微分质量分布（图 1-38）。

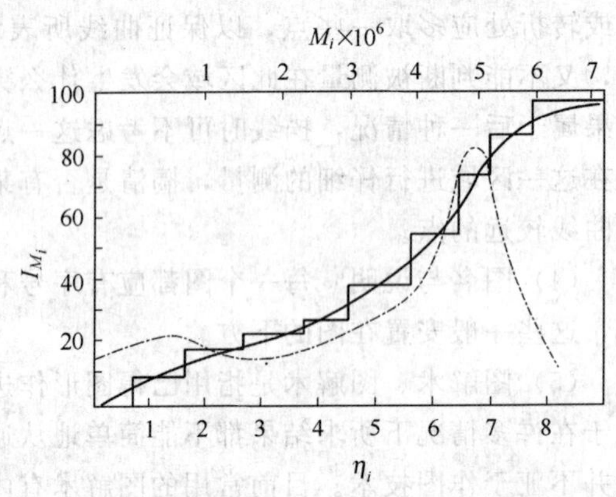

图 1-38 聚合物的阶梯形分级曲线、累计质量分布曲线（实线）和微分质量分布曲线（虚线）

例 3 波高的测量方法 在基础仪器分析实验中，常常需要测量极谱图上产生的极谱波扩散电流的大小。即极谱波的波高。扩散电流等于极限扩散电流减去残余电流。测量波高的方法应根据极谱波的形状不同而采用不同的测量方法。下面是三种常用的方法。

① 平行线法 对于波形良好，极限电流与残留电流部分互相平行的极谱图，可用此法测量波高。其作图方法是：通过极限电流和残留电流部分的锯齿形波纹中心，分别作互相平行的直线 AB 和 CD，再作垂直于横轴的直线，此直线在两平行线 AB 和 CD 之间的高度 h 即为所求的波高。见图 1-39。

② 三切线法 如果极谱波的极限电流和残余电流部分互相不平行，可采用三切线法。其做法是通过极谱波的残余电流部分、极谱电流部分和扩散电流部分分别作 AB、CD 及 EF 三条切线，EF 与 AB 相交于 O 点，EF 与 CD 相交于 P 点，然后通过 O、P 各作一条平行横轴的平行线，则此两条平行线间的垂直距离 h 即为波高。如图 1-40 所示。

③ 矩形法 先按三切线法做 AB、CD、EF 三条切线，EF 交 AB 于 G 点，交 CD 于 H 点，过 G、H 分别作横轴的垂线 GI 和 JH，GI 交 CD 于 I，JH 交 AB 于 J，连接 IJ 交 EF 于

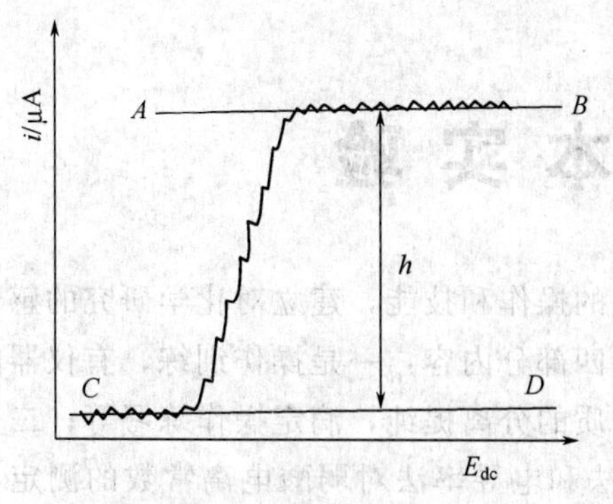

图 1-39 平行线法测量示意图

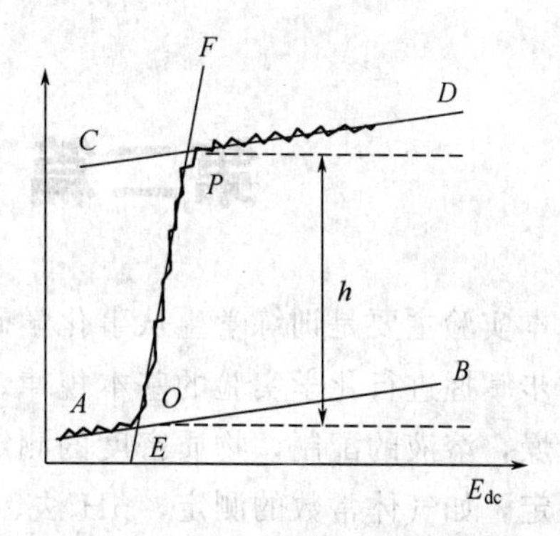

图 1-40 三切线法测量示意图

K(K 点对应的电位就是半波电位)，过 K 点作横轴的垂线 ML，交 AB 于 M，交 CD 于 L，则 ML 的高度即为所求的波高。如图 1-41 所示。

由上可见，矩形法测量波高，方法相对来说较麻烦，但该法适合于各种极谱波形波高的测量，而且测出的波高也比较准确。

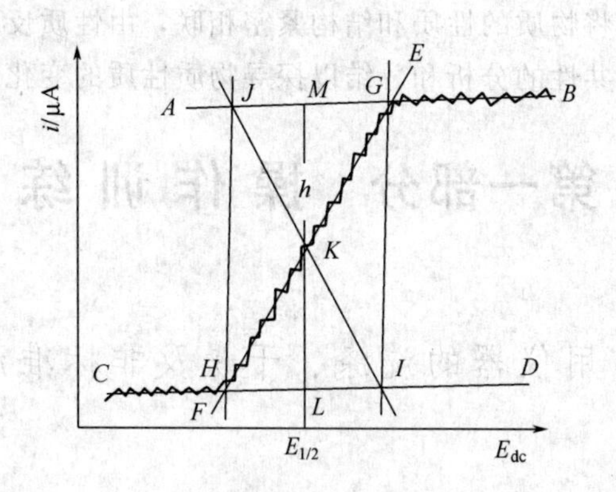

图 1-41 矩形法测量示意图

第二篇　基本实验

基本实验主要是训练学生从事化学研究最基本的操作和技能，建立对化学研究的感性认识，初步掌握进行化学实验的基本规律。本篇包括四部分内容：一是操作训练，有仪器的洗涤和干燥，溶液的配制，物质密度的测定，固体物质的分离提纯，滴定操作练习等；二是常数的测定，如气体常数的测定，pH 法、滴定曲线法和电导率法对弱酸电离常数的测定，分光光度法、离子交换法和电导率法对难溶强电解质溶度积常数的测定，分光光度法和电位法对配合物稳定常数的测定等；三是元素及化合物的性质，以元素周期表中的 s 区、p 区、d 区、ds 区为序，进行常见元素及其化合物的性质实验；四是定量分析，包括酸碱滴定、配位滴定、氧化还原滴定、沉淀滴定、沉淀重量法和分光光度法的训练。其中，第二部分用多种方法测定物质的同一种常数，可以拓展学生进行化学研究的思路，而第三部分与过去性质实验相比有较大的改进，将物质的性质和结构紧密相联，由性质反映结构，通过结构理解性质，通过每区元素个性和共性的分析和总结以探寻物质性质的变化规律。

第一部分　操作训练

实验一　常用仪器的洗涤、干燥及非标准溶液的配制

【预习内容】

1. 绪论和绿色化学简介。
2. 常用玻璃仪器的洗涤与干燥。
3. 常用洗涤剂的配制与使用。
4. 化学试剂的取用。
5. 非标准溶液的配制。

【目的要求】

1. 了解基础化学实验的目的要求。
2. 掌握基础化学实验的学习方法。
3. 熟悉实验室内的水、电、气的走向和开关。
4. 学习并掌握化学实验室安全知识，学会实验室事故的应急处理。
5. 了解实验室“三废”的处理方法，树立绿色化学意识。
6. 了解常用仪器的主要用途、使用方法及玻璃仪器的洗涤与干燥方法。
7. 学习试剂的取用、台秤的使用等基本操作。
8. 学习非标准溶液的配制方法。

【仪器试剂】

台秤（精度 0.1g），常用仪器，毛刷等；去污粉，洗液，乙醇（CP），NaOH(固体)，

H_2SO_4(浓), HCl(浓), $SnCl_2 \cdot 2H_2O$(固体), $Pb(NO_3)_2$(固体), $Bi(NO_3)_3 \cdot 5H_2O$(固体)。

【演示实验】

看多媒体教学课件(第一部分)。

1. 常用玻璃仪器及其洗涤方法。

2. 去污粉和洗液的用法及注意事项。

3. 仪器的干燥方法,演示快干法和烤干法。

4. 非标准溶液的配制方法。

(一)常用仪器的洗涤与干燥

【实验步骤】

1. 检查仪器

按照发给自己的"仪器单"检查、认识常用仪器,对照仪器填写"仪器单"(即名称、规格、数量)。

2. 洗涤练习

(1) 用自来水洗刷发给个人使用的全部仪器。

(2) 用去污粉洗刷表面皿、100mL 的烧杯,然后用自来水冲洗干净,看是否符合要求,若符合要求,再用蒸馏水冲洗三遍。

(3) 用洗液洗一个称量瓶和两支试管(注意洗液用后倒回原瓶),然后用自来水冲洗,符合要求后,再用蒸馏水冲洗三遍。

3. 仪器的干燥

(1) 将上面洗干净的 100mL 烧杯,放在石棉网上用酒精灯小火烤干。

(2) 将已洗净的试管,用试管夹夹住,加热小火烤干。

(3) 将洗净的两支试管尽量倾去水,用少量酒精润湿后倒出,晾干或吹干。

(4) 将洗净的称量瓶和瓶盖,倒置于一个干净的表面皿上放入橱内,晾干备用。

(二)溶液的配制

【实验步骤】

1. 配制 500mL $0.1mol \cdot L^{-1}$ NaOH 溶液。首先计算出所需 NaOH 固体的质量,按固体试剂取用规则,在台秤上用烧杯称取 NaOH(不能用纸),加入少量蒸馏水,搅拌使其完全溶解,加水稀释至 500mL。待溶液冷却后,再将溶液倒入带标签的试剂瓶内,备用(实验三用)。

2. 用浓 HCl($12mol \cdot L^{-1}$)配制 500mL $0.1mol \cdot L^{-1}$ HCl 溶液。计算出所需浓 HCl 的体积,按液体试剂取用规则,量取所需要的浓 HCl,再加水稀释至 500mL。倒入带标签的试剂瓶内,备用(实验三用)。

3. 配制 100mL $3mol \cdot L^{-1}$ H_2SO_4 溶液(浓硫酸的密度和质量分数参见附录七)。计算出所需浓 H_2SO_4 的体积,按液体试剂取用规则,量取所需要的浓 H_2SO_4,搅拌下将浓 H_2SO_4 沿烧杯壁慢慢倒入约 50mL 水中,然后再稀释至 100mL,待冷至室温后倒入带标签的回收瓶内,备用。

4. 介质水溶法配制易水解盐的溶液

(1) Pb^{2+}、Bi^{3+} 各约为 0.01mol·L^{-1} 混合液的配制。称取 $Pb(NO_3)_2$ 0.3g，$Bi(NO_3)_3 \cdot 5H_2O$ 0.5g，加 3mL 0.5mol·L^{-1} HNO_3 溶解，并用 0.1mol·L^{-1} HNO_3 稀释至 100mL，倒入带标签的回收瓶内，备用。

(2) 100mL 0.1mol·L^{-1} $SnCl_2$ 溶液的配制。称取 2.3g $SnCl_2 \cdot 2H_2O$ 固体，溶于 4mL 浓 HCl 中，加水稀释至 100mL，临用时配制，为防止二价锡氧化，需加些锡粒，倒入带标签的回收瓶内，备用。

【扩展内容】

根据后面实验的需要，配制各种溶液如 $FeCl_3$、$SbCl_3$、$BiCl_3$、$Pb(NO_3)_2$ 等。

思考题

1. 应如何判断玻璃器皿是否清洁？
2. 配制 NaOH 溶液时，应选用何种天平称取试剂？为什么？
3. 能否直接准确配制 HCl 和 NaOH 溶液吗？为什么？
4. 对易水解盐类溶液的配制应如何选用介质？
5. 对一些见光易分解的 $AgNO_3$、$KMnO_4$、KI 等溶液应如何保存？
6. 应如何配制和保存一些易被氧化的如 $SnCl_2$、$FeCl_2$ 等溶液？
7. 铬酸洗液的去污原理是什么？如何使用？如何判断其是否失效？

【附注】

1. 铬酸洗液的配制：25g $K_2Cr_2O_7$ 放入 500mL 烧杯中，加水 50mL，加热溶解，冷却后，不断搅拌下，慢慢加入 450mL 浓 H_2SO_4，装入试剂瓶内备用。

2. 配制一般溶液常用的方法有三种（参见第一篇第一部分三、1）

(1) 直接水溶法

(2) 介质水溶法

(3) 稀释法

实验二 称量练习

【演示实验】

看多媒体教学课件（第二部分）称量操作。

（一）二氧化碳相对分子质量的测定

【目的要求】

1. 学习正确使用分析天平。
2. 学习测定气体相对分子质量的一种方法及其原理。

【实验原理】

根据阿伏伽德罗定律，同温同压下同体积任何气体都含有相同数目的分子。因此，在同温同压下，两种同体积的不同气体的质量之比等于它们的相对分子质量之比

$$\frac{m_1}{m_2}=\frac{M_1}{M_2} \tag{1}$$

式中，m_1 代表第一种气体的质量；M_1 代表其相对分子质量；m_2 代表同温同压下，同

体积的第二种气体的质量；M_2 代表其相对分子质量。

如果以 d 表示气体的相对密度，

则
$$d=\frac{m_1}{m_2}=\frac{M_1}{M_2} \quad 或 \quad M_1=dM_2 \tag{2}$$

所以，一种气体的相对分子质量等于该气体对另一种气体的相对密度乘以后一种气体的相对分子质量。如果以 $d_{空气}$ 表示某气体对空气的相对密度，则该气体的相对分子质量（M_x）可以从式（3）求得：

$$M_x=29.00\times d_{空气} \tag{3}$$

因此，在实验室中只要测出一定体积的二氧化碳的质量，并根据实验时的大气压和温度，计算出同体积空气的质量，即可求出二氧化碳对空气的相对密度，从而求出二氧化碳的相对分子质量。

【仪器试剂】

碘量瓶（150mL），分析天平（电子天平，0.1mg 精度），台秤（0.1g 精度），二氧化碳钢瓶（或启普发生器）；工业浓硫酸，大理石，HCl($6mol\cdot L^{-1}$）等。

【实验步骤】

二氧化碳相对分子质量的测定

（1）将 150mL 碘量瓶洗净，烘干。

（2）在分析天平（0.1mg 精度）上称出其质量 m_1。

（3）拿去磨口塞，通入 CO_2 约 5min 后，放上磨口塞再称量。重复进行这一操作，直至两次称量的结果相差不超过 1～2mg(0.001～0.002g）为止。记下充满 CO_2 的碘量瓶的质量 m_2。

（4）为了测定碘量瓶的容积，可将碘量瓶装满水，再将磨口塞塞上，尽量擦干瓶外的水，然后在台秤（0.1g 精度）上称量 m_3。（m_3-m_1）即为水的质量（空气的质量在这里忽略不计）。由水的质量即可求出碘量瓶的容积（水的密度 $d_水$，可根据实验时的温度从附录十中查出）。

（5）观察并记录实验时的室温和气压计的读数。

（6）数据记录和计算填入表 2-1。

表 2-1　数据记录及结果处理

平行测量份数	Ⅰ	Ⅱ
用分析天平称装满空气的碘量瓶和塞子的质量 m_1/g		
用分析天平称装满 CO_2 的碘量瓶和塞子的质量 m_2/g	第一次　$m_2(1)$ 第二次　$m_2(2)$ 第三次　$m_2(3)$	
在台秤上称装满水的碘量瓶和塞子的质量 m_3/g		
碘量瓶的容积　$V=\frac{m_3-m_1}{d_水}\Big/mL$		
实验时的室温 $t/℃$		
实验时的大气压 p/Pa		
按公式 $pV=\frac{m_{空气}}{M_{空气}}RT$ 先求出碘量瓶内空气的质量 $m_{空气}/g$		
空瓶的质量为$(m_1-m_{空气})/g$		
求出碘量瓶中 CO_2 的质量 $m_{CO_2}=[m_2-(m_1-m_{空气})]/g$		
二氧化碳对空气的相对密度 $d_{空气}=\frac{m_{CO_2}}{m_{空气}}$		
二氧化碳的分子量　$M_{CO_2}=29.00d_{空气}$		
百分误差$=\frac{\lvert M_{理论}-M_{CO_2}\rvert}{M_{理论}}\times 100\%$		

【扩展内容】

二氧化碳的制备：二氧化碳是由盐酸与大理石（$CaCO_3$）反应而制得，装置参见第一篇第一部分启普发生器的结构及作用示意图 1-1。

在启普发生器中放入大理石，加入 6mol·L^{-1} 盐酸。打开旋塞，盐酸即从底部上升与大理石反应，产生二氧化碳。使发生的气体经过两个洗气瓶 1 和 2(瓶 1 内装水，用以除去二氧化碳气体中的氯化氢和其他可溶性的杂质；瓶 2 内装浓硫酸，用来干燥二氧化碳)，然后经导管放出。

思 考 题

1. 用启普发生器制取 CO_2 时，为什么气体要通过水和浓硫酸两个洗气瓶？

2. 为什么装满 CO_2 的碘量瓶和塞子的质量要在分析天平（0.1mg 精度）上称，而装满水的碘量瓶和塞子的质量可以在台秤（0.1g 精度）上称量？

3. 哪些物质可用此法测相对分子质量？为什么？

【附注】

1. 如果实验室备有 CO_2 钢瓶，也可以直接取得。由钢瓶出来的 CO_2 先经过一只 1000mL 的缓冲瓶，然后分几路导出，同时供几个学生使用。每一路导管都装有旋塞，使用时打开，不用时关闭。CO_2 的流速可以根据浓硫酸中冒出的气泡的快慢来控制。流速不宜太大，否则钢瓶内 CO_2 的迅速蒸发可产生低温，使出来的 CO_2 温度过低，以致在称量时，由于温度的变化而使称量不准确。

2. 在往碘量瓶中通 CO_2 时一定要控制好气体的流速和通气时间。

3. 测定碘量瓶的容积时一定要装事先在室温放置 1 天以上的水，不能直接由水龙头装自来水。

（二）密度的测定

【目的要求】

1. 进一步熟悉分析天平的操作。

2. 学会常见液体、固体密度的测定方法。

【实验原理】

密度 ρ 的定义为质量 m 除以体积 V。用公式 $\rho=\dfrac{m}{V}$ 计算，其单位是千克每立方米，即 kg·m^{-3}。

物质的密度与物质的本性有关，且受外界条件（如温度、压力）的影响。压力对固体、液体密度影响可以忽略不计，但温度对密度的影响却不能忽略。因此，在表示密度时，应同时注明温度。

在一定的条件下，物质的密度与某种参考物质的密度之比称为相对密度，通过参考物质的密度，可以把相对密度换算成密度。

密度的测定可用于鉴定化合物纯度和区别组成相似而密度不同的化合物。

【仪器试剂】

比重管，容量瓶（10mL），分析天平（0.1mg 精度），滴定管，比重瓶，硫酸纸；无水乙醇，丙酮，常见金属 Al、Zn、Sn、Cu、Pb 块，金属粒，水（室温下放置 1 天以上）。

【实验步骤】

1. 无水乙醇、丙酮密度的测定

取一清洁干燥的 10mL 容量瓶在分析天平上准确称其质量 m_0，然后注入待测液体无水乙醇至容量瓶刻度，再称其总质量 m_1（切记称量时一定要塞好容量瓶的盖!），将两次质量之差除以 10.00mL，即得该液体在室温下的密度；用同样方法可测得丙酮的密度。

2. 固体密度的测定

(1) 块状固体密度的测定　在硫酸纸上用加重法在分析天平上称取待测固体 2～10g（不同物质称取的量不同，较轻物质少称些，较重物质多称些，称准至 0.0001g）。

于滴定管（将一支碱式滴定管下端乳胶管部分换成乳胶头!）中装入室温下放置 1 天以上的水。轻轻捏动乳胶头赶净气泡，记下初始读数（准确至 0.01mL），小心将待测固体移至已盛水的滴定管（注意既不要将物质撒落，也不要将水洒出）。轻轻上下振荡滴定管，将气泡赶尽! 放置 3min。记下滴定管的最终读数（准确至 0.01mL）。

取出待测物，交还给指导教师或放回指定的位置。将数据记录与结果填在表 2-2 里。

表 2-2　数据记录与结果处理

未知物序号					
硫酸纸质量/g					
硫酸纸＋未知物质量/g					
滴定管的初始读数/mL					
滴定管的最终读数/mL					
未知物质量/g					
未知物体积/cm^3					
未知物密度/($g \cdot cm^{-3}$)					

(2) 粒状固体密度的测定　首先称出空比重瓶的质量 m_0；再将约占 2/3 比重瓶体积的待测固体颗粒小心装入比重瓶内，称得质量 m_1；然后将瓶内注满密度 ρ 的液体（该液体不溶解待测固体，但能润湿待测固体，且置于室温下放置 1 天以上），轻轻摇动比重瓶赶走瓶内气泡，盖上瓶塞，用滤纸吸去比重瓶塞子上毛细管口溢出的液体，称出质量 m_2；将固体颗粒对号倒入回收瓶（不可倒错!），液体倒掉，然后再向瓶内注入密度 ρ 的液体，充满，赶走瓶内气泡，盖上瓶塞，用滤纸小心吸去比重瓶塞子上毛细管口溢出的液体，最后称得质量 m_3，则固体的密度 ρ_s 可由下式计算：

$$\rho_s = \frac{m_1 - m_0}{(m_3 - m_0) - (m_2 - m_1)} \times \rho$$

【扩展内容】

1. 液体密度的测定

(1) 比重计法　市售的成套比重计是在一定温度下标度的。比重计分为两大类：一类是用来测定比重大于 1 的液体的比重，叫重表；另一类是用来测定比重小于 1 的液体的比重，叫轻表。比重计是一支中空的玻璃浮柱，上部有标线，下部有重锤，内装铅粒，如图 2-1 所示。根据液体相对密度的大小，选择一支比重计，在比重计所示的温度下插入待测液体中，从液面处的刻度可以直接读出该液体的相对密度。用比重计测定液体相对密度的操作简单、方便，但不够精确。

(2) 比重瓶或比重管法　分常量法和小量法两种。

a. 常量法，使用 10mL 容量瓶测定（见本实验实验步骤 1）。

b. 小量法，测定易挥发性液体的密度，一般使用比重管测定。其测定方法是：将比重管（见图2-2）洗净，干燥后挂在天平上称量得m_0。将待测液体由B支管口注入，使之充满刻度S左边空间和B端。盖上A、B两支管的磨口小帽，以不锈钢丝将比重管吊浸在恒温槽中恒温5～10min，然后拿掉两小帽，将比重管B端略倾斜抬起，用滤纸从A支管吸去管内多余的液体，以调节B支管的液面至刻度S，从恒温槽中取出比重管并将两个小帽套上。用滤纸吸干管外所沾之水，称重为m。

同样，用上述方法称出水的质量m_{H_2O}。在某温度时被测液体的密度为：

$$\rho=\frac{m-m_0}{m_{H_2O}-m_0}\times\rho_{H_2O}$$

小量法也可以用比重瓶测定。将比重瓶（图2-3）洗净，烘干，在分析天平上称重为m_0，然后向瓶中注入蒸馏水，盖上瓶塞放入恒温槽中恒温15min。用滤纸或清洁的纱布擦干比重瓶外面的水，再称重得m_{H_2O}。

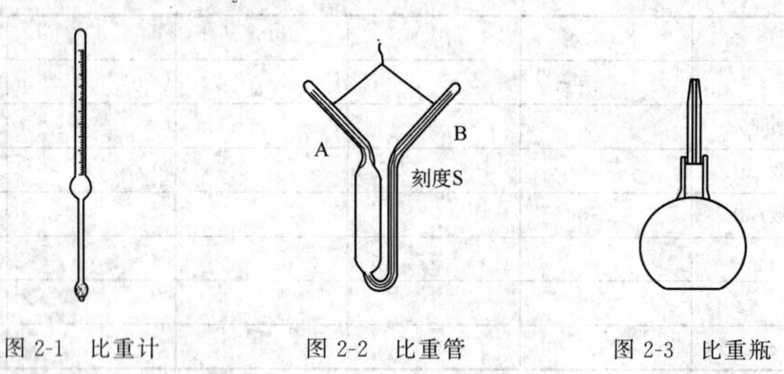

图2-1　比重计　　图2-2　比重管　　图2-3　比重瓶

同样按上述方法测定待测液体的质量m，待测液体的密度按上式计算。

2. 固体密度的测定

（1）浮力法　测定固体密度比较困难，常用浮力法。纯固体的晶体悬浮在液体中时既不能浮在液面又不能沉在底部，此时，固体的密度与该液体的密度相等，只需测出液体密度便知该固体密度，其实验方法如下：首先选择合适的液体A，使晶体浮在液面上（液体A的密度大于晶体的密度）。再选择液体B，使晶体沉在底部（液体的密度小于晶体的密度）。最后准备A、B混合液，使晶体悬浮其中。测定混合液的密度，即为该固体的密度。必须注意固体在A、B液体中不发生溶解现象。

（2）固体密度的测定也可用比重瓶　其方法见本实验实验步骤2(2)。

【附注】

几种常见金属的密度

物质名称	Al	Zn	Sn	Cu	Pb
密度/($g\cdot cm^{-3}$)	2.70	7.14	7.28	8.92	11.34

实验三　滴定操作

【演示实验】

看多媒体教学课件（第三部分）滴定操作。

(一) 酸碱滴定操作练习

酸碱滴定法以酸碱反应为基础，是滴定分析法中重要的方法之一。酸碱滴定中的实验目标是去发现中和试样酸（碱）所需标准碱（酸）的化学计量点，测定中和试样酸（碱）所需已知浓度的标准碱（酸）液的量。

【预习内容】

1. 酸式、碱式滴定管的洗涤与使用。

2. 误差与数据处理。

【目的要求】

1. 掌握酸式、碱式滴定管的洗涤、涂油和排气泡方法。

2. 学会酸式、碱式滴定管的使用。

3. 学会移液管的洗涤和使用。

4. 学会正确把握滴定终点。

5. 掌握有效数字、精密度和准确度的概念。

【实验原理】

酸碱滴定是利用酸碱中和反应测定酸或碱浓度的定量分析方法。

$$nc_{酸}\times V_{酸}=mc_{碱}\times V_{碱}$$

式中，n 是1mol酸所含 H^+ 的摩尔量；m 是1mol碱所含 OH^- 的摩尔量；c 是酸、碱溶液的物质的量浓度；V 是滴定体积。

通过滴定，根据上式即可计算出酸或碱溶液的浓度。

滴定终点的确定可借助于酸碱指示剂。指示剂本身是一种弱酸或弱碱，在不同pH范围内可显示不同的颜色，滴定时应根据不同的反应体系选用适当的指示剂，以减少滴定误差。实验室常用的指示剂有酚酞（变色范围pH8.0～9.8）、甲基红（变色范围pH4.2～6.2）、甲基橙（变色范围pH3.0～4.4）等。酸碱指示剂pH变色范围的测定可参见本实验的[扩展实验]。

【仪器试剂】

酸式和碱式滴定管（50mL），移液管（25mL），锥形瓶（250mL）；酚酞指示剂（0.2%），甲基橙指示剂（0.1%）。

【实验步骤】

1. 溶液的配制

用实验一所配制的 $0.1mol\cdot L^{-1}$ 的NaOH溶液和 $0.1mol\cdot L^{-1}$ 的HCl溶液。

2. 酸碱滴定练习

（1）用NaOH溶液滴定HCl溶液　用 $0.1mol\cdot L^{-1}$ 的NaOH溶液将已洗净的碱式滴定管润洗3遍，每次用5～6mL溶液润洗，然后将NaOH溶液倒入碱式滴定管，赶走气泡，调节滴定管内溶液的弯液面至“0.00”刻度线处，置于滴定管架上。用HCl溶液将已洗净的25mL移液管润洗3遍，然后准确移取25.00mL HCl溶液于250mL锥形瓶中，加入0.2%酚酞指示剂2滴，用NaOH溶液滴定至微红色（半分钟不退色）即为终点。平行三份以上。直至精密度符合要求，即两次滴定所消耗NaOH溶液的体积最大差值不超过±0.04mL。数据记录按表2-3进行。

（2）用HCl溶液滴定NaOH溶液　用 $0.1mol\cdot L^{-1}$ 的HCl溶液将已洗净的酸式滴定管

润洗3遍，然后将HCl溶液倒入酸式滴定管，赶走气泡，调节滴定管内溶液的弯液面至“0.00”刻度线处，置于滴定管架上。用NaOH溶液将已洗净的25mL移液管润洗3遍，然后准确移取25.00mLNaOH溶液于250mL锥形瓶中，加入甲基橙指示剂1滴，用HCl溶液滴定至溶液由黄色突变为橙色为终点。平行三份以上，直至精密度符合要求。要求三次滴定所消耗HCl溶液的体积最大差值不超过±0.04mL。数据记录按表2-4进行。

表2-3 NaOH溶液滴定HCl溶液（指示剂：酚酞）

项目＼滴定编号	1	2	3			
移取HCl溶液的体积/mL	25.00	25.00	25.00			
消耗NaOH溶液的体积/mL						
3次间V_{NaOH}最大差值/mL						

表2-4 HCl溶液滴定NaOH溶液（指示剂：甲基橙）

项目＼滴定编号	1	2	3			
移取NaOH溶液的体积/mL	25.00	25.00	25.00			
消耗HCl溶液的体积/mL						
3次间V_{HCl}最大差值/mL						

思考题

1. 在滴定分析实验中，滴定管和移液管为何需要用滴定剂和要移取液润洗3次？滴定中使用的锥形瓶是否也要用滴定剂润洗呢？为什么？

2. HCl溶液与NaOH溶液定量反应完全后，生成NaCl和水，为什么用HCl滴定NaOH时采用甲基橙作为指示剂，而用NaOH滴定HCl时却使用酚酞作为指示剂？

3. 滴定管、移液管及容量瓶是滴定分析中量取溶液体积的三种量器，记录时应记准几位有效数字？

4. 滴定管读数的起点为何每次均要调到0.00刻度处，其道理何在？

5. 滴定管有气泡存在时对滴定有何影响？应如何除去滴定管中的气泡？

6. 使用移液管的操作要领是什么？为何要垂直靠在接收容器的内上壁流下液体？为何放完液体后要停一定时间？最后留于管尖的液体如何处理，为什么？

7. 接近终点时，为什么要用蒸馏水冲洗锥形瓶内壁？

【附注】

1. NaOH固体中常因吸收CO_2而混有少量Na_2CO_3，其CO_3^{2-}可采用三种方法除去。

(1) 浓碱法　浓碱法是取1份纯净的NaOH，加入1份水，搅拌使之溶解，配成50%的NaOH浓溶液，转入带橡皮塞的试剂瓶中。在浓碱液中，Na_2CO_3的溶解度很小。待Na_2CO_3沉降下后，吸取上层澄清溶液，加水稀释至所需浓度。

(2) 蒸馏水漂洗法　由于固体NaOH是在表面上形成一层碳酸盐，故可采用蒸馏水迅速漂洗的方法除去部分的碳酸盐。

如配制0.1mol·L^{-1} NaOH溶液1L，可称取5～6g固体NaOH(比计算量要多）置于烧杯中，以5mL蒸馏水迅速漂洗1次，倾除此水，重复2～3次，留下的苛性碱溶于水中，加水稀释至1L，装入带有橡皮塞的玻璃瓶中。

(3) 阴离子交换树脂法　阴离子交换树脂有多种，选用强碱型的树脂处理成氯型后，将需纯化的 NaOH 溶液经此树脂。由于 CO_3^{2-} 比 OH^-、Cl^- 的亲和力大，CO_3^{2-} 被阴离子交换树脂吸附，Cl^- 于交换后流出。当用水洗涤至流出液中无 Cl^- 时，收集流出液于容器中，此溶液为已除去 CO_3^{2-} 的 NaOH 溶液。

无论采用哪一种方法除去 CO_3^{2-}，配制 NaOH 溶液时所用的蒸馏水都应事先除去水中的 CO_2。除去水中 CO_2 的方法是将蒸馏水煮沸 10min，冷却后即可使用。

苛性碱溶液易侵蚀玻璃，因此浓碱液储存在聚乙烯塑料瓶中为好。一般滴定剂，浓度稍稀的碱溶液如要久置，为了避免吸收空气中的 CO_2 和水分，可按图 2-4 装置，瓶塞（橡皮塞）上打一孔，带一有碱石灰的过滤器。

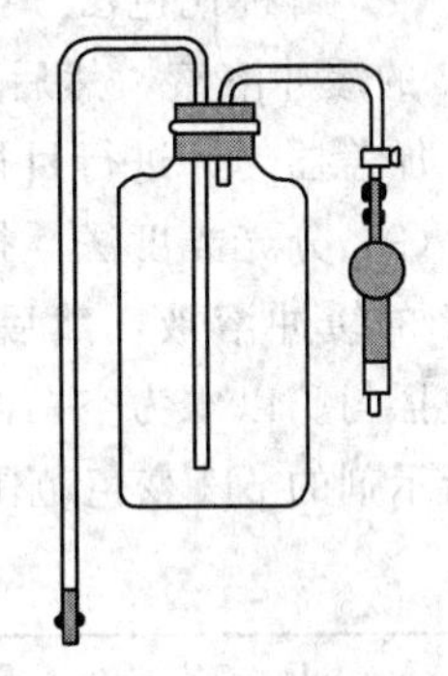

图 2-4　储存碱液装置

2. 如果以甲基橙作指示剂由黄色转变为橙黄色终点不好观察，可用三个锥形瓶内溶液颜色的比较帮助把握确定终点橙色。

(1) 加入 50mL 水，滴入甲基橙指示剂 1 滴，呈现黄色。

(2) 加入 50mL 水，滴入甲基橙指示剂 1 滴，滴入 1 滴 0.05mol·L^{-1} HCl 溶液，则为橙色。

(3) 加入 50mL 水，滴入甲基橙指示剂 1 滴，滴入 1 滴 0.1mol·L^{-1} NaOH 溶液，则为深黄色。

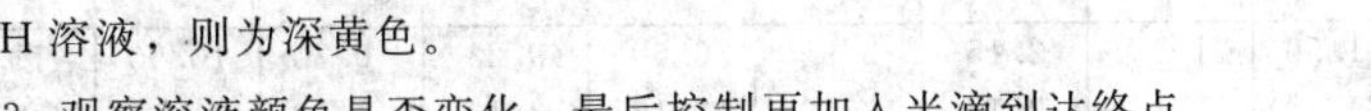

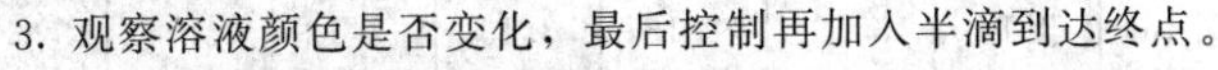

3. 观察溶液颜色是否变化，最后控制再加入半滴到达终点。

4. 滴定完毕后，玻璃尖嘴外不应留有液滴。

5. 由于空气中二氧化碳的影响，已达终点的溶液久置会退色，这并不说明反应未完。

【扩展实验】

酸碱指示剂 pH 变色范围的测定

本实验的全部测定方法和技术要求，均参考国家标准（GB 604—88）《化学试剂——酸碱指示剂 pH 变色域——测定通用方法》编写。

【目的要求】

1. 理解酸碱指示剂的变色原理，了解指示剂在整个变色范围内的颜色变化过程。

2. 掌握酸碱滴定终点颜色的准确判断方法。

3. 学习常用缓冲溶液的配制方法。

4. 学习分光光度计的使用方法。

【实验原理】

酸碱指示剂的变色范围是指其颜色因溶液 pH 的改变所引起的突变范围。pH 变色范围有呈酸式色、呈碱式色两个边限变色点，在这两个端点，均为颜色不变点；而在这两点之间的 pH 变色区域内，指示剂的颜色是逐渐变化的，呈混合色。从理论上讲，酸碱指示剂终点的颜色应为指示剂变色范围的中间点，但是由于人的肉眼对颜色辨识敏感程度的差异，理论变色点与实测变色点总是稍有不同。

本实验是根据酸碱指示剂在不同 pH 缓冲溶液中颜色变化的特性，利用目视比色法和分光光度法，确定不同酸碱指示剂的 pH 变色范围。

【仪器试剂】

分光光度计（721 或 752 型，配两只 10mm 比色皿），比色管（50mL，12 个），比色管架（木制、带反光镜），吸量管（5mL，4 支；1mL，4 支）；邻苯二甲酸氢钾（0.2mol·L^{-1}），磷酸二氢钾溶液（0.2mol·L^{-1}），硼酸溶液（0.4mol·L^{-1}），氯化钾溶液（0.4mol·L^{-1}），氢氧化钠溶液（0.1mol·L^{-1}），盐酸溶液（0.1mol·L^{-1}），酚酞溶液

(0.2%)，百里酚蓝溶液（0.04%），甲基红溶液（0.04%），甲基橙溶液（0.1%），不含 CO_2 的蒸馏水。

【实验步骤】

1. 酚酞指示剂 pH 变色范围的测定[pH8.0(无色)～9.8(红色)]

(1) 目视比色法　按表 2-5 所示，在 10 支比色管中加入各种试剂，配成 pH 为 7.8～10.2 的缓冲溶液，然后向比色管中各加入 0.10mL 酚酞溶液，用蒸馏水稀释至 25mL 刻度线，加盖摇匀，进行目视比色，确定 pH 变色范围。

(2) 分光光度法　按表 2-5 所示，在 10 支比色管中加入各种试剂，配成 pH 为 7.8～10.2 的缓冲溶液，然后向比色管中各加入 0.25mL 酚酞溶液，用水稀释至 25mL 刻度线，加盖摇匀。以水为空白溶液，用分光光度计在 553nm 波长下测定各溶液的吸光度，确定酚酞指示剂的 pH 变色范围。

表 2-5　pH7.8～10.2 的缓冲溶液的配制方法

pH	7.8	8.0	8.2	8.4	8.8	9.2	9.6	9.8	10.0	10.2
氢氧化钠标准溶液/mL	11.10	11.50	1.50	2.15	3.95	6.60	9.23	10.20	10.90	11.60
硼酸溶液/mL			3.13	3.13	3.13	3.13	3.13	3.13	3.13	3.13
邻苯二甲酸氢钾溶液/mL	6.25	6.25								
氯化钾溶液/mL			3.13	3.13	3.13	3.13	3.13	3.13	3.13	3.13

标准规定，pH 为 8.0 时，溶液应为无色，吸光度值应小于 0.020；pH 为 10.2 与 pH 为 10.0 时溶液的吸光度值之差，应小于 pH 为 10.0 与 pH 为 9.8 时溶液的吸光度值之差。

2. 百里酚蓝指示剂 pH 变色范围的测定[pH8.0(黄色)～9.6(蓝色)]

按表 2-6 所示，在 10 支比色管中加入各种试剂，配成 pH7.8～9.8 的缓冲液，然后向比色管中各加入 0.10mL 百里酚蓝溶液，用蒸馏水稀释至 25mL 刻度线，加盖摇匀。进行目视比色，确定两端变色点和中间变色点。

表 2-6　pH7.8～9.8 的缓冲溶液的配制方法

pH	7.8	8.0	8.2	8.4	8.8	9.0	9.2	9.4	9.6	9.8
氢氧化钠标准溶液/mL	11.10	11.50	1.50	2.15	3.95	5.20	6.60	8.03	9.23	10.20
硼酸溶液/mL			3.13	3.13	3.13	3.13	3.13	3.13	3.13	3.13
邻苯二甲酸氢钾溶液/mL	6.25	6.25								
氯化钾溶液/mL			3.13	3.13	3.13	3.13	3.13	3.13	3.13	3.13

3. 甲基橙指示剂 pH 变色范围的测定[pH3.0(红色)～4.4(黄色)]

按表 2-7 所示，在 9 支比色管中加入各种试剂，配成 pH2.8～4.6 的缓冲溶液，然后向比色管中各加入 0.10mL 甲基橙溶液，用水稀释至 25mL 刻度线，加盖摇匀。进行目视比色，确定两端变色点和中间变色点。

表 2-7　pH2.8～4.6 的缓冲溶液的配制方法

pH	2.8	3.0	3.2	3.6	3.8	4.0	4.2	4.4	4.6
盐酸溶液/mL	7.23	5.58	3.93	1.60	0.73	0.02			
氢氧化钠溶液/mL							0.75	1.65	2.78
邻苯二甲酸氢钾溶液/mL	6.25	6.25	6.25	6.25	6.25	6.25	6.25	6.25	6.25

4. 甲基红指示剂 pH 变色范围的测定[pH4.2(红色)～6.2(黄色)]

按表 2-8 所示，在 10 支比色管中加入各种试剂，配成 pH4.0～6.4 的缓冲溶液，然后向比色管中各加入 0.10mL 甲基红溶液，用水稀释至 25mL 刻度线，加盖摇匀。进行目视比色，确定两端变色点和中间变色点。

表 2-8　pH4.0～6.4 缓冲溶液的配制方法

pH	4.0	4.2	4.4	4.8	5.0	5.2	5.6	6.0	6.2	6.4
氢氧化钠溶液/mL		0.75	1.65	4.13	5.65	7.20	9.70	1.40	2.03	2.90
盐酸溶液/mL	0.02									
邻苯二甲酸氢钾溶液/mL	6.25	6.25	6.25	6.25	6.25	6.25	6.25			
磷酸二氢钾溶液/mL								6.25	6.25	6.25

思考题

1. 简述酸碱指示剂的变色原理。
2. 实验中为什么要用不含 CO_2 的蒸馏水？

【附注】

1. 溶液的配制

(1) 0.2mol·L^{-1}邻苯二甲酸氢钾溶液　准确称取 20.423g 在 100～105℃条件下干燥至恒重的邻苯二甲酸氢钾，加去离子水溶解后定量转移至 500mL 容量瓶，加水定容后摇匀。

(2) 0.2mol·L^{-1}磷酸二氢钾溶液　准确称取 13.609g 在 100～105℃条件下干燥至恒重的磷酸二氢钾，加去离子水溶解后定量转移至 500mL 容量瓶，加水定容后摇匀。

(3) 0.4mol·L^{-1}硼酸溶液　准确称取 12.276g 在 (80±2)℃条件下干燥至恒重的硼酸，加去离子水溶解后定量转移至 500mL 容量瓶，加水定容后摇匀。

(4) 0.4mol·L^{-1}氯化钾溶液　准确称取 14.910g 在 500～550℃条件下干燥至恒重的氯化钾，加去离子水溶解后定量转移至 500mL 容量瓶，加水定容后摇匀。

(5) 0.1mol·L^{-1}氢氧化钠溶液　量取饱和氢氧化钠溶液 5.5mL，加水稀释至 1000mL，然后用邻苯二甲酸氢钾标定其浓度，并调整为 0.1000mol·L^{-1}。

(6) 0.1mol·L^{-1}盐酸溶液　量取浓盐酸 9.0mL，加水稀释至 1000mL，用 0.1mol·L^{-1} NaOH 标准溶液标定其浓度，并调整为 0.1000mol·L^{-1}。

(7) 0.1%酚酞溶液　称取 0.1g 酚酞，溶于 60mL 95%的乙醇中，加水稀释至 100mL。

(8) 0.04%百里酚蓝溶液　称取 0.1g 百里酚蓝钠盐，加水溶解后稀释至 250mL。

(9) 0.04%甲基红溶液　称取 0.1g 甲基红，加入 3.7mL 0.1000mol·L^{-1} NaOH 溶液和少量的去离子水进行溶解，然后稀释至 250mL。

(10) 0.1%甲基橙溶液　称取 0.1g 甲基橙，加去离子水溶解并稀释至 100mL。

2. 注意

(1) 本实验用水全部为不含 CO_2 的蒸馏水，需预先备好。

(2) 指示剂的中间变色点，是指目视可观察到的颜色变化点。

(3) 双色指示剂（如甲基红、甲基橙和百里酚蓝）用量增大，颜色总体变深，变色点的 pH 不受影响；单色指示剂（如酚酞）用量增大，颜色总体加深，变色点的 pH 将发生移动。

(4) 检验指示剂的每个变色点时，采用甲、乙、丙三种缓冲溶液为一组，乙缓冲溶液的 pH 等于该指示剂高变色点或低变色点的 pH，甲缓冲溶液的 pH 比变色点的 pH 低 0.2pH 单位，丙缓冲溶液的 pH 比变色点的 pH 高 0.2pH 单位。

(5) 甲、乙、丙三种缓冲溶液的显色情况应该符合以下规定。

① 测定变色范围的低 pH 变色点时，乙缓冲溶液所显示颜色与甲缓冲溶液所显示颜色应接近，且符合标准所规定的颜色；丙缓冲溶液所显示颜色与甲、乙缓冲溶液所显示颜色有差异，应趋向于该指示剂变色范围的高 pH 变色点的颜色。

② 测定变色范围的高 pH 变色点时，乙缓冲溶液所显示颜色与丙缓冲溶液所显示颜色应接近，且符合

标准所规定的颜色；甲缓冲溶液所显示颜色与乙、丙缓冲溶液所显示颜色有差异，应趋向于该指示剂变色范围的低 pH 变色点的颜色。

（二）容量仪器的校准

【目的要求】

1. 掌握滴定管、容量瓶、移液管的使用方法。

2. 学习滴定管、移液管、容量瓶的校准方法。

3. 了解容量器皿校准的意义。

【实验原理】

滴定管、移液管和容量瓶是滴定分析法所用的主要量器。容量器皿的容积与其所标出的体积并非完全相符合。因此，在准确度要求较高的分析工作中，必须对容量器皿进行校准。

由于玻璃具有热胀冷缩的特性，在不同温度下容量器皿的容积也有所不同。因此，校准玻璃容量器皿时，必须规定一个共同的温度值。这一规定温度值称为标准温度。国际上规定玻璃容量器皿的标准温度为 20℃，即在校准时都将玻璃容量器皿校准到 20℃时的实际容积。容量器皿常采用两种校准方法。

1. 相对校准

要求两种容器体积之间有一定的比例关系时，常采用相对校准的方法。例如，25mL 移液管量取液体的体积应等于 250mL 容量瓶量取体积的 1/10。

2. 绝对校准

绝对校准是测定容量器皿的实际体积。常用的标准方法为衡量法，又叫称量法。即用天平称得容量器皿容纳或放出纯水的质量，然后根据水的密度，计算出该容量器皿在标准温度 20℃时的实际容积。由质量换算成容积时，需考虑三方面的影响：

（1）水的密度随温度的变化；

（2）温度对玻璃器皿容积胀缩的影响；

（3）在空气中称量时空气浮力的影响。

为了方便计算，将上述三种因素综合考虑，得到一个总校准值。经总校准后不同温度下纯水的密度值列于表 2-9。

表 2-9 不同温度下纯水的密度值

（空气密度为 $0.0012g \cdot mL^{-1}$，钠钙玻璃体膨胀系数为 $2.6 \times 10^{-5}℃^{-1}$）

温度/℃	密度/$(g \cdot mL^{-1})$	温度/℃	密度/$(g \cdot mL^{-1})$	温度/℃	密度/$(g \cdot mL^{-1})$
10	0.9984	17	0.9976	24	0.9964
11	0.9983	18	0.9975	25	0.9961
12	0.9982	19	0.9973	26	0.9959
13	0.9981	20	0.9972	27	0.9956
14	0.9980	21	0.9970	28	0.9954
15	0.9979	22	0.9968	29	0.9951
16	0.9978	23	0.9966	30	0.9948

实际应用时，只要称出被校准的容量器皿容纳和放出纯水的质量，再除以该温度时纯水的密度值，便是该容量器皿在 20℃时的实际容积。

【例】 在 18℃，某 50mL 容量瓶容纳纯水质量为 49.87g，计算出该容量瓶在 20℃时的实际容积。

解：查表得 18℃时水的密度为 $0.9975g \cdot mL^{-1}$，所以 20℃时容量瓶的实际容积 V_{20} 为

$$V_{20}=\frac{49.87}{0.9975}=49.99\ (mL)$$

容量器皿是以 20℃为标准校准的，但实际使用时则不一定在 20℃。因此，容量器皿的容积以及溶液的体积都会发生改变。由于玻璃的膨胀系数很小，在温度相差不太大时，容量器皿的容积改变可以忽略。溶液的体积与密度有关，因此，可以通过溶液密度来校准温度对溶液体积的影响。稀溶液的密度一般可用相应水的密度来代替。

【例】在 10℃时滴定用去 25.00mL $0.1mol \cdot L^{-1}$ 标准溶液，问 20℃时其体积应为多少？

解：$0.1mol \cdot L^{-1}$ 稀溶液的密度可用纯水密度代替，查表得，水在 10℃时密度为 $0.9984g \cdot mL^{-1}$，20℃时密度为 $0.9972g \cdot mL^{-1}$。故 20℃时溶液的体积为

$$V_{20}=25.00\times\frac{0.9984}{0.9972}=25.03\ (mL)$$

【仪器试剂】

分析天平（0.01g 精度），酸式滴定管（50mL），移液管（25mL），容量瓶（50mL、250mL），温度计（0～50℃或 0～100℃，公用），洗耳球；NaOH 溶液（$0.1mol \cdot L^{-1}$），HCl 溶液（$0.1mol \cdot L^{-1}$），酚酞指示剂（0.2%）。

【实验步骤】

1. 酸式滴定管的校正

（1）清洗 50mL 酸式滴定管 1 支。

（2）练习正确使用滴定管和控制液滴大小的方法。

（3）酸式滴定管的校准。先将干净并且外部干燥的 50mL 容量瓶在天平上称量，准确称至小数点后第二位（0.01g）（为什么?）。将去离子水装满欲校准的酸式滴定管，调节液面至 0.00 刻度处，记录水温，然后按每分钟约 10mL 的流速，放出 10mL（要求在 10mL±0.1mL 范围内）水于已称过质量的容量瓶中，盖上瓶塞，再称出它的质量，两次质量之差即为放出水的质量。用同样的方法称量滴定管中 10mL～20mL，20mL～30mL 等刻度间水的质量。用实验温度时的密度除每次得到水的质量，即可得到滴定管各部分的实际容积。将 25℃时校准滴定管的实验数据列入表 2-10 中。

表 2-10　滴定管校正表

（水的温度 25℃，水的密度为 $0.9961g \cdot mL^{-1}$）

滴定管读数	容积/mL	瓶与水的质量/g	水质量/g	实际容积/mL	校准值	累积校准值/mL
0.03		29.20				
10.13	10.10	39.28	10.08	10.12	+0.02	+0.02
20.10	9.97	49.19	9.91	9.95	−0.02	0.00
30.08	9.97	59.18	9.99	10.03	+0.06	+0.06
40.03	9.95	69.13	9.93	9.97	+0.02	+0.08
49.07	9.94	79.01	9.88	9.92	−0.02	+0.06

例如，25℃时由滴定管放出 10.10mL 水，其质量为 10.08g，算出这一段滴定管的实际体积为：

$$V_{20}=\frac{10.08}{0.9961}=10.12\ (mL)$$

故滴定管这段容积的校准值为：10.12－10.10＝＋0.02（mL）。

2. 移液管的校准

将 25mL 移液管洗净，吸取去离子水调节至刻度，放入已称量的容量瓶中，再称量，根据水的质量计算在此温度时的实际容积。两支移液管各校准两次，对同一支移液管两次称量差，不得超过 20mg，否则重做校准。测量数据按表 2-11 记录和计算。

表 2-11　移液管校准表

（水的温度＝　℃，密度＝　$g \cdot mL^{-1}$）

移液管编号	移液管容积/mL	容量瓶质量/g	瓶与水的质量/g	水质量/g	实际容积/mL	校准值/mL
1						
2						

3. 容量瓶与移液管的相对校准

用 25mL 移液管吸取去离子水注入洁净并干燥的 250mL 容量瓶中（操作时切勿让水碰到容量瓶的磨口）。重复 10 次，然后观察溶液弯月面下缘是否与刻度线相切，若不相切，另做新标记，经相互校准后的容量瓶与移液管均作上相同记号，可配套使用。

思　考　题

1. 称量水的质量时，为什么只要精确至 0.01g？

2. 为什么要进行容量器皿的校准？影响容量器皿体积刻度不准确的主要因素有哪些？

3. 利用称量水法进行容量器皿校准时，为何要求水温和室温一致？若两者稍微有差异时，以哪一温度为准？

4. 从滴定管放出去离子水到称量的容量瓶内时，应注意些什么？

【附注】

量器的操作是否正确是校正成败的关键。如果操作不正确或没有把握，其校正结果不宜在以后的实验中使用。

实验四　氯化钠的提纯

【演示实验】

看多媒体教学课件（第四部分）溶解、结晶与固液分离等操作。

【预习内容】

1. 溶解、结晶与固液分离。
2. 固体的干燥。
3. pH 试纸的使用。

【目的要求】

1. 掌握提纯 NaCl 的原理和方法。
2. 学习溶解、沉淀、常压过滤、减压过滤、蒸发浓缩、结晶和烘干等基本操作。
3. 了解 Ca^{2+}、Mg^{2+}、SO_4^{2-} 等离子的定性鉴定。

【实验原理】

化学试剂或医药用的 NaCl 都是以粗食盐为原料提纯的，粗食盐中含有 Ca^{2+}、Mg^{2+}、K^{+} 和 SO_4^{2-} 等可溶性杂质和泥沙等不溶性杂质。选择适当的试剂可使 Ca^{2+}、Mg^{2+}、SO_4^{2-} 等离子生成难溶盐沉淀而除去，一般先在食盐溶液中加 $BaCl_2$ 溶液，除去 SO_4^{2-} 离子：

$$Ba^{2+} + SO_4^{2-} = BaSO_4 \downarrow$$

然后再在溶液中加 Na_2CO_3 溶液，除 Ca^{2+}、Mg^{2+} 和过量的 Ba^{2+}：

$$Ca^{2+} + CO_3^{2-} = CaCO_3 \downarrow$$

$$Ba^{2+} + CO_3^{2-} = BaCO_3 \downarrow$$

$$2Mg^{2+} + 2OH^{-} + CO_3^{2-} = Mg_2(OH)_2CO_3 \downarrow$$

过量的 Na_2CO_3 溶液用 HCl 中和。粗食盐中的 K^{+} 仍留在溶液中。由于 KCl 溶解度比 NaCl 大，而且粗食盐中含量少，所以在蒸发和浓缩食盐溶液时，NaCl 先结晶出来，而 KCl 仍留在溶液中。

【仪器试剂】

电磁加热搅拌器，循环水泵，吸滤瓶，布氏漏斗，普通漏斗，烧杯，蒸发皿，台秤，滤纸，pH 试纸；NaCl(粗)，H_2SO_4(3mol·L^{-1})，Na_2CO_3(饱和溶液)，HCl(6mol·L^{-1})，$(NH_4)_2C_2O_4$（饱和溶液），$BaCl_2$(1mol·L^{-1})，$BaCl_2$(0.2mol·L^{-1})，NaOH(6mol·L^{-1})，HAc(2mol·L^{-1})，镁试剂Ⅰ(对硝基苯偶氮间苯二酚)。

【实验步骤】

1. 粗盐溶解

称取 7.5g 粗食盐于 100mL 烧杯中，加入 25mL 水，用电磁加热搅拌器（或酒精灯）加热搅拌使其溶解。

2. 除 SO_4^{2-}

加热溶液至沸，边搅拌边滴加 1mol·L^{-1} $BaCl_2$ 溶液约 2～3mL，继续加热 5min，使沉淀颗粒长大易于沉降。

3. 检查 SO_4^{2-} 是否除尽

将电磁搅拌器（或酒精灯）移开，待沉降后取少量上清液加几滴 6mol·L^{-1} HCl，再加几滴 1mol·L^{-1} $BaCl_2$ 溶液，如有混浊，表示 SO_4^{2-} 尚未除尽，需再加 $BaCl_2$ 溶液直至完全除尽 SO_4^{2-}。

4. 除 Ca^{2+}、Mg^{2+} 和过量的 Ba^{2+}

将上面溶液加热至沸，边搅拌边滴加饱和 Na_2CO_3 溶液（约 5～6mL），至滴入 Na_2CO_3 溶液不生成沉淀为止，再多加 0.5mL Na_2CO_3 溶液，静置。

5. 检查 Ba^{2+} 是否除尽

向上清液中加入几滴饱和 Na_2CO_3 溶液，如不再有混浊产生，表明已除尽 Ba^{2+}；如还有混浊产生，则表示 Ba^{2+} 未除尽，继续加 Na_2CO_3 溶液，直至除尽为止。常压过滤，弃去沉淀。

6. 用 HCl 调整酸度除去 CO_3^{2-}

在加热搅拌下，往溶液中滴加 6mol·L^{-1} HCl，中和到溶液呈微酸性（pH 3～4 左右）。

7. 浓缩与结晶

在蒸发皿中把溶液浓缩至原体积的 1/3（出现一层晶膜），冷却结晶，抽吸过滤，用少量的 2∶1 酒精水溶液洗涤晶体，抽滤至布氏漏斗下端无水滴。

然后转移到蒸发皿中小火烘干（除去何物?），冷却产品待检验。

8. 产品纯度的检验

取粗食盐和提纯后的产品 NaCl 各 0.5g，分别溶于约 5mL 蒸馏水中，然后用下列方法对离子进行定性检验并比较二者的纯度。

（1）硫酸根的检验　在两支试管中分别加入上述粗、纯 NaCl 溶液约 1mL，分别加入 2 滴 $6mol \cdot L^{-1}$ HCl 和 3～4 滴 $0.2mol \cdot L^{-1}$ $BaCl_2$ 溶液，观察其现象。

（2）钙离子的检验　在两支试管中分别加入粗、纯 NaCl 溶液约 1mL，加 $2mol \cdot L^{-1}$ HAc 使呈酸性，再分别加入 3～4 滴饱和草酸铵溶液，观察现象。

（3）镁离子的检验　在两支试管中分别加入粗、纯 NaCl 溶液约 1mL，先各加入约 4～5 滴 $6mol \cdot L^{-1}$ NaOH，摇匀，再分别加 3～4 滴镁试剂Ⅰ溶液，溶液有蓝色絮状沉淀时，表示镁离子存在。反之，若溶液仍为紫色，表示无镁离子存在。

【实验结果】

1. 产品外观：（1）粗盐______；（2）精盐______。

2. 产品纯度检验按表 2-12 进行。

表 2-12　实验现象记录及结论

检验项目	检　验　方　法	被检溶液	实验现象	结论
SO_4^{2-}	加入 $6mol \cdot L^{-1}$ HCl，$0.2mol \cdot L^{-1}$ $BaCl_2$	1mL 粗 NaCl 溶液		
		1mL 纯 NaCl 溶液		
Ca^{2+}	饱和溶液 $(NH_4)_2C_2O_4$	1mL 粗 NaCl 溶液		
		1mL 纯 NaCl 溶液		
Mg^{2+}	$6mol \cdot L^{-1}$ NaOH 镁试剂Ⅰ溶液	1mL 粗 NaCl 溶液		
		1mL 纯 NaCl 溶液		

思 考 题

1. 在除去 Ca^{2+}、Mg^{2+}、SO_4^{2-} 时为何先加 $BaCl_2$ 溶液，然后再加 Na_2CO_3 溶液？

2. 能否用 $CaCl_2$ 代替毒性大的 $BaCl_2$ 来除去食盐中的 SO_4^{2-}？

3. 在除 Ca^{2+}、Mg^{2+}、SO_4^{2-} 等杂质离子时，能否用其他可溶性碳酸盐代替 Na_2CO_3？

4. 在提纯粗食盐过程中，K^+ 将在哪一步操作中除去？

5. 加 HCl 除去 CO_3^{2-} 时，为什么要把溶液的 pH 调至 3～4？调至恰为中性如何？（提示：从溶液中 H_2CO_3、HCO_3^- 和 CO_3^{2-} 浓度的比值与 pH 的关系去考虑。）

【附注】

镁试剂Ⅰ是对硝基苯偶氮间苯二酚，它在酸性溶液中呈黄色，在碱性溶液中呈红色或紫色，被 $Mg(OH)_2$ 吸附后则呈天蓝色。

实验五　硝酸钾的制备和提纯

【预习内容】

1. 溶解、结晶、固液分离。

2. 直接加热法。

3. 根据硝酸钾、氯化钾、氯化钠、硝酸钠在不同温度下的溶解度，在预习笔记本上画出溶解度曲线。

【目的要求】

1. 学习利用各种易溶盐在不同温度时溶解度的差异来制备易溶盐的原理和方法。

2. 了解结晶和重结晶的一般原理和方法。

3. 掌握固体溶解、加热、蒸发的基本操作。

4. 掌握过滤（包括常压过滤、减压过滤和热过滤）的基本操作。

【实验原理】

用 $NaNO_3$ 和 KCl 制备 KNO_3，其反应式为：

$$NaNO_3 + KCl \longrightarrow NaCl + KNO_3$$

当 $NaNO_3$ 和 KCl 溶液混合时，在混合液中同时存在 Na^+、K^+、Cl^-、NO_3^-，由这四种离子组成的四种盐 KNO_3、KCl、$NaNO_3$、NaCl 同时存在于溶液中。本实验简单地利用四种盐在不同温度下水中的溶解度（表 2-13）差异来分离出 KNO_3 结晶。在 20℃ 时除 $NaNO_3$ 外，其余三种盐的溶解度相差不大，随温度的升高，NaCl 几乎不变，$NaNO_3$ 和 KCl 改变也不大，而 KNO_3 的溶解度却增大得很快。这样把 $NaNO_3$ 和 KCl 混合溶液加热蒸发，在较高温度下 NaCl 由于溶解度较小而首先析出，趁热滤去，冷却滤液，就析出溶解度急剧下降的 KNO_3 晶体。在初次结晶中，一般混有少量杂质，为了进一步除去这些杂质，可采用重结晶进行提纯。

表 2-13　四种盐在不同温度下水中的溶解度　　$g/100gH_2O$

盐 \ 温度/℃	0	20	40	70	100
KNO_3	13.3	31.6	63.9	138.0	246
KCl	27.6	34.0	40.0	48.3	56.7
$NaNO_3$	73.0	88.0	104.0	136.0	180.0
NaCl	35.7	36.0	36.6	37.8	39.8

【仪器试剂】

循环水泵，抽滤装置，烧杯（50mL）；$NaNO_3$(固)，KCl(固)，KNO_3(AR 饱和溶液)，$AgNO_3$($0.1mol \cdot L^{-1}$)。

【实验步骤】

1. KNO_3 的制备

在 100mL 烧杯中加入 11.3g $NaNO_3$ 和 10g KCl，再加入 20mL 蒸馏水。将烧杯放在石棉网上，用小火加热搅拌促其溶解，冷却后，常压过滤除去难溶物（若溶液澄清可不用过滤!），再将滤液继续加热至烧杯内开始有较多的晶体析出（什么晶体?）。此时趁热快速吸滤，滤液中又很快出现晶体（这又是什么晶体?）。

另取沸水 10mL 加入吸滤瓶，使结晶重新溶解，并将溶液转移至烧杯中缓缓加热，蒸发至原有体积的 3/4。静置，冷却（可用冷水浴冷却）。待结晶重新析出再进行吸滤。用饱和 KNO_3 溶液洗两遍，将晶体抽干，称量，计算实际产率。

粗结晶保留少许（约 0.2g）供纯度检验，其余进行下面的重结晶。

2. KNO_3 的提纯

按质量比 KNO_3：H_2O＝1.5：1（该比例根据实验时的温度参照 KNO_3 的溶解度适当调整）将粗产品溶于所需蒸馏水中。加热并搅拌使溶液刚刚沸腾即停止加热（此时，若晶体尚未完全溶解，可以加适量水，使其刚好完全溶解）。自然冷却到室温，以观察针状晶体的外形，抽滤。取饱和 KNO_3 溶液，用滴管逐滴加于晶体的各部分洗涤，尽量抽去水，称量。

3. 产品纯度的检验

取粗产品和重结晶后所得 KNO_3 晶体各 0.2g 分别置于两支试管中，各加 1mL 蒸馏水配成溶液，然后再各滴加 2 滴 0.1mol・L^{-1} $AgNO_3$ 溶液，观察现象并作出结论。

【现象记录及结论】

1. 产品外观：(1) 粗产品______；(2) 精品______。
2. 检验表格参考表 2-12。

思考题

1. 产品的主要杂质是什么？
2. 能否将除去氯化钠后的滤液直接冷却制取硝酸钾？
3. 考虑在母液中留有硝酸钾，粗略计算本实验实际得到的最高产量。

【附注】

本实验所用的饱和 KNO_3 溶液，要用质量好的 AR 级 KNO_3，而且溶液配制好后，一定要用 0.1 mol・L^{-1} $AgNO_3$ 溶液检查，认定确无 Cl^- 离子才能使用，以确保不因洗涤液而重新引进杂质。

第二部分 常数的测定

实验六 气体常数的测定

【目的要求】

1. 了解一种测定气体常数的方法及其操作。

2. 掌握理想气体状态方程式和分压定律的应用。

【实验原理】

根据理想气体状态方程式 $pV=nRT$，可求得气体常数 R 的表达式，即

$$R=\frac{pV}{nT} \tag{1}$$

其数值可以通过实验来确定。本实验通过金属镁和稀硫酸反应置换出的氢气来测定 R 的数值。准确称取一定质量的镁条 m_{Mg}，使之与过量的稀硫酸作用，在一定温度和压力下可测出被置换出来氢气的体积 V_{H_2}，氢气的物质的量 n_{H_2} 可由反应镁条的质量求得。由于在水面上收集氢气，所以，其分压 p_{H_2} 应由实验时大气压 p 减去该温度下水的饱和蒸气压 p_{H_2O}（查附录九），即 $p_{H_2}=p-p_{H_2O}$。将以上各项数据代入式（1）中，则有：

$$R=\frac{p_{H_2}V_{H_2}}{n_{H_2}T} \tag{2}$$

由此可求得 R 值。

【仪器试剂】

分析（电子）天平（0.1mg 精度），测定气体常数的装置（图 2-5），镁条，锌铝合金；H_2SO_4（2mol·L^{-1}），HCl（6mol·L^{-1}）。

【实验步骤】

1. 气体常数的测定

（1）准确称取三份已擦去表面氧化膜的镁条，每条质量为 0.025～0.03g（准至 0.0001g）。

（2）按图 2-5 将实验装置连好，打开反应试管 3 的胶塞，由液面调节管 2 往量气管 1 内装水至略低于“0”刻度位置，上下移动调节管以赶尽胶管和量气管内的气泡，然后将试管 3 接上并塞紧塞子。

（3）装置作气密性检查，把液面调节管 2 下移一段距离，如果量气管内液面只在初始时稍有下降，以后维持不变（观察 3～4min 以上），即表明装置不漏气。如液面不断下降，应检查各接口处是否严密，直至确证不漏气为止。

（4）把液面调节管 2 上移回原位，取下试管 3，把镁条用水稍微湿润后贴于试管壁一边合适的位置上，即确保镁条既不与酸接

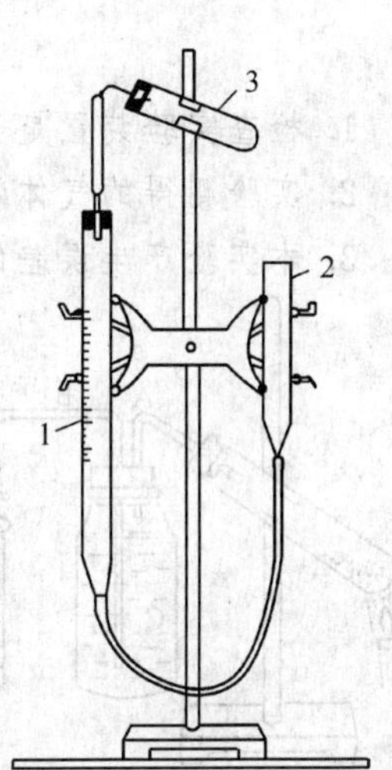

图 2-5 气体常数测定装置

1—量气管；2—液面调节管；3—试管

触又不触及试管塞。然后用小量筒小心沿试管的另一边注入 4mL 2mol·L^{-1}硫酸，注意切勿沾污镁条一边的管壁。检查量气管内液面是否处于“0”刻度以下，再次检查装置的气密性。

(5) 将调节管 2 靠近量气管右侧。使两管内液面保持同一水平。记下量气管液面位置。将试管 3 底部略为提高，让酸与镁条接触，这时反应产生的氢气进入量气管中，管中的水被压入调节管内。为避免量气管内压力过大，可适当下移液面调节管 2，使两管液面大体保持同一水平。

(6) 反应完毕后，待试管 3 冷至室温，然后使调节管 2 与量气管 1 内液面处于同一水平，记录液面位置。1～2min 后，再记录液面位置，直至两次读数一致，即表明管内气体温度已与室温相同。记下室温和大气压。

取下反应管，洗净后换另一片镁条，重复实验一次。

2. 锌铝合金组成的测定

(1) 准确称取 Al-Zn 合金片 0.015～0.025g，操作方法同实验步骤 1 所述。

(2) 将 H_2SO_4 改为 3mL 6mol·L^{-1} HCl，若开始反应太慢可微热之。

(3) 自己设计数据记录及结果处理的方法，计算 Al、Zn 的百分含量。

【数据记录及结果处理】

按下列格式将所得数据记录下来，并根据前面所述公式计算出测定结果。

室温/℃：____；

镁条的质量/g：____；

氢气的体积/mL：____；

大气压/Pa：____；

氢气摩尔量/mol：____；

气体常数/(J·mol^{-1}·K^{-1})：____；

百分误差：____。

思 考 题

1. 检查实验装置是否漏气的原理是什么？
2. 实验测得的气体常数应有几位有效数字？
3. 本实验产生误差的主要原因有哪些？

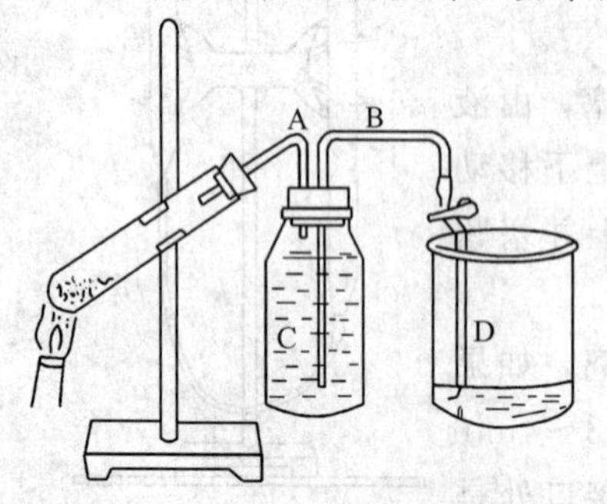

图 2-6 测定气体常数装置

A—60°玻璃管；B—90°玻璃管；
C—1000mL 试剂瓶（或烧瓶）；
D—1000mL 烧杯

【扩展实验】

设计实验，通过氯酸钾分解制备氧气来测定气体常数，其反应式如下：

$$2KClO_3 \xrightarrow[\triangle]{MnO_2} 2KCl + 3O_2$$

测定装置如图 2-6 所示。

【附注】

1. 本实验装入仪器中的水应该是在室温放置 1 天以上，不能直接用自来水，以防溶于自来水中的小气泡附着在管壁上，无法排除。

2. 在等候温度平衡时，应使量气管内液面与调节管液面保持基本相平的位置，以免量气管内形成正、负压差而加速氢气的扩散。

3. 本实验装置所测得的数据也可以作为测定阿伏伽德罗常数的方法。试根据在标准状态下：$V_0=2.241\times10^{-2}\mathrm{m^3\cdot mol^{-1}}$，氢气的密度为 $0.089\mathrm{g\cdot L^{-1}}$，若每个氢分子的质量为 $3.34\times10^{-24}\mathrm{g}$，计算阿伏伽德罗常数 N_A。

4. 气体常数的几种常用数值和量纲

p	V	R
atm	L	$0.08206\mathrm{atm\cdot L\cdot mol^{-1}\cdot K^{-1}}$
Pa	$\mathrm{m^3}$	$8.314\mathrm{Pa\cdot m^3\cdot mol^{-1}\cdot K^{-1}(J\cdot mol^{-1}\cdot K^{-1})}$
kPa	L	$8.314\mathrm{kPa\cdot L\cdot mol^{-1}\cdot K^{-1}}$
mmHg	mL	$6.236\times10^4\mathrm{mmHg\cdot mL\cdot mol^{-1}\cdot K^{-1}}$

实验七　溶解度的测定

【目的要求】

1. 了解溶解度的概念。

2. 掌握用析晶法测定易溶盐溶解度的方法。

3. 利用所测定的实验数据，绘制溶解度-温度曲线。

【实验原理】

在一定温度和压力下，一定量的饱和溶液中溶解的溶质的量称为该溶质的溶解度。一般情况下，固体的溶解度是用100g溶剂中能溶解的溶质的最大质量数（g）表示。固体物质在水中或多或少的溶解，绝对不溶的物质是没有的。在室温下某物质在100g水中能溶解10g以上的为易溶物质；溶解度在1～10g之间的为可溶物质；溶解度不到0.01g为难溶物质。本实验测定的物质是易溶性盐，影响盐类在水中溶解度的主要外界因素是温度，盐类物质的溶解度一般是随温度升高而增加的，个别盐则反之。

测定易溶盐溶解度的方法有析晶法和溶质质量法。溶质质量法控制恒温比较困难，而且溶液转移时易损失致使测定不准，因此，现在采用析晶法（其溶液为无色或浅色时较好）为多。测定微溶或难溶盐溶解度的方法可用离子交换法、电导法、分光光度法及荧光光度法等。请参考有关溶度积常数的测定实验。

在一定量的水中，溶入一定量盐使成不饱和溶液。当使溶液缓缓降温并开始析出晶体（溶液成为饱和状态）的同时测出溶液的温度，即可计算出在该温度下的100g水中，溶解达饱和所需要盐的最大质量（g），即是这种盐在该温度下的溶解度。

【仪器试剂】

温度计，大试管，台秤（0.1g精度），水浴，小量筒；化学纯硝酸钾，蒸馏水。

【实验步骤】

1. 在台秤上称量硝酸钾3.5g、1.5g、1.5g、2.0g、2.5g五份。

2. 用大试管，先加入10mL蒸馏水，再加入3.5g硝酸钾，在水浴中加热，边加热边搅拌至完全溶解。

3. 自水浴中拿出试管，插入一支干净的温度计，一边用玻璃棒轻轻搅拌并摩擦管壁，同时观察温度计的读数，当开始有晶体析出时，立即读数并作记录。

4. 把试管再放入水浴中加热使晶体全部溶解，然后重复上述3的操作，再测定开始析出晶体的温度，对比两次读数，再重复测一次。

5. 向试管中再加 1.5g 硝酸钾（试管共有硝酸钾为 3.5＋1.5＝5.0g），然后重复上述 3、4 的操作。

6. 同样重复 5 的操作，依次测得加入 1.5g、2.0g、2.5g（即试管中一共有硝酸钾依次为 6.5g、8.5g、11.0g）开始析出晶体的温度。该温度计不要洗涤，因为析晶需要晶种。

7. 根据所得数据，以温度为横坐标，溶解度为纵坐标，绘制出溶解度曲线图。从图上应可清楚地反映出溶解度和温度的密切关系。

数据记录及结果处理

试管中硝酸钾的依次加入量/g		3.5	1.5	1.5	2.0	2.5
试管中硝酸钾的总量/g		3.5	5.0	6.5	8.5	11.0
开始析出晶体温度/℃	t_1					
	t_2					
	平均					
溶解度						

【扩展实验】微型实验

当固体物质的量极少（如微型合成品）时可根据下列提示设计具体的测定步骤：

用细玻管或毛细管（直径约 2～3mm，一端封底）装入少量或微量（几毫克或十几毫克等，用分析天平称量，准确到 0.1mg）样品，再用微量进样器加入适量或微量（如几十或几百微升甚至 1mL 等）溶剂，插入毛细搅拌棒搅拌。

思考题

1. 当测定带结晶水的物质的溶解度时，溶解过程生成水或消耗水时又如何计算？

2. 在用析晶法测定易溶盐的溶解度时，为什么说一定要把握好刚刚析出晶体的时刻？又为什么说当析出的晶体含有结晶水时更是如此？

【附注】

1. 当室温不够低时，可把试管浸入冷水中冷却降温。溶液在降温的过程中，用玻璃棒轻轻搅拌溶液并摩擦管壁，以便防止溶液出现过饱和。读取温度计数值时，须把握刚刚开始析出晶体的时刻，以免增大误差。

2. 在生产实践和科研工作中，为了直观地了解溶解度与温度之间的关系，通常以列表法和绘制溶解度曲线法来实现目的。列表法虽然详细，但只能通过实验一一对应地进行，不够一目了然。溶解度曲线法通过几个实验数据作出溶解度曲线，并由作图法在此曲线上找出在该温度范围内的其他温度下的溶解度，因此能直观地指导生产实践和科研工作。下面是两种表示法的实例：由表 2-14 两组硝酸钾溶解度数据分别对应图 2-7(a) 和图 2-7(b)。

表 2-14 两组硝酸钾溶解度数据 g/100g 水

温度/℃	溶解度		温度/℃	溶解度	
	第一组	第二组		第一组	第二组
0	12.5	11.7	50	45.5	44.0
10	17.0	17.3	60	51.5	52.0
20	24.5	24.0	70	57.5	58.0
25	27.5	27.2	80	62.5	62.8
30	31.2	31.4	90	67.0	66.9
40	38.0	39.0	100	71.0	71.1

原始数据译自：Stephen H，Stephen T. Solubilities of Inorganic and Organic Compounds. Volume Part 1. Oxford：Pergamon Press. 1963，p 160，No 278，No 279。

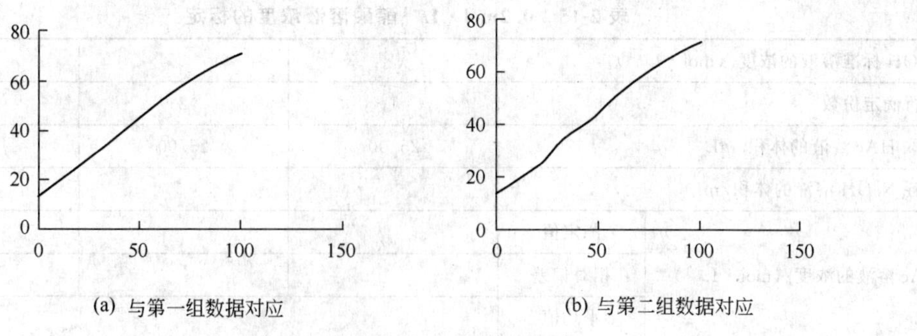

(a) 与第一组数据对应　　(b) 与第二组数据对应

图 2-7　硝酸钾溶解度-温度曲线

实验八　弱酸电离常数的测定

（一）醋酸电离常数的测定——pH 法

【目的要求】

1. 测定醋酸的电离度和电离常数。
2. 了解 pH 计的原理，学习使用 pH 计。
3. 巩固滴定管、移液管、容量瓶的操作。
4. 进一步熟悉溶液的配制与标定。

【实验原理】

醋酸（CH_3COOH 或 HAc）是弱电解质，在水溶液中存在以下电离平衡

$$HAc \rightleftharpoons H^+ + Ac^-$$

若 c 为 HAc 的起始浓度，$[H^+]$、$[Ac^-]$、$[HAc]$分别为 H^+、Ac^-、HAc 的平衡浓度，α 为电离度，K_a 为电离常数。在纯的 HAc 溶液中$[H^+]=[Ac^-]$、$[HAc]=c(1-\alpha)$，

$$\alpha=\frac{[H^+]}{c}\times 100\% \qquad K_a=\frac{[H^+][Ac^-]}{[HAc]}=\frac{[H^+]^2}{c-[H^+]}$$

当 $\alpha<5\%$时

$$K_a \approx \frac{[H^+]^2}{c}$$

所以测定了已知浓度的 HAc 溶液的 pH，就可以计算它的电离度和电离常数。

【仪器试剂】

梅特勒-托利多 Delta 320-S 型 pH 计 1 套，滴定管（碱式），移液管（5mL、25mL），锥形瓶，容量瓶（50mL，3 个），烧杯（50mL，4 个）；HAc(浓)，NaOH(固体)，邻苯二甲酸氢钾（基准），酚酞指示剂，缓冲溶液（pH=4.00、pH=6.86）。

【实验步骤】

1. 250mL 0.2mol·L^{-1} NaOH 溶液配制与浓度的标定[参见实验十五(一)实验步骤 1]
2. 300mL 0.2mol·L^{-1}醋酸溶液配制与标定

（1）计算 300mL 0.2mol·L^{-1}醋酸溶液所需冰醋酸（17.5mol·L^{-1}）的量，用量筒量取所需冰醋酸，再加蒸馏水稀释至 300mL，充分混匀，转入试剂瓶中。

（2）以酚酞为指示剂，用已知浓度的标准 NaOH 溶液标定约 0.2mol·L^{-1} HAc 溶液的浓度，把数据记录及结果处理填入表 2-15。

表 2-15 0.2mol·L^{-1}醋酸溶液浓度的标定

NaOH 标准溶液的浓度/(mol·L^{-1})				
平行滴定份数		1	2	3
移取 HAc 溶液的体积/mL		25.00	25.00	25.00
消耗 NaOH 溶液的体积/mL				
HAc 溶液的浓度/(mol·L^{-1})	测定值			
	相对偏差			
	平均值			

3. 配制不同浓度的醋酸溶液

用吸量管分别移取 2.50mL、5.00mL、25.00mL 已测得准确浓度的 HAc 溶液，把它们分别加入三个 50mL 容量瓶中，再用蒸馏水稀释到刻度，摇匀，并计算出这三瓶 HAc 溶液的准确浓度。

4. 测定醋酸溶液的 pH

把以上四种不同浓度的 HAc 溶液分别加入 4 只干燥的 50mL 烧杯中，按由稀到浓的顺序用 pH 计依次测定它们的 pH，记录数据和室温。计算出相应的电离度和电离常数，填入表 2-16 中。

表 2-16 醋酸溶液 pH 的测定

温度______℃

溶液编号	c	pH	$[H^+]$	α	电离常数 K_a	
					测定值	平均值
1						
2						
3						
4						

思 考 题

1. 改变所测 HAc 溶液的浓度或温度，则电离度和电离常数有无变化？若有变化，会有怎样的变化？

2. “电离度越大，酸度越大”。这句话是否正确？为什么？

3. 若所用 HAc 溶液的浓度极稀，是否还可以用 $K_a=\frac{[H^+]^2}{c}$ 求电离常数？

4. 实验中 [HAc] 和 $[Ac^-]$ 浓度是怎样测得的？要做好本实验，操作的关键是什么？

【附注】

梅特勒-托利多 Delta 320-S 型 pH 计的使用

本实验应选用 b=3，pH 为 4.00 和 6.86 的校准溶液组，并按下列步骤进行操作。

(1) 打开电源预热 20min。

(2) 关闭开关，先按模式同时按开关，调节校正至显示屏上出现“b=3”，按下读数开关。

(3) 输入待测溶液的温度。按模式进入温度方式，显示屏即有“℃”图样显示，按一下校正，此时首先是温度值的十位数从 0 开始闪烁，每隔一段时间加“1”。当十位数达到所要的数值时，按一下读数，这时十位数固定不变，个位数开始闪烁，并且累加。当个位数达到所要的数值时，按一下读数，十位和个位数均保持不变，小数点后第一位开始在“0”和“5”之间变化。当达到需要的数字时按读数，温度值即固定，且小数点停止闪烁，此时温度值已被读入 pH 计。

(4) 完成温度调节后，按模式至 pH 方式进行两点定位。将电极放入 pH＝4.00 的缓冲溶液并按校正，轻轻摇动缓冲液，使其与电极充分浸润，此时显示屏上出现“Cal”，320-S pH 计在校准时自动判定终点，当到达终点时显示屏上出现“4”，表示第一点定位完成；再将洗净的电极插入 pH＝6.86 的缓冲溶液，同样方法按校正，当到达终点时显示屏上同时又出现“7”，然后显示斜率（大于 90%），表示两点定位完成，而且显示屏上“4”、“7”共存。

(5) 测定时，将电极放入待测液，按读数启动测定过程，轻轻摇动待测液，使其与电极充分浸润，待数显稳定后，即可记录待测液的 pH。再按读数停止测定，更换另一待测液。

(6) 测定结束

① 洗净电极，检查电极帽内饱和 KCl 是否充足，若不足一定要补充后再带上帽挂回原处。

② 关闭电源并在使用记录本上将仪器运转情况如实记录。

注意：一定要保护好电极！

（二）醋酸电离常数的测定——滴定曲线法

【目的要求】

1. 学习用滴定曲线法测定醋酸的电离常数。
2. 了解 pH 计的原理，学习使用 pH 计。
3. 巩固滴定管的操作。
4. 学习作图处理数据。

【实验原理】

醋酸是一元弱酸，在水溶液中存在着下列电离平衡。

$$HAc \rightleftharpoons H^+ + Ac^-$$

其电离常数的表达式为

$$K_{HAc}=\frac{[H^+][Ac^-]}{[HAc]}$$

如以对数式表示，则

$$\lg K_{HAc}=\lg[H^+]+\lg\frac{[Ac^-]}{[HAc]}$$

当 $[Ac^-]=[HAc]$时

$$\lg K_{HAc}=\lg[H^+]+\lg 1=\lg[H^+]$$

$$\lg K_{HAc}=-pH$$

在一定温度下，如果测得醋酸溶液中$[HAc]=[Ac^-]$时的 pH，即可计算出醋酸的电离常数。

当 HAc 溶液用 NaOH 溶液滴定时，根据反应方程式

$$HAc+OH^- \rightleftharpoons Ac^- + H_2O$$

HAc 和 NaOH 应以等摩尔完全中和，若 HAc 的原有的物质的量有一半被 NaOH 中和时，则剩余 HAc 的物质的量正好等于生成的 Ac^- 的物质的量，此时$[HAc]=[Ac^-]$，而 NaOH 的用量也应等于完全中和 HAc 时需要量的一半。如果测得此时溶液的 pH，即可求得醋酸的电离常数。

利用 pH 计可以测得用不同量 NaOH 中和一定量 HAc 时溶液的 pH 变化。如果以 NaOH 的 mL 数为横坐标，pH 为纵坐标，可以作出 pH-NaOH(mL 数）的滴定曲线（图

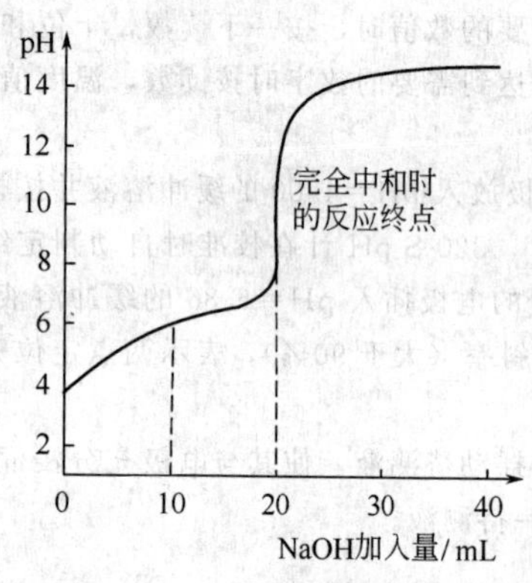

图 2-8 pH-NaOH 滴定曲线

2-8），找出完全中和 HAc 时 NaOH 的 mL 数(V)，取其一半（$1/2V$），再从曲线中找出相对应的 pH，根据 $\lg K_{HAc}=-pH$ 的关系，即可计算出在测定温度时 HAc 的电离常数。

【仪器试剂】

梅特勒-托利多 Delta 320-S 型 pH 计 1 套，电磁搅拌器 1 台，100mL 烧杯 1 只，250mL 锥形瓶 1 只，50mL 酸式滴定管和碱式滴定管各 1 只；NaOH(固)，HAc(浓)，缓冲溶液（pH6.8～7），酚酞酒精溶液（1%）。

【实验步骤】

1. 200mL 0.1mol·L^{-1} NaOH 溶液配制（参见实验一）。

2. 150mL 0.1mol·L^{-1} HAc 溶液的配制。

计算 150mL 0.1mol·L^{-1}醋酸溶液所需冰醋酸的量，量取所需冰醋酸，用蒸馏水稀释至 150mL，充分混匀。

3. 在 250mL 锥形瓶中，从酸式滴定管中准确加入 30.00mL 0.1mol·L^{-1} HAc，放入 1 滴酚酞指示剂，用碱式滴定管中的 0.1mol·L^{-1} NaOH 溶液滴定至酚酞刚出现红色为止。记录滴定终点时 NaOH 的毫升数，以供下面测定 pH 作为参考。

4. 在 100mL 烧杯中，从酸式滴定管中准确加入 30.00mL 0.1mol·L^{-1}HAc，放入一根磁子，将烧杯放在电磁搅拌器上，然后从碱式滴定管中准确加入 5.00mL 0.1mol·L^{-1} NaOH 溶液，开动电磁搅拌器混合均匀后，用 pH 计测定其 pH，记录 NaOH 的毫升数和 pH[pH 计的操作步骤见本实验(一)的附注]。

5. 用上面同样的方法，逐次加入一定体积的 NaOH 后，测定溶液的 pH，每次加入 NaOH 溶液的体积可参考下面的方法。

(1) 在滴定终点 5mL 以前，每次加入 5.00mL。

(2) 在滴定终点前 5mL 到 1mL 之间，每次加入 2.00mL。

(3) 在滴定终点前 1mL，分次加入 0.5mL、0.2mL、0.2mL、0.1mL。

(4) 在超过滴定终点 1mL 内，分次加入 0.1mL、0.2mL、0.2mL、0.5mL。

(5) 在超过滴定终点 1mL 后，分次加入 1mL、3mL、5mL。

【数据记录及处理】

1. 将实验步骤中所有的 NaOH mL 数和 pH，分别记录在下列表格中。

2. 以 NaOH 的毫升数为横坐标，以 pH 为纵坐标，绘制 pH-NaOH(mL) 的曲线。

3. 从绘制的 pH-V_{NaOH}的曲线中，找出完全中和时 NaOH 的 mL 数，取其数值的 1/2，找出相对应的 pH。

4. 计算出室温下 K_{HAc}的数值，填入下表。

每次加入 NaOH 的体积/mL	NaOH 的体积/mL	pH

思　考　题

1. 根据醋酸的电离平衡，在什么条件下才能从测得的 pH 来计算醋酸的电离常数？
2. 当 HAc 的含量有一半被 NaOH 中和时，可以认为溶液中[HAc]=[Ac⁻]，为什么？
3. 当 HAc 完全被 NaOH 中和前，反应终点的 pH 是否等于 7，为什么？

（三）醋酸电离常数的测定——电导率法

【目的要求】

1. 利用电导率法测定电解质的电离常数。
2. 学习电导率仪的使用方法。
3. 进一步熟悉溶液的配制与标定。

【实验原理】

一元弱酸弱碱的电离平衡常数 K 和电离度 α 具有一定的关系。例如醋酸溶液

$$HAc \rightleftharpoons H^+ + Ac^-$$

起始浓度/（mol·L⁻¹）　　c　　0　　0

平衡时浓度（/mol·L⁻¹）　$c-c\alpha$　　$c\alpha$　　$c\alpha$

$$K=\frac{[H^+][Ac^-]}{[HAc]}=\frac{(c\alpha)^2}{c-c\alpha}=\frac{c^2\alpha^2}{c(1-\alpha)}=\frac{c\alpha^2}{1-\alpha} \tag{1}$$

电离度可通过测定溶液的电导来求得，从而求得电离常数。

导体导电能力的大小，通常以电阻（R）或电导（G）表示，电导为电阻的倒数。即 $G=\frac{1}{R}$（电阻的单位为 Ω，电导的单位为 S）

同金属导体一样，电解质溶液的电阻也符合欧姆定律。温度一定时，两极间溶液的电阻与两极间的距离 L 成正比，与电极面积 A 成反比。

$$R\propto\frac{L}{A}\quad 或\quad R=\rho\frac{L}{A}$$

ρ 称为电阻率，它的倒数称为电导率，以 γ 表示，$\gamma=\frac{1}{\rho}$。单位为 S·cm⁻¹。

将 $R=\rho\frac{L}{A}$、$\gamma=\frac{1}{\rho}$ 代入 $G=\frac{1}{R}$ 中，则可得

$$G=\gamma\frac{A}{L}\quad 或\quad \gamma=\frac{L}{A}G \tag{2}$$

电导率 γ 表示放在相距 1cm、面积为 1cm² 的两个电极之间溶液的电导。

$\frac{L}{A}$ 称为电极常数或电导池常数，因为在电导池中，所用的电极距离和面积是一定的，所以对某一电极来说，$\frac{L}{A}$ 为常数，由电极标出。

在一定温度下，同一电解质不同浓度的溶液的电导与两个变量有关，即溶液的电解质总量和溶液的电离度。如果把含 1mol 的电解质溶液放在相距 1cm 的两个平行电极之间，这时无论怎样稀释溶液，溶液的电导只与电解质的电离度有关。在此条件下测得的电导称为该电解质的摩尔电导。如以 λ 表示摩尔电导，V 表示 1mol 电解质溶液的体积（mL），c 表示溶液的浓度（mol·L⁻¹），γ 表示溶液的电导率，则

$$\lambda=\gamma V=\gamma\frac{1000}{c} \tag{3}$$

对弱电解质来说，在无限稀释时，可看作完全电离，这时溶液的摩尔电导称为极限摩尔电导（λ_∞）。在一定温度下，弱电解质的极限摩尔电导是一定的，下表列出无限稀释时醋酸溶液的极限摩尔电导 λ_∞。

温度/℃	0	18	25	30
$\lambda_\infty/(S\cdot cm^2\cdot mol^{-1})$	245	349	390.7	421.8

对弱电解质来说，某浓度时的电离度等于该浓度时的摩尔电导与极限摩尔电导之比。

即
$$\alpha=\frac{\lambda}{\lambda_\infty} \tag{4}$$

将式(4) 代入式(1)，得
$$K=\frac{c\alpha^2}{1-\alpha}=\frac{c\lambda^2}{\lambda_\infty(\lambda_\infty-\lambda)} \tag{5}$$

这样，可以从实验测定浓度为 c 的醋酸溶液的电导率 γ 后，代入式(3)，算出 λ，将 λ 的值代入式(5)，即可算出 K_{HAc}。

【仪器试剂】

烧杯（100mL）5 只，电导率仪，滴定管（50mL 酸式、碱式）；冰醋酸，NaOH（固体），基准邻苯二甲酸氢钾（固体）。

【实验步骤】

1. 250mL 0.1mol·L^{-1} NaOH 溶液的配制与标定［参见实验十五(一)实验步骤 1］。
2. 300mL 0.1mol·L^{-1} HAc 溶液的配制与标定［参考本实验(一)实验步骤 2］。
3. 配制不同浓度的醋酸溶液

将 5 只烘干的 100mL 烧杯编成 1～5 号，然后按下表的烧杯号数，用两支滴定管准确放入已标定的 0.1mol·L^{-1} HAc 溶液和蒸馏水。

4. 由稀到浓的顺序用电导率仪测定 1～5 号 HAc 溶液的电导率，将结果记录在下表中。

烧杯号数	HAc 体积/mL	H_2O 的体积/mL	配制 HAc 浓度/(mol·L^{-1})	电导率/(S·cm^{-1})
1	3.00	45.00		
2	6.00	42.00		
3	12.00	36.00		
4	24.00	24.00		
5	48.00	0		

【数据记录及处理】

电导池常数________；

室温________；

在室温下 HAc 的 λ_∞（查表）________。

编　号	1	2	3	4	5
$c_{HAc}/(mol\cdot L^{-1})$					
$\gamma/(S\cdot cm^{-1})$					
K					

思 考 题

1. 电解质溶液导电的特点是什么？

2. 什么叫电导、电导率和摩尔电导?

3. 弱电解质的电离度与哪些因素有关?

4. 测定 HAc 溶液的电导率时为什么按溶液的浓度由稀到浓顺序进行?

【附注】

DDS-6700 型电导率仪的使用方法

1. 测定前

(1) 打开电源。

(2) 将 G_{25}/G_t 拨到 G_t 档,预热 20min。

(3) 按下校正,调节校正旋扭至电导池常数 (0.97~1.05)。

2. 测定时从稀到浓依次测定

(1) 按下量程[2],将电极洗净,用吸水纸沾干水,插入待测溶液。

(2) 用电极轻轻搅拌 1~2min,待数显稳定后读数。记录数显数值$\times 10^{-3} S \cdot cm^{-1}$。

3. 测定结束

(1) 洗净电极并挂回原处。

(2) 关闭电源,并在使用记录本上将仪器运转情况如实记录。

实验九 溶度积常数的测定

(一) 碘酸铜溶度积常数的测定——分光光度法

【目的要求】

1. 了解分光光度法测定光密度的原理,学习分光光度计的使用。

2. 学习工作曲线的制作,学会用工作曲线法测定溶液浓度的方法。

【实验原理】

1. 溶度积常数

碘酸铜是难溶强电解质。在其水溶液中,已溶解的 Cu^{2+} 和 IO_3^- 与未溶解的 $Cu(IO_3)_2$ 固体之间,在一定温度下可达到动态平衡:

$$Cu(IO_3)_2 \rightleftharpoons Cu^{2+} + 2IO_3^- \quad (1)$$

平衡时的溶液是饱和溶液,在一定温度下,碘酸铜的饱和溶液中 Cu^{2+} 与 IO_3^- 浓度[更确切地说应是活度,由于 $Cu(IO_3)_2$ 的溶解度很小,因此可把饱和溶液看作无限稀释的溶液,离子的活度与浓度近似相等]平方的乘积是一个常数。

$$K_{sp} = [Cu^{2+}][IO_3^-]^2 \quad (2)$$

在碘酸铜的饱和溶液中$[IO_3^-] = 2[Cu^{2+}]$,代入式 (2),则

$$K_{sp} = [Cu^{2+}][IO_3^-]^2 = 4[Cu^{2+}]^3 \quad (3)$$

K_{sp}就是溶度积常数,$[Cu^{2+}]$、$[IO_3^-]$分别为平衡时 Cu^{2+} 和 IO_3^- 的浓度 ($mol \cdot L^{-1}$),在温度恒定时 K_{sp}数值不随 Cu^{2+} 或 IO_3^- 浓度的改变而改变,如果在一定温度下将$Cu(IO_3)_2$饱和溶液中的 Cu^{2+} 浓度测定出来,便可由式 (3) 计算出 $Cu(IO_3)_2$ 的 K_{sp}值。

2. 分光光度法测定原理

当一束波长一定的单色光通过有色溶液时,光的一部分被溶液吸收,一部分透过溶液。

对光的吸收和透过程度,通常有两种表示方法:一种是用透光率 T 表示。即透过光的

强度 I_t 与入射光的强度 I_0 之比：

$$T=\frac{I_t}{I_0}$$

另一种是用吸光度 A（又称消光度，光密度）来表示。它是取透光率的负对数。

$$A=-\lg T=\lg\frac{I_0}{I_t}$$

A 值大，表示光被有色溶液吸收的程度大；反之，A 值小，表示光被溶液吸收的程度小。

实验结果证明：有色溶液对光的吸收程度与溶液的浓度 c 和光穿过的液层厚度 l 的乘积成正比。这一定律称朗伯-比耳（Lambert-Beer）定律。

$$A=\varepsilon cl$$

式中 ε——消光系数（或吸光系数）。

当波长一定时，它是有色物质的一个特征常数。比色皿的大小一定时液层厚度 l 也是一定的，所以 A 值只与浓度 c 有关。

【仪器试剂】

容量瓶（50mL，4 个），刻度移液管（5mL、10mL），烧杯（50mL，6 只），长颈漏斗（3 个），漏斗架（1 个），定量滤纸，721 型分光光度计；$NH_3 \cdot H_2O$(1mol·L^{-1})，标准 $CuSO_4$ 溶液（0.1mol·L^{-1}），KIO_3(固体)，$CuSO_4 \cdot 5H_2O$(固体)。

【实验步骤】

1. 方法一　工作曲线法

（1）配制 $Cu(IO_3)_2$ 饱和溶液：取少量 $Cu(IO_3)_2$ 沉淀放入 150mL 烧杯中，加入 100mL 蒸馏水，加热至 70～80℃，并充分搅拌，冷却至室温，静置数分钟，常压干过滤。

（2）用标准 $CuSO_4$ 溶液作工作曲线：计算配制 25.00mL 0.00200mol·L^{-1}、0.00500mol·L^{-1}、0.0100mol·L^{-1}、0.0150mol·L^{-1} Cu^{2+} 溶液所需的 0.1mol·L^{-1} $CuSO_4$ 溶液（配制与标定参见扩展内容 2）的体积。用吸量管分别移取计算量的 0.1mol·L^{-1} $CuSO_4$ 溶液，分别放到 4 只 50mL 容量瓶中，各加入 25.00mL 1mol·L^{-1} 氨水溶液，并用蒸馏水稀释至刻度，混合均匀后，用 1cm(2cm) 比色皿在 λ 为 610nm 的条件下，用 721 型分光光度计测吸光度。作吸光度 A-Cu^{2+} 浓度图（工作曲线）。

（3）$Cu(IO_3)_2$ 饱和溶液中 Cu^{2+} 浓度的测定：从准备好的 $Cu(IO_3)_2$ 饱和溶液中，吸取滤液 10.00mL 共两份，各加入 10.00mL 1mol·L^{-1} 氨水溶液，混合均匀后，再在与作工作曲线相同的条件下，测定溶液吸光度。

（4）根据测得的 A 值，在工作曲线上找出相应的 Cu^{2+} 浓度；根据 Cu^{2+} 浓度计算 K_{sp} 的数值。

2. 方法二　直接测定浓度法

不作工作曲线，在同样条件下，直接通过已知标准 Cu^{2+} 浓度的溶液调节分光光度计的浓度旋钮，使读数显示为已知浓度值，然后将待测液放入光路，即可读出被测溶液的浓度值（平行测定两份）。根据 Cu^{2+} 浓度的平均值计算 K_{sp} 的数值。

【扩展内容】

1. 碘酸铜的制备

称取 2.5g $CuSO_4 \cdot 5H_2O$ 于 20mL 蒸馏水中溶解，另称 4.2g KIO_3 于 100mL 蒸馏水中加热溶解。在搅拌的情况下将两种溶液混合，直至有大量淡蓝色 $Cu(IO_3)_2$ 沉淀析出后，停止加热，继续搅拌数分钟，冷至室温、抽滤、充分洗涤沉淀5～6次，每次用蒸馏水10mL，洗至洗涤液pH=4～5，备用。

2. 0.1mol·L^{-1} $CuSO_4$溶液的配制与标定

(1) 配制$CuSO_4\cdot 5H_2O$样品的待测溶液　称取样品约1.2g，用1mL 2mol·L^{-1} H_2SO_4溶解后，加入少量水，然后冲稀至50mL，摇匀。

(2) 测定待测溶液中Cu^{2+}的浓度

① 用吸量管移取5.00mL待测液，于150mL碘量瓶中，振荡后，再加入2mL 1mol·L^{-1}KI振荡，塞好瓶塞，置暗处10min后，加水10mL摇匀，以0.1mol·L^{-1}的$Na_2S_2O_3$标准溶液滴定至溶液呈黄色，然后加入1mL 0.2%的淀粉溶液，再加入2mL 10% KSCN溶液，继续滴定至蓝色恰好消失为终点。平行测定3次，计算Cu^{2+}的浓度。

② Cu^{2+}的浓度也可以紫尿酸铵为指示剂，用EDTA标准溶液进行标定：准确称取0.17～0.19g产物，用15mL $NH_3\cdot H_2O$-NH_4Cl缓冲液（pH=10）溶解，再稀释至100mL。以紫尿酸铵作指示剂，用0.02mol·L^{-1}标准EDTA溶液滴定，当溶液由亮黄色变至紫色时即到终点。

思　考　题

1. 配制$Cu(IO_3)_2$饱和溶液时，为什么要加热、充分搅拌、静置？

2. 在制备$Cu(IO_3)_2$固体时为什么要用水充分洗涤沉淀？

【附注】

教师示范常压干过滤操作。

所谓的“干过滤”，就是指在过滤过程中所用的漏斗、玻棒及承接容器必须是干燥的，滤纸只能用待过滤的溶液润湿其内侧，这样被过滤的溶液浓度不变（溶剂挥发的因素除外）。

（二）硫酸钙溶度积常数的测定——离子交换法

【目的要求】

1. 了解使用离子交换树脂的一般方法。

2. 学习离子交换法测定硫酸钙的溶解度和溶度积的原理。

3. 熟悉酸碱滴定操作，继续练习pH计、容量瓶及移液管的使用方法。

【实验原理】

溶液中的Ca^{2+}可与氢型阳离子交换树脂发生下述交换反应。

$$2R{-}SO_3H + Ca^{2+} \rightleftharpoons (R{-}SO_3)_2Ca + 2H^+ \qquad (1)$$

$CaSO_4$是难溶盐，在其水溶液中，Ca^{2+}和SO_4^{2-}与未溶解的$CaSO_4$固体之间，在一定温度下可达到动态平衡，已溶解的Ca^{2+}和SO_4^{2-}浓度（更确切地说应是活度）的乘积是一个常数。

$$CaSO_4(s) \rightleftharpoons Ca^{2+} + SO_4^{2-} \qquad (2)$$

$$K_{sp} = [Ca^{2+}][SO_4^{2-}]$$

当一定量的$CaSO_4$饱和溶液流经树脂时，由于Ca^{2+}全部被交换为H^+，用已知浓度的NaOH溶液滴定交换出的H^+，根据消耗的NaOH溶液的体积（或用pH计测出的pH），可计算出被交换的H^+离子的浓度，由式（1）、式（2）可知$[Ca^{2+}]=[SO_4^{2-}]=\frac{1}{2}[H^+]$

所以 $CaSO_4$ 的溶度积常数由下式可以求得：

$$K_{sp}=[Ca^{2+}][SO_4^{2-}]=\frac{1}{4}[H^+]^2$$

【仪器试剂】

离子交换柱［ϕ(2.0～2.5)cm×50cm］，玻璃棉，乳胶管，螺旋夹，容量瓶（100mL），滴定管夹，锥形瓶（250mL），温度计（0～50℃），烧杯，移液管（25mL），漏斗，pH 试纸；溴百里酚蓝指示剂（1%），$CaSO_4$ 饱和溶液，强酸型阳离子交换树脂，NaOH 标准溶液（0.006000mol·L^{-1}），HCl(6.0mol·L^{-1})。

【实验步骤】

1. 树脂装柱

将离子交换柱（如图 2-9）洗净，底部填以少量玻璃丝，把离子交换柱固定在滴定管架上，用小烧杯装入少量的已经转型或再生为氢型的阳离子交换树脂，再加入少量的蒸馏水。方法是：通过玻璃棒连水带树脂转移到交换柱中。在转移树脂的过程中，如水太多，可以打开螺旋夹或活塞，让水慢慢流出。当液面略高于交换柱内树脂时，夹紧螺旋夹。在整个操作过程中都应使树脂完全浸在水中，否则气泡会进入树脂床，影响交换效果。如不慎混入气泡，可以加少量蒸馏水使液面高出树脂面，然后用塑料搅棒搅拌树脂，直至所有气泡完全逸出。装好树脂后，应检查流出液的 pH 是否在 6～7 之间。否则，用蒸馏水淋洗树脂直到符合要求。

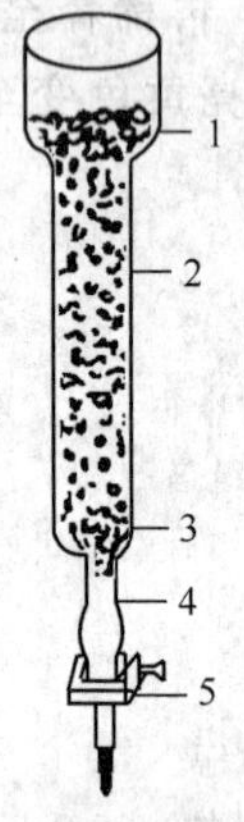

图 2-9 离子交换柱
1,3—玻璃纤维；2—离子交换树脂；4—橡皮管；5—螺丝夹

2. 干过滤

取新配的 $CaSO_4$ 饱和溶液（测定并记录 $CaSO_4$ 溶液的温度），对溶液进行“干过滤”［参见本实验(一)附注］，滤液备用。

3. 交换和洗涤

调节交换柱下方的活塞（或螺旋夹），控制流出液的速度为每分钟 20～25 滴，取 5.00mL 干过滤所得滤液于小烧杯中，分 2～3 次加到离子交换柱中进行交换，同时用 100mL 容量瓶承接（开始约 10～15mL 可不要）。当液面下降到略高于树脂时，取 30mL 蒸馏水分 4～5 次淌洗小烧杯内壁。每次洗涤液都转移到离子交换柱中，并冲洗交换柱内壁。当树脂上部只有约 2～3mm 厚时再加蒸馏水于树脂上部。当流出液接近 100mL 时，用 pH 试纸测试流出液的 pH（应在 6～7 之间）。关闭活塞，移走容量瓶。注意：每次往交换柱中加液体（包括加水）前，交换柱中液面应略高于树脂（2～3mm），这样既不会带进气泡，又尽可能减少溶液与水的混合，可提高交换和洗涤的效果。

4. 氢离子浓度的测定

(1) pH 法　用滴管将蒸馏水加至盛有流出液的 100mL 容量瓶中至刻度。充分摇匀后倒入干燥洁净的小烧杯中，用 pH 计测定溶液的 pH，计算出 100mL 溶液中 H^+ 的浓度 $c_{100}(H^+)$，并换算成 25mL 中的 H^+ 浓度 $c_{25}(H^+)$。

(2) 酸碱滴定法　将 100mL 容量瓶中的流出液倒入洗净的 250mL 锥形瓶中，用少量水冲洗容量瓶 3 次，洗涤水并入锥形瓶中，再加 2 滴溴百里酚蓝作指示剂，用标准 NaOH（0.006000mol·L^{-1}）溶液滴定。当由于滴入半滴或 1 滴标准 NaOH 溶液，锥形瓶中溶液由黄色突变为鲜明的蓝色时即为滴定终点。准确读取消耗的 NaOH 溶液体积数并记录。

【数据处理】

1. pH 法

$CaSO_4$ 饱和溶液的温度/℃：____；

通过交换柱的饱和溶液体积/mL：____；

流出液的 pH（定容至 100mL 后）：____；

流出液的 H^+ 浓度 c_{100}（H^+）：____；

$CaSO_4$ 的溶度积 K_{sp}：____。

对照溶解度的文献值（参见附录六），讨论测定结果产生误差的原因。

2. 自己设计出酸碱滴定法的数据记录及结果处理的格式，并进行数据处理，得出最终结果，讨论产生误差的原因。

思　考　题

1. 预习思考题

(1) 为什么要将洗涤液合并到容量瓶中？

(2) 交换过程中为什么要控制液体的流速不宜太快？

(3) 为什么 $CaSO_4$ 饱和溶液要在“干过滤”以后才能用？

(4) 如何根据实验结果计算 $CaSO_4$ 溶解度和溶度积？

(5) 以下情况对实验结果有何影响？

a. 滴定过程中，往锥形瓶中加入少量蒸馏水；

b. 转移 $CaSO_4$ 饱和溶液至离子交换柱的过程中溶液损失；

c. 流出的淋洗液未接近中性就停止淋洗或流出的淋洗液损失并进行滴定。

2. 实验后的总结思考题

(1) 本实验所需的树脂进行转型时，用 HCl 还是用 H_2SO_4？若测 $PbCl_2$ 的 K_{sp} 应用何种酸进行转型？

(2) 该法能否用于测定 $BaSO_4$ 的 K_{sp}？为什么？

【附注】

1. 离子交换树脂是一种具有网状结构的不溶性高分子聚合物，具有酸性交换基团（如—SO_3H 基、—COOH基）能和阳离子进行交换的叫阳离子交换树脂；具有碱性交换基团（如—NH_3Cl）能和阴离子进行交换的叫阴离子交换树脂。一般为白、黄褐或黑色的半透明的球形固体物质。

离子交换树脂由两部分组成：一部分为网状结构的高分子聚合物，另一部分是结合在高分子聚合物中的活性基团。活性基团既与高分子聚合物一起组成带电荷的树脂骨架（称固定离子），又与固定离子电荷相反的交换离子相结合。如聚苯乙烯型磺酸性阳离子交换树脂（简写为 R—SO_3H），它的活性基团为—SO_3H，能电离出 H^+（交换离子），可与其他阳离子进行交换。若树脂的活性基团为≡NOH，就成了阴离子交换树脂，它在水中电离出的 OH^- 可与其他阴离子进行交换。在交换过程中，高分子的骨架结构不发生实质性的变化。

离子交换树脂按活性基团及其强度，可分类如下表所示。

树　脂	活性基团名称	交换离子	分　类	国产牌号举例
R—SO_3H	—SO_3H 磺酸基	H^+	强酸性阳离子交换树脂	732 或 001×7
—$N(CH_3)_3OH$	—$N(CH_3)_3OH$ 季铵基	OH^-	强碱性阴离子交换树脂	717 或 201×7
R—COOH	—COOH 羧酸基	H^+	弱酸性阳离子交换树脂	724 或 101×4
R—$NH_3 \cdot OH$	—$NH_3 \cdot OH$	OH^-	弱碱性阴离子交换树脂	704 或 303×2

2. 离子交换树脂交换能力的大小，常用交换容量来表示。交换容量是指每千克干树脂所能交换的离子的物质的量（$mol\cdot kg^{-1}$）。一般强酸性阳离子交换树脂交换容量在 $4.5\ mol\cdot kg^{-1}$ 左右，阴离子交换树脂在 $3mol\cdot kg^{-1}$ 左右。由于树脂交换容量有限，故树脂使用一段时间后常再用酸或碱分别将阳或阴离子交换树脂浸泡一段时间，使阳或阴离子被置换下来，重新变成氢型或氢氧型，并再用去离子水浸洗，这一过程称为树脂的再生。

市售的阳离子交换树脂大都为钠型，而阴离子交换树脂大都为氯型，在使用前应将它们用酸或碱浸泡一段时间——转型（变成氢型或氢氧型）。

本实验用的阳离子交换树脂再生时应该用 HCl，不能用 H_2SO_4，以免生成难溶的 $CaSO_4$ 而堵塞树脂孔隙。再生用的酸液不能太稀或太少，否则树脂不能完全转为氢型，影响实验结果。

3. 若用滴定法确定承接液的浓度 $c(H^+)$ 或 H^+ 的物质的量，可换用其他容器（如锥形瓶），但应注意 100mL 溶液的液面在容器中的大约位置，以利确定交换操作可否结束（用 pH 试纸确定）。

（三）硫酸钡溶度积常数的测定——电导率法

【目的要求】

1. 学习电导率法测定 $BaSO_4$ 的溶度积常数。
2. 进一步熟悉电导率仪的使用。

【实验原理】

硫酸钡是难溶电解质，在饱和溶液中存在如下平衡：

$$BaSO_4(s) \rightleftharpoons Ba^{2+} + SO_4^{2-}$$

$$K_{sp,BaSO_4} = [Ba^{2+}][SO_4^{2-}] = c_{BaSO_4}^2$$

由此可见，只需测定出 $[Ba^{2+}]$、$[SO_4^{2-}]$、c_{BaSO_4} 其中任何一种浓度值即可求出 $K_{sp,BaSO_4}$。由于 $BaSO_4$ 的溶解度很小，因此可把饱和溶液看作无限稀释的溶液，离子的活度与浓度近似相等。由于饱和溶液的浓度很低，因此，常采用电导法，通过测定电解质溶液的电导率计算离子浓度。

参见实验八的实验原理。实验证明当溶液无限稀时，每种电解质的极限摩尔电导是离解的两种离子的极限摩尔电导的简单加和，对 $BaSO_4$ 饱和溶液而言：

$$\lambda_{\infty,BaSO_4} = \lambda_{\infty,Ba^{2+}} + \lambda_{\infty SO_4^{2-}}$$

当以 $\frac{1}{2}BaSO_4$ 为基本单元，$\lambda_{\infty,BaSO_4} = 2\lambda_{\frac{1}{2}BaSO_4}$。在 25℃时，无限稀的 $\frac{1}{2}Ba^{2+}$ 和 $\frac{1}{2}SO_4^{2-}$ 的 λ_∞ 值分别为 $63.6S\cdot cm^2\cdot mol^{-1}$，$8.0S\cdot cm^2\cdot mol^{-1}$。

因此 $$\lambda_{\infty,BaSO_4} = 2\lambda_{\frac{1}{2}BaSO_4} = 2(\lambda_{\infty,\frac{1}{2}Ba^{2+}} + \lambda_{\infty,\frac{1}{2}SO_4^{2-}}) = 2\times(63.6+8.0)$$

$$= 143.2\ (S\cdot cm^2\cdot mol^{-1})$$

摩尔电导又是浓度为 $1mol\cdot L^{-1}$ 溶液的电导率 $\gamma(\gamma=\lambda c)$，因此只要测得电导率 γ 值，即求得溶液浓度。

$$c_{BaSO_4} = \frac{1000\gamma_{BaSO_4}}{\lambda_{\infty,BaSO_4}}$$

由于测得 $BaSO_4$ 的电导率包括水的电导率，因此真正的 $BaSO_4$ 电导率

$$\gamma_{BaSO_4} = \gamma_{BaSO_4(溶液)} - \gamma_{H_2O}$$

$$K_{sp,BaSO_4} = \left[\frac{\gamma_{BaSO_4(溶液)} - \gamma_{H_2O}}{\lambda_{\infty,BaSO_4}} \times 1000\right]^2$$

【仪器试剂】

DDS-6700 型或 DDS-11 型电导率仪、烧杯、量筒、$BaSO_4$。

【实验步骤】

1. $BaSO_4$ 饱和溶液制备

将重量分析中经灼烧的 $BaSO_4$ 置于 50mL 烧杯中，加已测定电导的纯蒸馏水 40mL，加热煮沸 3～5min，搅拌、静置、冷却。

2. 电导率测定

用 DDS-6700 型或 DDS-11A 电导率仪。

(1) 取 40mL 纯水，测定其电导率 γ_{H_2O}，测定时操作要迅速。

(2) 将制得的 $BaSO_4$ 饱和溶液冷却至室温后（取上层清液）用 DDS-6700 型或 DDS-11A 型电导率仪测得溶液 $\gamma_{BaSO_4(溶液)}$ 或电导 G_{BaSO_4}。

由测得的温度 $t=$____℃；$\gamma_{BaSO_4(溶液)}=$____ $S\cdot cm^{-1}$；$\gamma_{H_2O}=$____ $S\cdot cm^{-1}$，求得

$$K_{sp,BaSO_4}=\left[\frac{\gamma_{BaSO_4(溶液)}-\gamma_{H_2O}}{\lambda_{\infty,BaSO_4}}\times 1000\right]^2$$

思　考　题

1. 为什么要测纯水电导率？
2. 何谓极限摩尔电导，什么情况下 $\lambda_\infty=\lambda_{\infty,正离子}+\lambda_{\infty,负离子}$？
3. 在什么条件下可用电导率计算溶液浓度？

实验十　配合物稳定常数的测定

（一）磺基水杨酸合铁（Ⅲ）配合物稳定常数的测定——分光光度法

【目的要求】

1. 了解光度法测定配合物的组成及其稳定常数的原理和方法。
2. 测定 pH<2.5 时磺基水杨酸合铁（Ⅲ）的组成及其稳定常数。

【实验原理】

磺基水杨酸（HO—C₆H₃(COOH)—SO₃H，简式为 H_3R）与 Fe^{3+} 可以形成稳定的配合物，因溶液 pH 的不同形成配合物的组成也不同。本实验将测定 pH<2.5 时，所形成红褐色的磺基水杨酸合铁（Ⅲ）配离子的组成及其稳定常数。

测定配合物的组成常用光度法。其基本原理参见实验九（一）分光光度法测定原理。

由于所测溶液中，磺基水杨酸是无色的，Fe^{3+} 溶液的浓度很稀，也可认为是无色的，只有磺基水杨酸合铁配离子（MR_n）是有色的，因此溶液的吸光度只与配离子的浓度成正比。通过对溶液吸光度的测定，可以求出该配离子的组成。下面介绍一种常用的测定方法——等摩尔系列法。

用一定波长的单色光，测定一系列变化组分的溶液的吸光度（中心离子和配体的总物质的量保持不变，而 M 和 R 的摩尔分数连续变化）。显然在这一系列溶液中，有一些溶液的金属离子是过量的，而另有一些溶液的配体是过量的。在这两部分溶液中，配离子的浓度都不可能达到最大值，只有当溶液中金属离子与配体的物质的量之比与配离子的组成一致时，

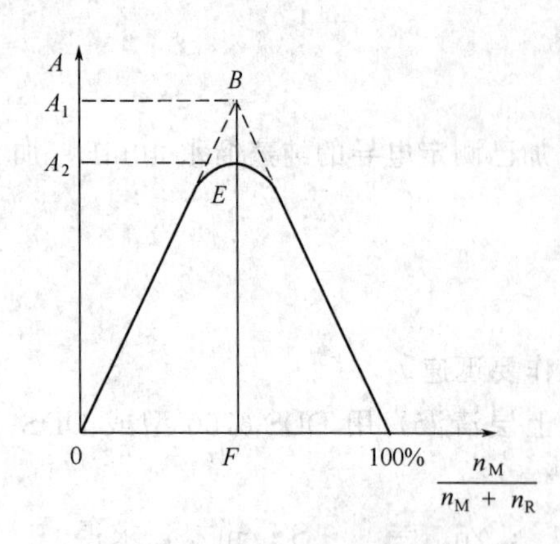

图 2-10 等摩尔系列法

配离子的浓度才最大。由于中心离子和配体基本无色，只有配离子有色，所以配离子的浓度越大，溶液颜色越深，其吸光度也就越大。若以吸光度对中心离子的摩尔分数作图，则从图上最大吸收峰处可以求得配合物的组成 n 值。

如图 2-10 所示，根据最大吸收处：

$$配体摩尔分数=\frac{配体物质的量}{总物质的量}=0.5$$

$$中心离子摩尔分数=\frac{中心离子物质的量}{总物质的量}=0.5$$

$$n=\frac{配体摩尔分数}{中心离子摩尔分数}=1$$

由此可知该配合物的组成是 MR。

图 2-10 表示一个典型的低稳定性的配合物 MR 的物质的量比与吸光度曲线，将两边直线部分延长相交于 B，B 点位于 50%处，即金属离子与配体的物质的量比为 1∶1。从图中可见，当完全以 MR 形式存在时，在 B 点 MR 的浓度最大，对应的吸光度为 A_1，但由于配合物一部分离解，实验测得的最大吸光度在 E 点，其值为 A_2。配合物的离解度为 α，则

$$\alpha=\frac{A_1-A_2}{A_1}$$

再根据 1∶1 组成配合物的关系式即可导出稳定常数 K。

$$M+R \rightleftharpoons MR$$

$$平衡浓度 \quad c\alpha \quad c\alpha \qquad c-c\alpha$$

$$K=\frac{[MR]}{[M][R]}=\frac{1-\alpha}{c\alpha^2}$$

式中 c——相应于 F 点的金属离子浓度。

方法一

【仪器试剂】

721 型或 752 型分光光度计，烧杯（50mL），容量瓶（100mL），移液管（10mL 带刻度）；$HClO_4$（0.01mol·L^{-1}），磺基水杨酸（0.0100mol·L^{-1}），Fe^{3+} 溶液（0.0100 mol·L^{-1}）。

【实验步骤】

1. 配制系列溶液

（1）配制 0.00100mol·L^{-1} Fe^{3+} 溶液。精确吸取 10.00mL 0.0100mol·L^{-1} Fe^{3+} 溶液，注入 100mL 容量瓶中，用 0.01mol·L^{-1} $HClO_4$ 溶液稀释至刻度，摇匀备用。

（2）同法配制 0.00100mol·L^{-1}磺基水杨酸溶液。

（3）用 3 支 10mL 刻度移液管按照下表列出的毫升数，分别吸取 0.01mol·L^{-1} $HClO_4$、0.00100mol·L^{-1} Fe^{3+} 溶液和 0.00100mol·L^{-1} 磺基水杨酸溶液，分别注入 11 只 50mL 烧杯中，摇匀。

2. 测定系列溶液的吸光度

用 721 型或 752 型分光光度计（在波长为 500nm 的光源下，以 1 号或 11 号溶液为参比）测系列溶液的吸光度。将测得的数据记入下表。

以吸光度对Fe^{3+}的摩尔分数作图，从图中找出最大吸收峰，求出配合物的组成和稳定常数。

【数据记录及结果处理】

室温＿＿＿＿＿＿

序　号	V_{HClO_4}/mL	V_{H_3R}/mL	$V_{Fe^{3+}}$/mL	Fe^{3+}摩尔分数	吸光度
1	10.00	10.00	0.00		
2	10.00	9.00	1.00		
3	10.00	8.00	2.00		
4	10.00	7.00	3.00		
5	10.00	6.00	4.00		
6	10.00	5.00	5.00		
7	10.00	4.00	6.00		
8	10.00	3.00	7.00		
9	10.00	2.00	8.00		
10	10.00	1.00	9.00		
11	10.00	0.00	10.00		

方法二

【仪器试剂】

容量瓶（100mL），吸量管（10mL，2mL），比色管（25mL）；Fe^{3+}（0.015mol·L^{-1}），磺基水杨酸溶液（0.015mol·L^{-1}），$HClO_4$（0.1mol·L^{-1}）。

【实验步骤】

1. 系列溶液的配制

(1) 取10.00mL 0.015mol·L^{-1} Fe^{3+}(0.1mol·L^{-1} $HClO_4$）溶液，转移至100mL容量瓶中，用去离子水定容。

(2) 取10.00mL 0.015 mol·L^{-1} H_3R(0.1mol·L^{-1} $HClO_4$）溶液，转移至100mL容量瓶中，用去离子水定容。

2. 等摩尔连续变化法实验

取25mL比色管11只，编号。按下表配制溶液，用去离子水稀释至刻度，摇匀。

【数据记录及结果处理】

室温

序号	0.1mol·L^{-1} $HClO_4$/mL	0.0015mol·L^{-1} Fe^{3+}/mL	0.0015mol·L^{-1} H_3R/mL	Fe^{3+}摩尔分数	吸光度A
1	1.50	10.00	0		
2	1.50	9.00	1.00		
3	1.50	8.00	2.00		
4	1.50	7.00	3.00		
5	1.50	6.00	4.00		
6	1.50	5.00	5.00		
7	1.50	4.00	6.00		
8	1.50	3.00	7.00		
9	1.50	2.00	8.00		
10	1.50	1.00	9.00		
11	1.50	0	10.00		

3. 放置 20min，等显色稳定后，测定吸光度（测量波长 500nm；以 1 号或 11 号溶液为参比）。

思　考　题

1. 用等摩尔系列法测定配合物组成时，为什么说溶液中金属离子的物质的量与配位体的物质的量之比正好与配离子组成相同时，配离子的浓度为最大？

2. 用吸光度对配体的体积分数作图是否可求得配合物的组成？

3. 在测定吸光度时，如果温度变化较大，对测得的稳定常数有何影响？

4. 实验中每种溶液的 pH 是否一样？

5. 使用 721 型、752 型分光光度计应注意哪些问题？

【附注】

1. 溶液的配制

(1) $HClO_4$ 溶液（0.0100mol·L^{-1}）：将 4.4mL70% $HClO_4$ 注入 50mL 蒸馏水中，再稀释到 5000mL。

Fe^{3+} 溶液（0.0100mol·L^{-1}）：以分析纯硫酸铁铵 $NH_4Fe(SO_4)_2 \cdot 12H_2O$ 溶于 0.0100mol·L^{-1} $HClO_4$ 中配制而成。

磺基水杨酸（0.01mol·L^{-1}）溶液：以分析纯磺基水杨酸溶于 0.01mol·L^{-1} $HClO_4$ 配制而成。

(2) Fe^{3+}（0.015mol·L^{-1}）配制：准确称取 36.16g 分析纯 $NH_4Fe(SO_4)_2 \cdot 12H_2O$，加入 44mL $HClO_4$(70%) 溶解，移至 5000mL 容量瓶，用去离子水稀释至刻度。

磺基水杨酸溶液（0.015mol·L^{-1}）配制：准确称取 19.065g 磺基水杨酸，加入 44mL $HClO_4$(70%) 溶解，移至 5000mL 容量瓶，用去离子水稀释至刻度。

2. 本实验测得的是表观稳定常数，如果考虑弱酸的电离平衡，则对表观稳定常数要加以校正，校正后即可得 $K_{稳}$。

校正公式为：

$$\lg K_{稳} = \lg K + \lg a$$

对磺基水杨酸，pH=2 时，$\lg a = 10.2$。

（二）乙二胺合银（Ⅰ）配离子稳定常数的测定——电位法

【目的要求】

1. 了解实验原理，熟悉有关 Nernst 公式的计算。

2. 测定乙二胺合银（I）配离子配位数及稳定常数。

【实验原理】

在装有 Ag^+ 和乙二胺（en）的混合水溶液的烧杯中插入饱和甘汞电极和银电极，两电极分别与酸度计的电极插孔相连，按下 mV 键，调整好仪器，测得两电极间的电位差为ε(mV)。

$$\begin{aligned}\varepsilon &= E_{Ag^+/Ag} - E_{Hg_2Cl_2/Hg} \\ &= E^{\ominus}_{Ag^+/Ag} + 0.059\lg[Ag^+] - 0.241V \\ &= 0.800V - 0.241V + 0.059\lg[Ag^+] \\ &= 0.059\lg[Ag^+] + 0.559V \qquad (1)\end{aligned}$$

含有 Ag^+、en 的溶液中，存在着下列平衡：

$$Ag^+ + n\,en \rightleftharpoons Ag(en)_n^+$$

$$K_{稳}=\frac{[Ag(en)_n^+]}{[Ag^+][en]^n}$$

$$[Ag^+]=\frac{[Ag(en)_n^+]}{K_{稳}[en]^n}$$

两边取对数得　　$\lg[Ag^+]=-n\lg[en]+\lg[Ag(en)_n^+]-\lg K_{稳}$

若使$[Ag(en)_n^+]$基本保持恒定，则由 $\lg[Ag^+]$对 $\lg[en]$作图可得一直线，由直线斜率得配位数 n，由直线截距 $\lg[Ag(en)_n^+]-\lg K_{稳}$ 可求得 $K_{稳}$。

由于 $Ag(en)_n^+$ 配离子很稳定，当体系中 en 的浓度 c_{en} 远远大于 Ag^+ 的浓度 c_{Ag^+} 时 $[en]\approx c_{en}$，$[Ag(en)_n^+]\approx c_{Ag^+}$。

测定两电极间的电位差 ε，并通过式(1) 可求得各种不同[en]时的 $\lg[Ag^+]$。

【仪器试剂】

酸度计，饱和甘汞电极，银电极，烧杯；$AgNO_3$(0.2mol·L^{-1})，en 溶液(7mol·mL^{-1})

【实验步骤】

1. 在一干净的 250mL 烧杯中，加入 96.0mL 蒸馏水，再加入 2.00mL 已知准确浓度(7mol·mL^{-1}) 的 en 溶液和 2.00mL 已知准确浓度 (0.2mol·L^{-1}) 的 $AgNO_3$ 溶液。

2. 向烧杯中插入饱和甘汞电极和银电极，并把它们分别与酸度计的甘汞电极接线柱和玻璃电极插口相接。用酸度计的 mV 档，在搅拌下测定两电极间的电位差 ε，这是第一次加 en 溶液后的测定。

3. 向烧杯中再加入 1.00mL en 溶液（此时累计加入的 en 溶液为 3.00mL)，并测定相应的 ε。

4. 再继续向烧杯中加 4mL en 溶液，使每次累计加入 en 溶液的体积分别为 4.00，5.00，7.00，10.00mL，并测定相应的 ε 将数据填入下表。

测定次数	1	2	3	4	5	6
加入 en 的累计体积/mL	2.00	3.00	4.00	5.00	7.00	10.00
ε/V						
[en]/(mol·L^{-1})						
lg[en]						
$\lg[Ag^+]$						

用 $\lg[Ag^+]$对 $\lg[en]$作图，由直线斜率和截距分别求算配离子的配位数及 $K_{稳}$。由于实验中，总体积变化不大，$[Ag(en)_n^+]$可被认为是一个定值，并等于$\frac{V_{AgNO_3}c_{AgNO_3}}{(V_1+V_6)/2}$，$V_{AgNO_3}$、$c_{AgNO_3}$ 分别为加入 $AgNO_3$ 溶液的体积和浓度，V_1、V_6 分别为第一次和第六次测定 ε 时的总体积。

思 考 题

参考上述实验，设计实验测定：

1. $Ag(S_2O_3)_n^{-2n+1}$，$Ag(NH_3)_n^+$ 等配离子的配位数及稳定常数。

2. AgBr、AgI 等难溶盐的溶度积常数 K_{sp}。

第三部分　元素及化合物的性质

物质性质的差别取决于其组成和内部结构的不同。当物质组成和结构按一定规律变化时，其性质也往往呈现出规律性变化，而当物质组成、结构差别较大时，其性质也有较大差异。通过同一区内元素及其化合物性质的实验，与不同区域元素性质的对比，就会发现结构决定性质、性质反映结构，特殊结构决定个性、相同结构决定共性的变化规律。

实验十一　s 区 元 素

【目的要求】

1. 熟悉碱金属和碱土金属某些盐类的溶解性。

2. 学习焰色反应的操作方法。

3. 利用 Na^{+}、K^{+}、NH_4^{+}、Ca^{2+}、Ba^{2+} 等离子的特性，自行设计方案对混合液中各离子进行分离和检出。

【仪器试剂】

小刀，镊子，铂丝（或镍丝），pH 试纸，钴玻璃，温度计；金属钠（固体），钾（固体），LiCl（固体），NaCl（固体），KCl（固体），$MgCl_2$（$0.5mol \cdot L^{-1}$），$CaCl_2$（$0.6mol \cdot L^{-1}$），$SrCl_2$（$0.1mol \cdot L^{-1}$），$BaCl_2$（$0.6mol \cdot L^{-1}$），NH_3-$(NH_4)_2CO_3$（$0.5 mol \cdot L^{-1}$），$K_2Cr_2O_4$（$0.5mol \cdot L^{-1}$），HAc（$2mol \cdot L^{-1}$），HCl（$2mol \cdot L^{-1}$），$Ba(OH)_2$（$0.5mol \cdot L^{-1}$），$CaCl_2$（$1mol \cdot L^{-1}$），$(NH_4)_2C_2O_4$（饱和），$K[Sb(OH)_6]$（饱和），$(NH_4)_2HPO_4$-NH_3 混合液（pH～9），$NH_3 \cdot H_2O$（$1mol \cdot L^{-1}$），$Na[Co(NO_2)_6]$（配制方法见附录十二），KOH（$6mol \cdot L^{-1}$），NaOH（$6mol \cdot L^{-1}$）。

【实验步骤】

1. 液滴体积的估计

取大、中、小不同口径的滴管，向 10mL 量筒内滴水，记录 1mL 水的滴数；再用三种滴管分别向试管中滴加液滴数为 1mL 的水，然后用量筒量出其体积，反复数次，将数据填入下表。记住这些数据以便做试管试验时参考。

滴管口径	大	中	小
1mL 水的滴数			

2. 金属钠与汞反应（演示实验）

取一块绿豆粒大小的金属钠，擦干煤油，放在研钵中，滴入几滴汞，研磨，即可得到钠汞齐。观察反应情况和产物的颜色。将得到的钠汞齐，转入盛有少量水（加入几滴酚酞）的烧杯中观察反应情况。

注意：应在通风橱中进行实验；将钠汞齐与水反应后的汞回收。

3. 钠与空气中氧气的反应

(1) 取豆粒大小的金属钠，用滤纸吸干煤油，立即置于坩埚中加热。当钠刚刚开始燃烧时，停止加热。观察反应情况及产物的颜色和状态。取出少许，其余固体用于实验 (2)，放在蒸发皿中观察颜色变化。

(2) 将上述剩余产物 (Na_2O_2) 放入盛有 2mL 热蒸馏水的小试管中，观察是否有气体放出。检验气体并检验溶液的酸碱性。

4. LiCl、NaCl、KCl 的溶解情况比较

在盛有 3mL 蒸馏水的试管中分别加入 0.3g LiCl，插入一支温度计，观察温度变化及溶解量的相对多少。用同样的方法进行 NaCl、KCl 溶解试验，比较它们有何不同。

用 3mL 甲醇代替 3mL 蒸馏水，重复上述试验。观察溶解情况及温度变化。与在水中溶解有什么不同？为什么？

5. 铬酸钡及草酸钙的生成和性质

(1) 铬酸盐：两支试管分别注入 0.5mL $CaCl_2$ 和 $BaCl_2$ 溶液，再注入 K_2CrO_4 溶液，并试验产物分别与 HAc(2mol·L^{-1}) 及 HCl(2mol·L^{-1}) 溶液的反应。

(2) 草酸盐：往 1mL $CaCl_2$ 溶液中注入 1mL 饱和草酸铵溶液，观察产物颜色与状态，然后将沉淀分成两份，分别试验它们与 HCl(2mol·L^{-1}) 和 HAc(6mol·L^{-1}) 溶液的反应情况。

6. 焰色反应

用洗净的铂丝（或镍丝），分别蘸上少量 LiCl、NaCl、KCl、$CaCl_2$、$SrCl_2$、$BaCl_2$ 溶液或固体，在氧化焰中灼烧（观察钾时，用钴玻璃滤光），观察它们的焰色有何不同？

7. 设计实验

水溶液中 Na^+、K^+、NH_4^+、Mg^{2+}、Ca^{2+} 及 Ba^{2+} 等的分离与检出。

分别取含有 Na^+、K^+、NH_4^+、Mg^{2+}、Ca^{2+} 及 Ba^{2+} 等的试液各 5 滴，加到离心试管中，混合均匀后，按自己设计（请参考思考题）的步骤框图进行分离与检出。实验过程中和实验后应根据实验情况对步骤（框图及具体操作细节）进行修正。

思考题

1. s 区元素有何重要性质？写出有关重要反应的反应方程式。

2. 在本次实验中，应注意哪些安全操作？

3. $Mg(OH)_2$ 和 $MgCO_3$ 可否溶于 NH_4Cl 溶液？为什么？$Fe(OH)_3$ 呢？

4. 为什么钙与盐酸反应剧烈，而与硫酸反应缓慢？

5. 商品 NaOH 中若含有 Na_2CO_3，怎样检验？如何除去？

6. 将一白色固体放到稀 HCl 中，放出 CO_2 气体。用反应后的溶液做焰色试验，焰色为紫色。向该固体的纯水溶液中加入稀 $CaCl_2$ 溶液后没有沉淀生成。判断此固体为何物？

7. 为使 Ca^{2+}(及 Ba^{2+}) 与 Mg^{2+}(及 Na^+、K^+、NH_4^+) 分离，能否用可溶性钾盐或钠盐作沉淀剂？

8. 为检验 Ca^{2+} 和 Ba^{2+} 离子，应将分离出的沉淀溶于 HAc 还是强酸（HCl 或 HNO_3）？溶解所得的溶液先检出 Ba^{2+} 还是先检出 Ca^{2+}？

9. 用生成 $MgNH_4PO_4$ 的方法与使用镁试剂分别检出 Mg^{2+} 时，条件有何不同？

【附注】

1. 为了检出 Na^+ 和 K^+，要将溶液中的铵盐除去。其方法是：将除去 Ca^{2+} 及 Ba^{2+} 的清液（为防止

Ba^{2+}、Ca^{2+}未沉淀完全，可再次加入沉淀剂并加热后离心分离）移入干净的坩埚中，放在石棉网上小火加热，微沸蒸发水分，大约只剩下2～3滴时，将灯移开，再加入8～10滴浓HNO_3。继续蒸发至快干时（通风橱中），移开酒精灯（防止崩溅），借石棉网上的余热把它蒸干。最后用大火灼烧至不再冒烟。冷却后往坩埚中加8～10滴蒸馏水，溶解后，取一滴溶液于点滴板凹穴中，加2滴奈斯勒试剂，如果不产生红褐色沉淀，表明铵盐已被除尽。否则还需再加浓HNO_3后蒸干并灼烧，以除尽铵盐。

2. 为了用$K[Sb(OH)_6]$检出Na^+，应在溶液中加$KOH(6mol \cdot L^{-1})$溶液至pH稳定在约等于12。加热后离心分离。取其溶液加入离心试管中，再加入等体积的$K[Sb(OH)_6](aq)$。用玻璃棒摩擦试管内壁，密封放置（有时需放置较长时间）后产生白色晶形沉淀，表示原试液中有Na^+。

3. 用$K[Sb(OH)_6]$鉴定Na^+，若在酸性介质中进行，得到锑酸胶状沉淀而不是$Na[Sb(OH)_6]$晶体。

4. 金属钠保存与取用的注意事项：

（1）金属钠保存在煤油中放在阴凉处；

（2）用镊子夹住，在煤油下用小刀切割，切勿与皮肤接触；

（3）用滤纸吸干煤油。吸干后滤纸不可乱丢，应及时烧掉；

（4）未用完的钠屑不能乱丢，可放在少量酒精中使其缓慢氧化。

5. 汞的安全使用，见实验十四的“安全知识”部分。

6. 钠与汞形成钠汞齐时，若钠的含量小于1.25%则呈黏状液态。钠含量较多时，则呈固态、性脆。由于加入钠和汞的量不同，钠汞齐可以有不同的状态。

7. 铂丝使用的注意事项：

（1）洗涤，将铂丝插到一盛有$6mol \cdot L^{-1}$ HCl溶液的点滴板的凹穴中后取出并在氧化焰中灼烧，重复上述操作直到焰色为“无色”即可进行焰色试验；

（2）不要来回弯铂丝，否则容易折断；

（3）铂丝熔接在玻棒上，因此要注意已烧热的玻棒端头，切勿接触冷溶液或水，否则会炸裂。若铂丝从玻棒上掉下来，一定要把它交给教师。

8. $K[Sb(OH)_6]$溶液的配制：KOH饱和溶液中陆续加入焦性锑酸钾加热，当有少量白色沉淀不再溶解时，停止加热焦性锑酸钾。放冷，静置，上层清液为$K[Sb(OH)_6]$。

9. 市售的$(NH_4)_2CO_3$试剂是NH_2COONH_4和NH_4HCO_3的混合物，其水溶液受热时，前者转化为$(NH_4)_2CO_3$，反应方程式为：

$$NH_2COONH_4 + H_2O = (NH_4)_2CO_3$$

实验十二 p区元素

p区元素位于周期表的右方，包括ⅢA～ⅧA，价电子层结构通式为$ns^2np^{1\sim6}$。

（一）卤族元素

【目的要求】

1. 学习卤化氢的制备方法并验证其性质。

2. 掌握卤素单质和离子的氧化性、还原性变化规律。

3. 掌握卤族含氧酸盐的性质。

4. 了解卤素离子的鉴定方法。

【仪器试剂】

pH试纸，淀粉-碘化钾试纸，醋酸铅试纸，石蕊试纸（蓝色）；靛蓝，溴化钠（固体），碘化钠（固体），氯酸钾（固体），碘（固体），食盐（固体），$KI(0.1mol \cdot L^{-1})$，NaCl$(0.1mol \cdot L^{-1})$，$KBr(0.1mol \cdot L^{-1})$，$KIO_3(0.1mol \cdot L^{-1})$，$NaHSO_3(0.1mol \cdot L^{-1})$，$AgNO_3(0.1mol \cdot L^{-1})$，$NaClO(0.1mol \cdot L^{-1})$，$MnSO_4(0.1mol \cdot L^{-1})$，$Na_2S_2O_3$

(0.1mol·L^{-1})，H_2SO_4(2mol·L^{-1}) NH_3·H_2O(2mol·L^{-1})，乙醇，溴水，氯水，H_2SO_4(浓)，HCl(浓)，$(NH_4)_2CO_3$ (13%)，Zn 粉，$NaHSO_3$(0.1mol·L^{-1}，现用现配)，KIO_3(0.1mol·L^{-1}，不含外加酸碱且近中性)。

【实验步骤】

1. 单质的氧化性

自行设计并验证卤素(Cl_2、Br_2、I_2) 的氧化性强弱顺序。

2. 卤化氢的还原性(本实验在通风橱中进行)

取 3 支干燥试管，分别加入绿豆粒大小的①NaCl、②NaBr、③NaI 晶体，再各加入 0.5mL 浓硫酸(浓硫酸不要沾到管口处)，微热，观察试管中颜色变化，并用湿润的 pH 试纸检验试管①放出的气体，用碘化钾淀粉试纸检验试管②，用醋酸铅试纸检验试管③。

根据实验结果比较出卤化氢还原性强弱，写出有关反应方程式。

3. 卤素含氧酸盐的性质

(1) 次氯酸钠的性质　取 4 支试管：

① 往第 1 支试管中加入 5 滴次氯酸钠溶液，再加入浓盐酸(在通风橱中做)；

② 往第 2 支试管中加 3 滴次氯酸钠溶液，再加入 3 滴硫酸锰溶液；

③ 往第 3 支试管中加 2 滴 KI 溶液，再逐滴加入次氯酸钠溶液(pH 不大于 10) 至无色；

④ 往第 4 支试管中加 2 滴靛蓝溶液，并用 2～3 滴硫酸酸化，再加入次氯酸钠溶液。

观察各试管中发生的现象，写出①、②、③反应的反应方程式。

(2) 氯酸钾的氧化性　分别取绿豆大的氯酸钾进行下列实验：

① 与 0.5mL 浓盐酸反应，如果反应不明显，可微热之；

② 与碘化钾溶液分别在中性和酸性溶液中反应，并检验是否有碘生成，比较它们的现象有什么不同，说明原因；

(3) 碘酸钾的氧化性

① 取 1mL KIO_3(0.1mol·L^{-1})溶液，加 2 滴淀粉溶液，再滴入 10 滴 $NaHSO_3$ (0.1mol·L^{-1})溶液。振荡后，观察颜色变化所需时间。

② 往含有 10 滴 $NaHSO_3$ 和 2 滴淀粉溶液的试管中逐滴滴加碘水。观察现象，写出实验①与②中所涉及的反应方程式，并分析实验现象不同的可能原因。

③ 改进步骤使实验①显色速度加快。

4. 设计实验

利用 $AgNO_3$、NaCl、KI、KBr、$(NH_4)_2CO_3$(13%)、$Na_2S_2O_3$ 等溶液设计出能观察到卤化银的颜色及验证其溶解性相对大小的系列实验(每种试剂只能取用一次)。

5. Cl^-、Br^-、I^- 混合离子的分离和鉴定

(1) 取含 Br^-、I^-(浓度各约为 0.001～0.01mol·L^{-1}) 的混合液和蒸馏水各 5 滴于离心试管中，滴加 3～5 滴 CCl_4，再滴加少量 Cl_2 水，不断振荡，CCl_4 层显紫红色，表示有 I^-。继续滴加氯水，不断振荡，CCl_4 层紫色退去并显棕黄色，表示有 Br^-。

(2) 取含 Cl^-、Br^-、I^-(浓度各约为 0.001～0.01mol·L^{-1}) 的混合液和蒸馏水各 5 滴于离心试管中。设计步骤使离子全部被沉淀完全，再从沉淀中分离出含 Cl^- 离子的溶液，并鉴定 Cl^- 离子。

(3) 使 X^-[从上述(2)的沉淀中]变成游离的水合离子，参考上述 (1) 的步骤检出 Br^- 和 I^- 离子。

思考题

1. 通 Cl_2(或用氯水) 于 KI 溶液中，溶液先变成棕红色，后又退色，为什么？

2. 如何制备卤化氢？

3. 总结与银离子生成沉淀及能溶解 AgX 的物质有哪些。用 $AgNO_3$ 试剂检验卤素离子时，为什么要加少量 HNO_3？

4. 实验室制备氯气，有哪几种方法，实验条件有什么不同？若实验中产生较多的氯气尾气，如何处理？

5. 若用 $KMnO_4$ 制备氯气时，如果实验者误取了浓硫酸与之反应，将有什么事故发生？

6. 如何区别次氯酸盐和氯酸盐？

安全知识

1. 若用试纸检验发生的气体，应先准备好湿润的试纸，再产生气体。

2. 氯气、溴蒸气及液体溴的安全操作

氯气剧毒并有刺激性，人体吸入会刺激喉管，引起咳嗽和喘息。因此，在做有氯气产生的实验时，须在通风橱中进行，并尽可能安装吸收装置。闻氯气时，应用手将氯气轻轻扇向自己的鼻孔，切记不可对着吸。若不慎吸入氯气感到不适者，可到室外呼吸新鲜空气，或吸入少量稀薄的氨气解毒。

$$3Cl_2 + 2NH_3 \xlongequal{} N_2 + 6HCl$$

液体溴有强烈的腐蚀性，它能灼伤皮肤，严重时会使皮肤溃烂。因此，在倒液溴时，要在通风橱中且戴上橡皮手套进行。若不慎将溴水溅到皮肤上，应立即用水洗，再用碳酸氢钠或食盐水冲洗，也可用稀氨水或稀 $Na_2S_2O_3$ 溶液洗。

$$3Br_2 + 8NH_3 \xlongequal{} 6NH_4Br + N_2$$

3. 氯酸钾的安全使用

(1) 氯酸钾不可随便与可燃性物质接触并加热、摩擦或撞击，否则放出的氧 ($2KClO_3 \xlongequal{} 2KCl + 3O_2\uparrow$) 与可燃性物质剧烈燃烧而发生爆炸。

(2) 在做氯酸钾与红磷或硫粉的爆炸反应时，氯酸钾和红磷或硫黄要分别研磨，切不可混合后再研磨。实验时用量要少。

$$2KClO_3 + 3S \xlongequal{} 2KCl + 3SO_2\uparrow + Q \text{（热量）}$$

(3) 实验时不同用途的药匙严格分开，切不可用取过红磷或硫粉 (或氯酸钾) 的药匙去取氯酸钾 (或红磷、硫粉)。

(4) 洒落的氯酸钾固体或溶液，应及时清理回收在专用瓶中待统一处理，切不可投入废液缸中。

4. 浓硫酸的取用安全

(1) 一定要注意不要将浓硫酸沾到皮肤和衣服上，如果沾上时，要立即用大量水冲洗，衣服可用稀氨水浸泡后再用水洗。如果皮肤感到疼痛，可用被碳酸氢钠溶液浸湿的纱布敷在疼痛处。

(2) 倾倒浓硫酸时，要借助搅棒。倾倒合适量后，要将盛浓硫酸的瓶口沿搅棒上提一下或在承受容器边碰一下，使最后一滴浓硫酸流到容器中。

(3) 不小心撒落的浓硫酸要及时处理。

(4) 浓硫酸与高锰酸钾作用即析出淡褐色油样、挥发性液体——高锰酸酐（Mn_2O_7），稍予加热 Mn_2O_7 就易分解（伴随着爆炸），产物为二氧化锰和 O_2（也有 O_3 生成），高锰酸钾与浓硫酸作用时放出的热可以加速这种分解。

$$4KMnO_4+2H_2SO_4 = 2K_2SO_4+4HMnO_4$$

$$4HMnO_4 = 2H_2O+2Mn_2O_7$$

$$2Mn_2O_7 = 4MnO_2+3O_2\uparrow$$

$$4KMnO_4+2H_2SO_4 = 2K_2SO_4+4MnO_2+2H_2O+3O_2\uparrow$$

(5) 浓硫酸易吸水，用后立即盖好瓶盖。

(6) 含有浓硫酸的残液，要小心沿搅棒倾倒于盛有较多水的大烧杯中，并不断搅拌后倒入废液缸。

(二) 氧、硫

【目的要求】

1. 掌握过氧化氢、硫化氢及硫的不同价态含氧化物的主要性质。
2. 掌握实验室制备二氧化硫和硫化氢的方法。
3. 掌握金属硫化物的生成和溶解条件。
4. 掌握 S^{2-}、SO_3^{2-}、$S_2O_3^{2-}$ 及 SO_4^{2-} 的分离和检出方法。

【仪器试剂】

滤纸，醋酸铅试纸；硫黄，过二硫酸钾（固体），FeS(固体)，MnO_2(固体)，$KMnO_4$($0.02mol\cdot L^{-1}$)，H_2SO_4($1mol\cdot L^{-1}$)，$AgNO_3$($0.1mol\cdot L^{-1}$)，NaOH($6mol\cdot L^{-1}$)，$MnSO_4$($0.02mol\cdot L^{-1}$)，亚硝基铁氰化钠，Na_2SO_3($0.5mol\cdot L^{-1}$)，$Na_2S_2O_3$($0.1mol\cdot L^{-1}$)，$K_2Cr_2O_7$($0.1mol\cdot L^{-1}$)，$Pb(NO_3)_2$($0.1mol\cdot L^{-1}$)，KI($0.1mol\cdot L^{-1}$)，Na_2S($0.1mol\cdot L^{-1}$)，Na_2S_x($0.1mol\cdot L^{-1}$)，Na_2SO_4($0.1mol\cdot L^{-1}$)，二氧化硫，碘水，氯水，戊醇，淀粉溶液，$SrCl_2$($0.5mol\cdot L^{-1}$)，HCl($1mol\cdot L^{-1}$、$6mol\cdot L^{-1}$、浓)，HNO_3(浓)，H_2S(饱和)，H_2O_2(3%)，$CdCO_3$(固体，AR)。

【实验步骤】

1. 斜方硫的制备（演示实验）

将约 1g 硫粉放入试管中，加入约 5mL 二硫化碳（注意：二硫化碳恶臭，有毒，易燃，所以实验在通风橱中进行，并远离明火），振荡试管，将此溶液过滤于锥形瓶中，用滤纸盖住锥形瓶口，在通风橱内将瓶口滤纸扎几个孔，让二硫化碳慢慢挥发，几个小时后，仔细观察（可用放大镜）生成的晶体。在通风橱中彻底处理。

2. 硫化氢的生成与性质

取约 3g FeS 放入 Y 型试管（图 2-11）一侧，另一侧注入 5～6mL 的 $6mol\cdot L^{-1}$ 盐酸。做好准备工作后（应该做哪些准备工作？）将盐酸倾入另一侧。

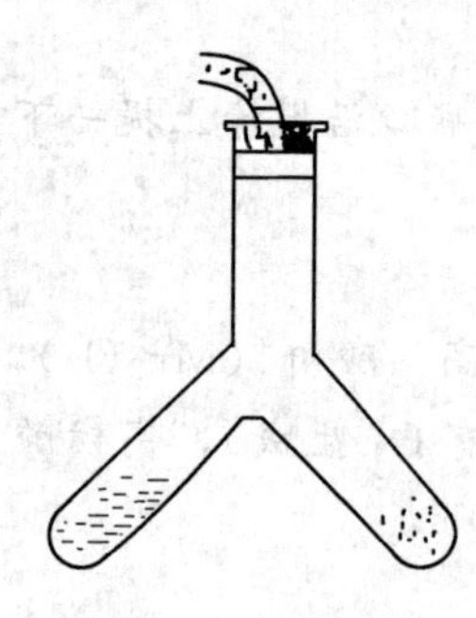

图 2-11 Y型试管

(1) 用湿润的醋酸铅试纸检验气体。

(2) 排尽空气后（为什么?）点燃，观察 H_2S 火焰颜色。然后将气体导入盛有去离子水的试管中（事先配好塞子）备用。

(3) H_2S 的还原性：往试管中滴入 2 滴 0.02mol·L^{-1} $KMnO_4$ 溶液，并用稀硫酸溶液酸化，然后滴入饱和硫化氢溶液。

(4) S^{2-} 离子鉴定：在点滴板上滴 1 滴 H_2S 溶液，1 滴 NaOH 溶液，1 滴亚硝基铁氰化钠 $Na_2[Fe(CN)_5NO]$ 溶液，观察现象（注意：亚硝基铁氰化钠可将 S^{2-} 染色，若被测液是 Na_2S，可直接用试剂检验，若被测液是 HS^- 或 H_2S，应先加碱液再加试剂）。

其反应方程式为：

$$S^{2-} + [Fe(CN)_5NO]^{2-} \longrightarrow \left[Fe \begin{matrix} (CN)_5 \\ N{=}O \\ \diagdown S \end{matrix} \right]^{4-}$$

3. 过二硫酸盐的氧化性

往试管内注入 4mL H_2SO_4（1mol·L^{-1}）溶液，4mL 去离子水和 2 滴 $MnSO_4$（0.002 mol·L^{-1}）溶液，混匀后，将溶液分成两份，再各加半药匙过二硫酸钾固体，并在其中 1 支试管里滴入 1 滴 $AgNO_3$ 溶液，两试管同时放入水浴中加热（温度不超过 40℃），观察现象（加热时间较长，注意随时观察）。

4. 亚硫酸盐的性质与鉴定

(1) 1mL 0.5mol·L^{-1} Na_2SO_3 溶液中加入 0.5mL 稀 H_2SO_4 溶液，分成两份，一份加入饱和 H_2S 溶液，另一份加入 1 滴 $KMnO_4$(0.02mol·L^{-1})溶液。

(2) 设计试验 $SrSO_3$ 难溶于水易溶于稀盐酸的性质（可用于与 S^{2-}、$S_2O_3^{2-}$ 及 SO_4^{2-} 等离子的分离与检出）。

(3) 设计试验亚硫酸盐与含 $ZnSO_4$、$Na_2[Fe(CN)_5NO]$及 $K_4[Fe(CN)_6]$的混合溶液（中性或弱碱性）的作用（生成红色沉淀）。

5. 硫代硫酸盐的性质与鉴定（$Na_2S_2O_3$ 溶液浓度为 0.1mol·L^{-1}）

(1) 取 4 滴碘水，滴入 $Na_2S_2O_3$ 溶液，直至碘水颜色消失。

(2) 往 2 滴 $Na_2S_2O_3$ 溶液中注入氯水（注意氯水要过量，否则有单质硫生成）。然后证明有 SO_4^{2-} 离子生成。

(3) 0.5mL $Na_2S_2O_3$ 溶液中注入 1mL 6mol·L^{-1} 盐酸（若现象不明显，可微热）。

(4) 往 2 滴 $Na_2S_2O_3$ 溶液中逐滴加入 0.1mol·L^{-1} $AgNO_3$ 溶液，直至不再产生白色沉淀为止，观察沉淀颜色变化。

6. 过氧化氢的性质与检验

(1) 检验　取 1 滴 H_2O_2 溶液，加入 2mL 蒸馏水，0.5mL 戊醇（或乙醚），0.5mL 稀硫酸溶液，再加入 3 滴 $K_2Cr_2O_7$ 溶液，振荡后观察有机层及水层的颜色。

(2) 性质

① 催化分解。用规格为 ϕ15mm×150mm 的试管取 1mL 3% H_2O_2 溶液，加入少量 MnO_2，迅速将火柴余烬伸入试管中，检验生成的气体。反应停止后，检验溶液中是否存在 H_2O_2(如何检验？请解释你的检验结果)。

② 氧化性

a. 取 3 滴 $Pb(NO_3)_2$ 溶液，加入 2 滴 H_2S 饱和溶液，观察沉淀颜色，再加 3% H_2O_2 溶液直至颜色转为白色。

b. 取 0.5mL 0.1mol·L^{-1} KI 溶液，加入 2 滴稀 H_2SO_4 溶液，再加入 0.5mL 3% H_2O_2 溶液，观察现象，并滴入 2～3 滴淀粉溶液。

③ 还原性。取 1 滴 0.02mol·L^{-1} $KMnO_4$ 溶液，加 4 滴稀硫酸溶液，振摇后，滴入 3% H_2O_2 溶液。

7. 设计实验

(1) 用 Na_2SO_3 溶液与硫黄粉制备 $Na_2S_2O_3$，并检验之。

(2) 有 5 瓶无色溶液，可能是 Na_2S、Na_2S_x、Na_2SO_3、$Na_2S_2O_3$、Na_2SO_4，用最简便的方法鉴定出各是什么溶液。

(3) 有一含 S^{2-}、SO_3^{2-}、$S_2O_3^{2-}$ 及 SO_4^{2-} 等离子的溶液，请设计步骤将它们分离并鉴定（S^{2-} 离子可与 $CdCO_3$ 反应转化成更难溶的 CdS）。

(4) 分别制备 ZnS、CdS、CuS 及 HgS，并将它们与下述 4 种溶液（1mol·L^{-1} HCl、6.0mol·L^{-1} HCl、浓 HNO_3 及王水）一一对应进行实验，写出它们的反应方程式。

思考题

1. 用有关电极电势说明少量 Mn^{2+} 可以使 H_2O_2 全部分解。

2. 根据实验比较 $S_2O_8^{2-}$ 与 MnO_4^- 氧化性强弱，为何实验中二价锰离子用 $MnSO_4$？能否用 $MnCl_2$ 代替？为什么反应要在酸性介质中进行？

3. 为何亚硫酸盐中常含有硫酸盐？怎样检验亚硫酸盐中的 SO_4^{2-}？怎样检验 SO_3^{2-}？

4. $Na_2S_2O_3$ 溶液和 $AgNO_3$ 溶液反应，为什么有时生成 Ag_2S 沉淀，有时却生成 $Ag(S_2O_3)_2^{3-}$ 配离子？

5. 长期放置的 H_2S、Na_2S 和 Na_2SO_3 溶液会发生什么变化？

6. 用明显呈酸性的 $Sr(NO_3)_2$ 溶液分离 SO_3^{2-} 和 $S_2O_3^{2-}$ 时，对结果产生什么影响？

(三) 碳、硅、硼、锡、铅、铝

【目的要求】

1. 掌握一氧化碳的制备及其性质。

2. 掌握碳酸盐和硅酸盐的水解性，硼酸和硼砂的重要性质与鉴定，了解利用硼砂珠实验对某些物质进行初步鉴定的操作方法及现象。

3. 掌握锡（Ⅱ）、锡（Ⅳ）、铅（Ⅱ）氢氧化物的酸碱性，锡（Ⅱ）的还原性，铅（Ⅳ）的氧化性，锡、铅难溶盐的生成与性质等。

【仪器试剂】

铂丝，砂纸，棉花（或吸水纸），石蕊试纸，pH 试纸，铝片，铅丹，KI-淀粉试纸；硼酸（固体），硼砂(固体)，硫酸钾(固体)，$CaCl_2$(固体)，$CuSO_4$(固体)，$Co(NO_3)_2$(固体)，$NiSO_4$(固体)，$MnSO_4$(固体)，$ZnSO_4$(固体)，$FeSO_4$(固体)，$FeCl_3$(固体)，Cr_2O_3(固体)，PbO_2(固体)，甲酸，H_2SO_4(浓)，甘油，酒精，$AgNO_3$(0.5mol·L^{-1})，$NH_3·H_2O$(2mol·L^{-1})，$BaCl_2$(0.5mol·L^{-1})，Na_2CO_3(0.5mol·L^{-1})，$CuSO_4$(0.5mol·L^{-1})，硅酸钠(20%)，NH_4Cl(饱和)，硼砂(饱和)，NaOH(2mol·L^{-1}，6mol·L^{-1})，HCl(2mol·L^{-1}，浓)，

H_2SO_4（1mol·L^{-1}），HNO_3（6mol·L^{-1}，浓），$MnSO_4$（0.02mol·L^{-1}），$SnCl_2$（0.5mol·L^{-1}），$Pb(NO_3)_2$（0.5mol·L^{-1}），KI（1mol·L^{-1}），K_2CrO_4（0.5mol·L^{-1}），NaAc（饱和），硫代乙酰胺，Na_2S（1mol·L^{-1}），$(NH_4)_2S_x$，$HgCl_2$（0.2mol·L^{-1}）。

【实验步骤】

1. 一氧化碳的制备和性质

（1）CO 的制备　在洗气瓶内装 2mol·L^{-1} NaOH 溶液，在二口烧瓶中注入 4mL 浓甲酸，在烧瓶的中口上插装恒压漏斗，内装 5mL 浓硫酸。把仪器组装严密，由恒压漏斗向烧瓶内壁滴入浓硫酸，边微热，则有气体产生（在通风橱内进行实验）。

注意：浓 H_2SO_4 要逐滴滴入。加热至反应开始后可停止加热，因为是放热反应。当气体产生的量少时，可稍加热。

（2）CO 的主要性质

① 还原性。往 0.5mL 0.2mol·L^{-1} $AgNO_3$ 溶液中加入 2mol·L^{-1} $NH_3·H_2O$ 至生成的沉淀溶解。将 CO 气体通入所得的银氨溶液中，观察产物颜色状态。

$$Ag^+ + 2NH_3 \longrightarrow [Ag(NH_3)_2]^+$$

$$2[Ag(NH_3)_2]^+ + CO + 2OH^- \longrightarrow 2Ag\downarrow + (NH_4)_2CO_3 + 2NH_3$$

② 可燃性。将导管从银氨溶液中取出并点燃，观察火焰颜色（注意点燃以前仪器内的空气要排尽，否则易引起爆炸）。

2. 碳酸盐的水解

往 2 滴 0.5mol·L^{-1} $CuSO_4$ 溶液中，滴入 2 滴 Na_2CO_3 溶液。观察现象。

3. 硅酸盐的水解性和微溶硅酸盐的生成

（1）硅酸盐的水解　先用石蕊试纸检验 20%硅酸钠溶液的酸碱性，然后往盛有 1mL 该溶液的试管中注入 2mL 饱和 NH_4Cl 溶液，并微热。检验放出气体为何物。

（2）微溶硅酸盐的生成（“水中花园”演示实验）　在一只小烧杯中注入约 2/3 体积的 20%水玻璃（或 20% Na_2SiO_3），然后把 $CaCl_2$、$CuSO_4·5H_2O$、$Co(NO_3)_2·6H_2O$、$NiSO_4·7H_2O$、$MnSO_4·5H_2O$、$ZnSO_4·5H_2O$、$FeSO_4·5H_2O$、$FeCl_3·6H_2O$ 晶体各一小粒投入杯内，记住它们各自位置，0.5h 后观察现象（实验完毕，须立即洗净烧杯，因为 Na_2SiO_3 对玻璃有腐蚀作用）。

4. 硼酸的制备、性质和鉴定

（1）将盛有 1mL（约 30℃）饱和硼砂溶液的试管和 0.5mL 浓硫酸的试管分别放在冰水中冷却，并混合均匀后，继续冷却（不要搅拌）。观察产物的颜色和状态（包括晶形）。

（2）用 pH 试纸测饱和硼酸及硼砂溶液的 pH，解释原因。

（3）在蒸发皿（下面垫一石棉网）中放入少量（绿豆粒大小）硼酸晶体，1mL 酒精和几滴浓 H_2SO_4，混合后点火，观察火焰的颜色。

5. 硼砂珠实验

将铂丝灼烧后，蘸取一些硼砂固体，在氧化焰中灼烧，并熔融成圆珠（仔细观察硼砂珠的形成过程和硼砂珠的颜色、状态）。用烧热的硼砂珠沾极少量硝酸钴，在氧化焰中烧融。冷却后观察硼砂珠颜色。

把硼砂珠在氧化焰中灼烧至熔融后，轻轻振动玻璃棒，使熔珠落下（落在石棉网上），然后重新制作硼砂珠，把硝酸钴换成三氧化二铬再试验。

注意：沾上的硝酸钴、三氧化二铬固体应比米粒还要小。

6. 锡（Ⅱ）、铅（Ⅱ）氢氧化物的酸碱性

（1）$Sn(OH)_2$ 的生成和性质　用 2 滴 0.5mol·L^{-1} $SnCl_2$ 溶液与 2 滴 2mol·L^{-1} NaOH 反应生成 $Sn(OH)_2$ 沉淀。如此制备两份沉淀，一份与稀碱反应，一份与稀酸反应，有何现象？[与稀碱反应所得的溶液，可以接着做本实验 7(1)、(2)。]

（2）$Pb(OH)_2$ 的生成和性质　用与 6（1）相同的方法制备 $Pb(OH)_2$ 沉淀并验证其酸碱性。(请思考沉淀与酸反应时，你准备选用什么酸？)

7. 锡（Ⅱ）的还原性和铅（Ⅳ）的氧化性

（1）锡（Ⅱ）的还原性

① 试验 $SnCl_2$ 与 $FeCl_3$ 溶液的反应。

② 在实验步骤 6（1）自制的亚锡酸钠溶液中，加入 2 滴 $Bi(NO_3)_3$ 溶液，观察现象。

（2）铅（Ⅳ）的氧化性

① 在少量（米粒大小）PbO_2 中，滴入 1 滴浓 HCl(用小试管做)，观察现象并检定气体产物（事先准备好试纸）。

② 在少量 PbO_2 中，加入 1mL 稀 H_2SO_4 及 2 滴 $MnSO_4$ 稀溶液，微热。观察现象（若当时看不清现象可用去离子水稀释后放置一会儿观察）。

8. 锡、铅难溶化合物的生成和性质

（1）锡（Ⅱ）与锡（Ⅳ）硫化物性质比较　在一支试管中注入 $SnCl_2$ 溶液 5 滴，另一支试管中注入 $SnCl_4$ 溶液，每支试管中注入硫代乙酰胺溶液，微热，观察沉淀颜色后洗涤，实验所得沉淀与 1mol·L^{-1} Na_2S 和$(NH_4)_2S_x$ 溶液反应。

（2）铅（Ⅱ）的硫化物　往盛有 $Pb(NO_3)_2$ 溶液的试管中注入硫代乙酰胺溶液，微热，观察沉淀颜色，分别实验沉淀在 2mol·L^{-1} HCl、1mol·L^{-1} Na_2S、$(NH_4)_2S_x$、浓 HNO_3 中的溶解情况。

通过以上实验总结：Pb(Ⅱ)、Sn(Ⅱ)、Sn(Ⅳ)硫化物颜色及溶解性。

9. 金属铝在空气中的氧化以及与水的反应

取一片铝片，用砂纸擦净，在洁净的表面上滴 1 滴 $HgCl_2$ 溶液，当此溶液覆盖下的金属表面呈灰色时，用棉花或纸将溶液擦去，并将湿润处擦干后置于空气中，观察铝表面有大量蓬松的 Al_2O_3 析出后，将铝片置于有水的试管中，观察氢气的放出（如气体产生过于缓慢可微热之）。

10. 设计实验

（1）用牙膏皮或铝片制明矾。

（2）定性分析铅丹的组成。

思 考 题

1. 使用最简单的方法鉴别下列两组气体：

（1）H_2、CO、CO_2　　　　（2）CO_2、SO_2、N_2

2. 试用最较简单的方法区别下列 8 种固体物质：

$NaHSO_4$、$NaHCO_3$、Na_2CO_3、NaH_2PO_4、Na_2HPO_4、Na_3PO_4、Na_2SO_3 和 NaS_2。

3. 比较 H_2CO_3 和 H_4SiO_4(或 H_2SiO_3）的性质有何不同？下列两个反应有无矛盾？为

什么？

$$CO_2 + Na_2SiO_3 + H_2O \longrightarrow H_2SiO_3 + Na_2CO_3$$

$$Na_2CO_3 + SiO_2 \longrightarrow Na_2SiO_3 + CO_2\uparrow$$

4. 本实验有哪些有毒药品，使用时注意什么？哪些实验应在通风橱内做？

5. 如何配制 $SnCl_2$ 溶液？

6. 为什么硫化亚锡不溶于硫化钠，而硫化锡可溶于硫化钠？哪些硫化物能溶于硫化钠？

7. 今有无标签的无色透明溶液 $SnCl_2$ 和 $SnCl_4$ 各一瓶，如何鉴别？

8. 如何制备无水三氯化铝？若将三氯化铝溶液在蒸发皿中蒸干并灼烧，得到的产物是什么？

【附注】

1. 硫代乙酰胺水解产生气 H_2S 气，因较慢，需稍加热，其作用与 H_2S 相同。

$$CH_3-C(=S)NH_2 + 2H_2O \longrightarrow CH_3COONH_4 + H_2S\uparrow$$

2. 几种金属硼砂珠的颜色列于下表。

样品元素符号	氧化焰		还原焰		容易得到的原料	备注
	热时	冷时	热时	冷时		
Co	青色	青色	青色	青色	$CoCl_2$	硼砂珠的颜色受下列因素影响： a. 氧化焰或还原焰； b. 冷时或热时； c. 试样含量不同
Cr	黄	黄绿	绿	绿	$CrCl_3$	
Cu	绿	黄绿	灰～绿	红	$CuSO_4$	
Fe	黄～淡褐	青绿～淡青	绿	淡绿	$FeCl_2$ $FeSO_4$	
Mo	淡黄	无色	褐	褐	MoO_3	
Mn	紫	紫红	无色～灰	无色～灰	MnO_2 $MnCl_2$	
Ni	紫	黄褐	无色～灰	无色～灰	$NiSO_4$ $NiCl_2$	

(四) 氮　族

【目的要求】

1. 掌握氨的制取及喷泉实验，验证亚硝酸、硝酸及其盐的部分性质，掌握 NH_4^+、NO_2^- 及 NO_3^- 离子的鉴定；

2. 了解白磷的性质，验证磷酸盐的溶解度，掌握磷酸根离子的鉴定；

3. 掌握 As(Ⅲ)、Sb(Ⅲ)、Bi(Ⅲ)氢氧化物的酸碱性、还原性、五价态氧化性以及硫化物生成与溶解的变化规律。

【仪器试剂】

研钵，圆底烧瓶，导管，双孔塞，pH 试纸；NH_4Cl(固体)，$Ca(OH)_2$(固体)，锌粒(固体)，白磷（固体)，冰（固体)，$NaNO_2$(饱和，$0.5mol\cdot L^{-1}$)，KI($0.1mol\cdot L^{-1}$)，$KMnO_4$($0.02mol\cdot L^{-1}$)，$FeSO_4$（$0.5mol\cdot L^{-1}$)，$NaNO_3$（$0.5mol\cdot L^{-1}$)，Na_2HPO_4

($0.1mol \cdot L^{-1}$)，NaH_2PO_4($0.1mol \cdot L^{-1}$)，Na_3PO_4($0.1mol \cdot L^{-1}$)，$AgNO_3$($0.1mol \cdot L^{-1}$)，$CaCl_2$($0.2mol \cdot L^{-1}$)，$K_4P_2O_7$($0.1mol \cdot L^{-1}$)，$NH_3 \cdot H_2O$(浓，$2mol \cdot L^{-1}$)，NaOH($2mol \cdot L^{-1}$，$6mol \cdot L^{-1}$)，HCl($2mol \cdot L^{-1}$，浓)，H_2SO_4($2mol \cdot L^{-1}$，浓)，HNO_3($2mol \cdot L^{-1}$，浓)，HPO_3($0.1mol \cdot L^{-1}$)，H_3PO_4($0.1mol \cdot L^{-1}$)，HAc($6mol \cdot L^{-1}$)，对氨基苯磺酸，α-萘胺，镁铵试剂，$(NH_4)_2MoO_4$($0.1mol \cdot L^{-1}$)，CS_2，Na_3AsO_3($0.05mol \cdot L^{-1}$)，$(NH_4)_2Cr_2O_7$(固体)，淀粉-碘化钾试纸，As_2O_3(固体)，碘水，$NaHCO_3$(固体)，$NH_3 \cdot H_2O$($2mol \cdot L^{-1}$)，鸡蛋清水溶液。

【实验步骤】

1. 铵盐的热分解

(1) 一根玻璃管（约 ϕ15mm×150mm）内，在离管口约 1/3 处装入少量固体 NH_4Cl，小心（倾斜）固定在铁架台上。在有固体处固定文火加热，并将湿润试纸靠近管口，观察现象说明原因。

(2)“火山爆发” 取2g 研细的重铬酸铵晶体，放在石棉网上堆成锥形，往中间插灼热的玻璃棒。观察现象。

2. 硝酸和亚硝酸盐（在通风橱中进行）

(1) 硝酸的形成和分解 在两支试管中，一支加入 5 滴 $2mol \cdot L^{-1}$ H_2SO_4 溶液，另一支加入 5 滴饱和 $NaNO_2$ 溶液。两支试管均在冰水中冷却后，将 H_2SO_4 溶液倒入 $NaNO_2$ 溶液中继续冷却并观察现象。将试管自冰水中取出，放置片刻，又有什么现象发生？

(2) 氧化性和还原性

① 在 2 滴 $0.5mol \cdot L^{-1}$的 $NaNO_2$ 溶液中，滴入 2 滴 $0.1mol \cdot L^{-1}$ KI 溶液，有否变化？再滴加 $2mol \cdot L^{-1}$ H_2SO_4 溶液，有何变化？

② 在 2 滴 $0.5mol \cdot L^{-1}$的 $NaNO_2$ 溶液中滴入 1 滴 $0.02mol \cdot L^{-1}$ $KMnO_4$ 溶液，有否变化？再滴入 $2mol \cdot L^{-1}$ H_2SO_4 溶液，有何现象？

通过上述实验说明亚硝酸具有什么性质。

(3) 亚硝酸根离子的鉴定 取 1 滴 $0.5mol \cdot L^{-1}$ $NaNO_2$ 溶液于试管中，滴入 1 滴去离子水，再滴入数滴 $6mol \cdot L^{-1}$ HAc，然后加 1 滴对氨基苯磺酸和 1 滴 α-萘胺，溶液显红色。

3. 硝酸与金属的反应及硝酸根的鉴定

(1) 与锌反应 往 1mL $2mol \cdot L^{-1}$ HNO_3 中加几粒锌粒，放置一段时间。取出少许溶液，检验有无 NH_4^+ 生成（用气室法）。实验后将锌粒洗净回收。

(2) 硝酸根离子的鉴定 往小试管中加入豆粒大的 $FeSO_4 \cdot 7H_2O$ 晶体和 5 滴 $0.5mol \cdot L^{-1}$ $NaNO_3$ 溶液，摇匀后斜持试管，沿管壁慢慢流入 1 滴管浓硫酸。由于浓硫酸的相对密度比上述液体大，流入试管底部形成两层（注意：不要振动），这时两层液体界面上有一棕色环。

$$NO_3^- + 3Fe^{2+} + 4H^+ = NO + 3Fe^{3+} + 2H_2O$$

$$Fe^{2+} + NO = [Fe(NO)]^{2+} \text{(棕色)}$$

4. 磷

(1) 白磷的自燃 取少量白磷（绿豆粒大小）于蒸发皿中，注入 0.5mL CS_2 液体，观察溶解情况。将一条滤纸浸入此溶液中，然后用坩埚钳夹住滤纸，并在空气中不断摇动，观察现象。

注意：本实验要在通风橱中做，实验后将用过的滤纸放在溶解磷的蒸发皿中点燃，令其全部烧掉，不能乱丢，以免引起火灾。

(2) 磷酸盐的生成

① 磷酸银的生成：在点滴板中分别滴入 2 滴 0.1mol·L^{-1} Na_3PO_4、Na_2HPO_4 和 NaH_2PO_4 溶液，用 pH 试纸测其 pH。然后各滴入 5～6 滴 $AgNO_3$ 溶液，观察现象并测其 pH，说明原因。

② 磷酸钙盐的溶解性：分别在 3 支离心试管中滴入 4 滴 0.1mol·L^{-1} Na_3PO_4、Na_2HPO_4 和 NaH_2PO_4 溶液，再滴入 4 滴 0.2mol·L^{-1}的 $CaCl_2$ 溶液，搅拌均匀后，离心沉淀（试管中溶液不要吸出）。滴入几滴稀氨水有何变化？再注入稀盐酸又有何变化？以上试验说明什么问题？

5. 偏磷酸根、磷酸根、焦磷酸根的区别和鉴定

(1) PO_3^-、PO_4^{3-} 和 $P_2O_7^{4-}$ 的区别　在上述三种溶液中分别滴入 $AgNO_3$ 溶液，观察现象。另取三种溶液分别注入稀 HAc 和鸡蛋清水溶液，观察现象。

(2) 磷酸根离子的鉴定

① 磷酸铵镁沉淀法：取 2 滴试液，滴入镁铵试剂，观察现象（溶液若为酸性，可用浓氨水调至 pH 约为 9 再进行实验）。

② 磷钼酸铵法：在一支试管中，滴入 2～3 滴 NaH_2PO_4 溶液、1 滴管 6mol·L^{-1} HNO_3 及 8～10 滴 0.1mol·$L^{-1}$$(NH_4)_2MoO_4$ 溶液，即有黄色沉淀生成（若现象不明显可微热之，并用玻棒摩擦试管内壁）。

6. As(Ⅲ)和 Bi(Ⅲ)的还原性及 As(Ⅴ)和 Bi(Ⅴ)的氧化性

(1) 取 0.5mL 亚砷酸钠溶液（若需自制可取米粒大的 As_2O_3 固体溶于稀 NaOH 溶液中），调整溶液的 pH 为 5～9（如何调整?），滴入碘水。有何现象？然后用浓盐酸酸化又有何现象，为什么？

(2) 在坩埚中加入少量硝酸铋（Ⅲ）溶液，再注入 6mol·L^{-1} NaOH 溶液和氯水，混合后体系显强碱性，加热，观察现象。倾去溶液，洗涤沉淀后再加浓盐酸于沉淀中，有何现象发生？如何鉴定所产生的气体？总结砷、锑、铋的氧化还原性的变化规律。

7. 设计实验鉴定 NO_2^- 与 NO_3^- 的混合溶液中的 NO_3^-。

安 全 知 识

1. 白磷是实验室中最危险的药品之一，所以在保存和使用上都要严格按要求进行。

(1) 保存：一般存放在盛有水的试剂瓶中，瓶埋在沙罐里，这样可以防止玻璃被碰破。

(2) 取用：用镊子取出。放在盛有水的培养皿中。用小刀在水下切割。切割（切取量要小）后要用滤纸吸干水分。

(3) 用后处理：取出的白磷切割后，立即放回原试剂瓶。白磷屑不论怎样微量，都不要随便丢弃，吸过白磷水的滤纸连同用过的器皿，用后必须及时处理（如果处理不好，有可能实验完毕以后着火，极易引起火灾）。

(4) 若不慎引燃白磷，可用沙子扑灭火焰。红磷的危险性比白磷小，但使用时也要注意安全。红磷长期保存易吸湿，所以要密封。吸湿的红磷用滤纸吸去水分，再薄薄铺平，让其自然干燥，干燥时注意周围不要有火源。千万不能混入氧化剂，否则有爆炸的危险。

(5) 除非特殊需要，否则白磷不能与碱液混合，因为二者反应后生成的 PH_3 剧毒且易

着火。

$$P_4+3KOH+3H_2O \longrightarrow 3KH_2PO_2+PH_3\uparrow$$

2. 砷、锑、铋及其化合物都有毒性，特别是As_2O_3（俗称砒霜）和胂（AsH_3）及其他可溶性砷化物都是剧毒物质。要在教师指导下使用。取用量要少，切勿进入口内或与有伤口的地方接触。实验后一定要洗手，若万一失误，应立即就医治疗，也可用乙二硫醇（HS—CH$_2$—CH$_2$—SH）解毒，其反应是：

$$\begin{matrix} CH_2-S-H \\ | \\ CH_2-S-H \end{matrix} + As^{3+} \longrightarrow \begin{matrix} CH_2-S \\ | \quad\quad As^+ \\ CH_2-S \end{matrix} + 2H^+$$

3. 含砷废水处理

(1) 石灰法：$As_2O_3+Ca(OH)_2 \longrightarrow Ca(AsO_2)_2+H_2O$

(砷酸盐或亚砷酸盐)

(2) 硫化法：用H_2S或NaHS作硫化剂

$$2As^{3+}+3H_2S \longrightarrow As_2S_3+6H^+$$

思考题

1. 不同浓度的硝酸与不同活泼性的金属反应，产物有何不同？

2. 干燥氨气应选用何种干燥剂？能否用无水$CaCl_2$？为什么？

3. 今有四瓶未贴标签的溶液，只知道它们是$NaNO_2$、$NaNO_3$、$Na_2S_2O_3$和KI，用什么方法能将它们区别开来？

4. 白磷和红磷性质有何不同？如何安全使用？

5. 固体PCl_5水解后，溶液中存在Cl^-和PO_4^{3-}，当加入硝酸银溶液时，有什么现象发生？为什么？

6. 欲用酸溶解磷酸银沉淀，在盐酸、硝酸和硫酸中，选哪一种最好？为什么？

7. 用生成磷钼酸铵的方法鉴定磷酸根离子时，为什么所加的$(NH_4)_2MoO_4$的量应比磷酸根离子的量多得多，且在加入$(NH_4)_2MoO_4$前还要加较浓的硝酸？

8. 如何配制Sb(Ⅲ)、Bi(Ⅲ)溶液？

9. 如何鉴定Bi^{3+}离子？

10. 设法分离下列两组离子：Sb^{3+}和Bi^{3+}；PO_4^{3-}和SO_4^{2-}。

11. 用电极电势说明下列两个事实：在酸性介质中Bi(Ⅴ)氧化Cl^-为Cl_2，在碱性介质中Cl_2可将Bi(Ⅲ)氧化成Bi(Ⅴ)。

12. 你是否可以设计一简单实验，证明SO_2氧化成SO_3必须有催化剂存在？

13. 一溶液显强酸性，其中可能存在的常见阴离子有哪些？不存在的阴离子有哪些？若显强碱性，存在可能性较大的有哪些阴离子？

14. 在氨碱性介质中加入氯化钡若有白色沉淀，可能存在的离子有哪些？

15. 能与Ag^+离子生成沉淀且沉淀难溶于$6mol \cdot L^{-1}$ HNO_3的离子可能是哪些？

16. 在酸性（H_2SO_4）环境中能还原MnO_4^-和碘-淀粉溶液使之退色的物质各有哪些？

实验十三 d 区 元 素

d区元素位于长周期表中第4、5、6周期的中部，从ⅢB到ⅧB共8个纵行。d区过渡元素在原子结构上的共同特点是：最后一个电子填充到d轨道中，而且次外层轨道尚未充满。它们的价电子构型为$(n-1)d^{0\sim10}ns^{0\sim2}$。由于d区元素的电子层结构与主族元素差别较大,决定了它们和主族元素的性质差别明显。

钛、钒、铬、锰、铁、钴、镍

【目的要求】

1. 学习和掌握铁、钴及镍的氢氧化物及配合物的生成和性质。

2. 学习和掌握M(Ⅲ)的氧化性及其变化规律。

3. 学习和掌握M(Ⅱ)的还原性及其变化规律。

4. 学习掌握Fe^{2+}、Fe^{3+}、Co^{2+}、Ni^{2+}等离子的鉴定方法。

5. 学习掌握钛、钒、铬、锰各元素氧化态的氧化还原性，难溶铬酸盐的生成和溶解，以及铬的鉴定。

【仪器试剂】

瓷坩埚，泥三角，坩埚钳，离心机；淀粉-KI试纸，pH试纸；$FeSO_4 \cdot 7H_2O$(固体)，KSCN(固体)，Cu(固体)，NH_4VO_3(固体)，锌粒(固体)，MnO_2(固体)，$NaBiO_3$(固体)，$FeCl_3$(0.1mol·L^{-1})，$CuCl_2$(0.1mol·L^{-1})，$KMnO_4$(0.1mol·L^{-1})，氯化氧钒溶液，H_2SO_4(浓，2mol·L^{-1})，HCl(浓，6mol·L^{-1}，2mol·L^{-1})，H_2S(饱和)，HNO_3(6mol·L^{-1})，NaOH(6mol·L^{-1}，2mol·L^{-1})，$NH_3 \cdot H_2O$(2mol·L^{-1}，6mol·L^{-1})，H_2O_2(3%)，Na_2S(1mol·L^{-1})，$NaNO_2$(0.5mol·L^{-1})，$CrCl_3$(0.1mol·L^{-1})，$K_2Cr_2O_7$(0.1mol·L^{-1})，$BaCl_2$(0.1mol·L^{-1})，$Pb(NO_3)_2$(0.1mol·L^{-1})，$AgNO_3$(0.1mol·L^{-1})，Na_2SO_3(0.1mol·L^{-1})，$MnSO_4$(0.1mol·L^{-1})，$Fe(NO_3)_3$(0.1mol·L^{-1})，NH_4Cl(1.0mol·L^{-1})，$FeCl_3$(0.1mol·L^{-1})，$CoCl_2$(0.1mol·L^{-1}，0.5mol·L^{-1})，$FeSO_4$(0.1mol·L^{-1})，溴水，碘水，丁二酮肟，丙酮，淀粉溶液，$TiOSO_4$溶液。

【实验步骤】

1. 钛的化合物

(1) $Ti(OH)_4$的生成与性质　在$TiOSO_4$溶液(制法参见附注1)中，加入适量6mol·L^{-1} $NH_3 \cdot H_2O$至生成大量白色胶状沉淀，离心分离后，分别试验沉淀：

① 与3mol·L^{-1} H_2SO_4的作用；

② 与6mol·L^{-1} NaOH的作用；

③ 加入蒸馏水煮沸3～5min后，是否溶于上述酸和碱。

(2) Ti(Ⅳ)和Ti(Ⅲ)的氧化还原性　用$TiOSO_4$溶液、锌粒、$CuCl_2$溶液等进行实验，由实验结果比较：

① TiO^{2+}和Cu^{2+}的氧化性；

② Zn和Ti(Ⅲ)(aq)的还原性。

(3) Ti(Ⅳ)的鉴定　取少量$TiOSO_4$溶液，滴加3% H_2O_2，观察溶液颜色的变化。

2. 钒的各种氧化态的颜色及氧化还原性

(1) 取饱和钒酸铵 3mL，并加入豆粒大的 NH_4VO_3 固体，逐滴滴入 6mol · L^{-1} HCl，直到生成的沉淀完全消失，记录现象。然后加入一粒锌，当溶液完全变蓝时迅速加入豆粒大的锌粉（事先准备好），并迅速振荡后立即观察溶液的颜色，然后放置到溶液变成紫色为止。将溶液分成四份（其中三份不能含有锌粉或锌粒），在不含锌的 3 支试管中，分别逐滴滴入 0.10mol · L^{-1} $KMnO_4$ 溶液。控制 $KMnO_4$ 的加入量，使钒再分别变成 V^{3+}、VO^{2+} 和 VO_2^+（如何知道?），与含锌的试管中溶液的颜色进行比较。高锰酸钾的用量有何不同？记录之。其余现象按表 2-17、表 2-18 分别进行记录。

表 2-17　现象记录与解释（1）

步　骤		现　象	解　释
NH_4VO_3 + HCl	少量		
	过量		

表 2-18　现象记录与解释（2）

步　骤		现　象	解　释
VO_2^+ + Zn	先用锌粒		
	与锌(粒)反应变蓝后加锌粉		

(2) V(Ⅴ)与 H_2O_2 的作用　取少量 NH_4VO_3 溶液两份，用 2mol · L^{-1} HCl 酸化，再滴加 3% H_2O_2 2 滴：一份加入过量的 H_2O_2，另一份加入 6mol · L^{-1} $NH_3 \cdot H_2O$，再加入 6mol · L^{-1} HCl，观察并记录现象。

3. 铬的化合物

(1) 选择适当试剂和步骤完成下述各转变（箭头所示），写出有关反应的离子方程式。

$$Cr^{3+} \rightleftharpoons Cr(OH)_3^{[2]} \rightleftharpoons CrO_2^- \longrightarrow CrO_4^{2-} \rightleftharpoons Cr_2O_7^{2-}$$

（上方箭头：$Cr_2O_7^{2-} \longrightarrow Cr^{3+}$；下方箭头：$Cr^{3+} \longrightarrow Cr_2O_7^{2-}$）

所给试剂有：$Cr_2(SO_4)_3$（0.1mol · L^{-1}）、NaOH 和 HNO_3（各为 6mol · L^{-1}）、H_2O_2（3%）、H_2SO_4（2mol · L^{-1}）、Na_2SO_3、$K_2S_2O_8$、$AgNO_3$。

(2) 测出 $K_2Cr_2O_7$ 和 K_2CrO_4 溶液的 pH。在 $K_2Cr_2O_7$ 溶液中加入 $AgNO_3$ 溶液后，再测溶液的 pH，并观察沉淀的颜色，试验沉淀是否溶于 HNO_3（6mol · L^{-1}）。Pb^{2+} 与 $Cr_2O_7^{2-}$ 作用的产物如何?

(3) 设计一适当的步骤，比较 CrO_4^{2-} 与 $Cr_2O_7^{2-}$ 的氧化性。

(4) 取 3 滴 0.1mol · L^{-1} $K_2Cr_2O_7$ 溶液，用 3mol · L^{-1} H_2SO_4 酸化后，加入 10 滴乙醚和 3 滴 3% H_2O_2，观察现象。

4. 锰化合物的性质

(1) $Mn(OH)_2$ 的生成和性质　用 0.1mol · L^{-1} $MnSO_4$ 及其他试剂制备 $Mn(OH)_2$，观察它的颜色，并迅速试验其酸碱性和是否溶于饱和 NH_4Cl 溶液。制得的 $Mn(OH)_2$ 在空气中放置一段时间后，在稀酸、稀碱及饱和 NH_4Cl 中是否易溶？为什么？试验之。

(2) Mn(Ⅱ)的还原性及 Mn^{2+} 的鉴定

① 制备 $Mn(OH)_2$，观察其在空气中的变化[见(1)]；

② 取 5 滴 0.1mol · L^{-1} $MnSO_4$，加入 3 滴 0.01mol · L^{-1} $KMnO_4$，观察现象；

③ 取 3 滴 $MnSO_4$ 和数滴 6mol · L^{-1} HNO_3，加少量固体 $NaBiO_3$，水浴微热后离心沉

降，观察现象。

(3) Mn(Ⅳ)的氧化还原性

① 取少量固体 MnO_2，加入 20 滴饱和 KCl 溶液，微热并检查有无 Cl_2 产生。冷却后再加 10 滴浓 H_2SO_4，观察 MnO_2 是否减少？溶液的颜色如何？再加热，溶液颜色又如何？(在通风橱中进行，观察现象后，缓缓加入稀碱，待反应终止后回收废液)

② MnO_2 与 $KMnO_4$ 在强碱性环境中有何反应？试验之（可微热）。反应后的溶液再酸化又有何变化？

(4) Mn(Ⅶ)的还原产物　以 Na_2SO_3 作还原剂试验 $0.01mol \cdot L^{-1}$ $KMnO_4$ 溶液在中性、酸性、碱性介质中的还原反应（注意加药品的次序）。

5. 铁、钴及镍的氢氧化物的生成和性质

(1) $Fe(OH)_2$ 的生成和性质　取 A、B 两支试管，A 管中加 2mL 去离子水和几滴 $2mol \cdot L^{-1}$ H_2SO_4，煮沸以除去溶解的氧，然后加入少量 $(NH_4)_2Fe(SO_4)_2 \cdot 6H_2O$ 使之溶解，并加入一段卷成弹簧状（先擦去氧化物）的铁丝。在 B 管中加入 1mL $2mol \cdot L^{-1}$ NaOH 溶液，煮沸除氧，冷却后用一长滴管吸取并迅速将滴管插入 A 管溶液底部，挤出 NaOH 溶液。观察产物的颜色和状态（整个制备过程中必须防止将空气带入溶液中）。产物分装（如何操作?）(也可分别制备三份）于 3 支试管中，其一置于空气中，另两支试管分别迅速放入 $2.0mol \cdot L^{-1}$ HCl 和 $2.0mol \cdot L^{-1}$ NaOH，立即观察现象。

(2) $Co(OH)_2$ 的生成和性质　用离心试管制备三份 $Co(OH)_2$（注意：要加入足量的 NaOH 并微热使蓝色沉淀快速转变成粉红色物质）。试验 $Co(OH)_2$ 与 $2.0mol \cdot L^{-1}$ HCl、$2mol \cdot L^{-1}$ NaOH 和空气中氧气的作用。

(3) 用 $NiSO_4$ 溶液制备三份 $Ni(OH)_2$，其余与 (2) 相同，保留溶液和沉淀以备本实验 5(5) 用，并归纳出 Fe(Ⅱ)、Co(Ⅱ)、Ni(Ⅱ)的氢氧化物的酸碱性和还原性强弱的顺序。

(4) $Fe(OH)_3$ 的生成和性质　制备 $Fe(OH)_3$，观察其颜色和状态、试验其酸碱性。

(5) $Co(OH)_3$ 及 $Ni(OH)_3$ 的生成和性质　选择适当的试剂制备 $M(OH)_3$。$M(OH)_3$ 和 HCl 反应的产物是什么？如何检验？试验之。

6. 铁盐的性质

(1) 试验并比较 Fe(Ⅱ)和 Fe(Ⅲ)的水解性（可加热）。

(2) 试验并比较 Fe^{2+}(Ⅱ)和$[Fe(CN)_6]^{4-}$的还原性。

(3) 试验并比较 Fe^{3+} 和$[Fe(CN)_6]^{3-}$的氧化性。可供选择的试剂有：KI、淀粉、I_2-淀粉、CCl_4、KSCN。

7. 铁、钴、镍配合物的生成和性质

(1) 试验并填写表 2-19（填写含有金属离子产物的化学式及其颜色和状态，是溶液者以 aq 表示)。

(2) 试验 Fe^{3+}、Co^{2+} 与 KNCS 的作用，并比较 $[FeF_n]^{3-n}$ 和 $[Fe(NCS)_n]^{3-n}$ 的相对

表 2-19

与金属离子作用的试剂	Fe^{2+}	Fe^{3+}	Co^{2+}	Ni^{2+}
$NH_3 \cdot H_2O$(少量)				
$NH_3 \cdot H_2O$(过量)				
NH_4Cl 和 $NH_3 \cdot H_2O$ 并在空气中静置				

稳定性。

8. 混合离子的分离与鉴定

(1) Fe^{3+} 和 Ni^{2+} 的混合溶液。

(2) Fe^{3+}、Cr^{3+} 和 Co^{2+} 的混合溶液。

思考题

1. $Ti(OH)_4$ 称为 α-钛酸，经长时间放置加热易变成 β-钛酸。β-钛酸难溶于酸，不溶于碱。故制备 $Ti(OH)_4$ 时不应加热，最好在低温下进行。室温下在酸性介质中加碱也应缓慢加入，以免中和时使反应体系温度大幅度提高。

2. (1) 查出下述钒的各种氧化态间的标准电位

$$VO_2^+ —— VO^{2+} —— V^{3+} —— V^{2+}$$

(2) 在 VO_2Cl 溶液中加锌粒，为何在变成纯蓝色前有绿色出现？

(3) Fe^{2+}、Sn^{2+}、H_2SO_3、Zn 各能把 VO^{2+} 还原到何种氧化态？为什么？V^{2+} 与水反应的产物如何？写出上述变化的反应方程式及现象。

3. 写出鉴定 Ti(Ⅳ)和 V(Ⅴ)的反应条件及离子方程式。根据哪些实验可区别 VO_2^+ 及 TiO^{2+} 离子？

4. (1) 写出几种可在酸性介质中使 $Cr_2O_7^{2-}$ 还原成 Cr^{3+} 的还原剂。

(2) 欲使上述反应发生，请选择合适的介质。

5. 总结下列各组物质的性质

(1) $Cr(OH)_3$ 和 $Mn(OH)_2$ 的颜色、酸碱性和还原性。

(2) Cr_2S_3 和 MnS 的水解性。

(3) Ag_2CrO_4 和 $Ag_2Cr_2O_7$ 的水溶性。

6. H_2O_2 氧化 CrO_2^- 时，若 H_2O_2 过量太多，则有时溶液会呈现红褐色，加热后转变为黄色，反应如下：

$$2CrO_4^{2-} + 2OH^- + 7H_2O_2 = 2CrO_8^{3-} + 8H_2O$$

过铬酸根离子 CrO_8^{3-} 不稳定，受热时分解放出氧气：

$$4CrO_8^{3-} + 2H_2O = 4CrO_4^{2-} + 7O_2 + 4OH^-$$

上述实验得到的黄色 CrO_4^{2-} 溶液加稀 H_2SO_4 酸化，有时得到的不是橙色的 $Cr_2O_7^{2-}$ 溶液而是蓝绿色溶液，试分析原因。

7. $Mn(OH)_2$ 呈白色，怎样才能制得白色的 $Mn(OH)_2$？

8. 能否用控制 pH 的方法来分离 Mg^{2+} 和 Mn^{2+}？应如何分离 Mg^{2+} 和 Mn^{2+}？

9. 比较铁组元素 $M(OH)_2$、$M(OH)_3$ 的性质：颜色、水溶解性、酸碱性和氧化还原性。

10. 总结铁组元素 M^{3+} 与 HCl（浓）作用的情况，比较它们氧化性的强弱。

11. 总结铁组元素的 M(Ⅱ)与 $NH_3 \cdot H_2O$ 作用的情况，比较 M(Ⅱ)和 M(Ⅲ)的氨合能力。

12. 总结 Fe^{2+}、Fe^{3+}、Co^{2+}、Ni^{2+} 的鉴定方法。

13. 总结制取 $Fe(OH)_2$ 的关键措施。

14. 在 $Co(OH)_3$ 沉淀中加入浓 HCl 后，有时溶液呈蓝色，加水稀释后又呈粉色，为什么？

15. 如何配制和保存 $FeSO_4$ 溶液？

【附注】

1. 用 TiO_2 与浓硫酸反应后，再加适量的水冲稀，即得 $TiOSO_4$ 溶液。
2. $Cr(OH)_3$ 实际为 $Cr_2O_3 \cdot nH_2O$。

实验十四 ds 区元素

ds 区元素包括铜副族（ⅠB族）和锌副族（ⅡB族）共六种元素。ds 区元素的价电子构型为：$(n-1)d^{10}ns^{1\sim2}$，由于它们的次外层的 d 亚层刚好排满 10 个电子，而最外层构型又和 s 区相同，所以称为 ds 区。ds 区元素具有可变的氧化态，可呈现＋1、＋2（ⅠB 族还可呈现＋3）氧化态。它们的盐类很多是共价型化合物，由于它们离子的电子层结构中都具有空轨道，所以它们都能与许多配体结合形成配合物。

【目的要求】

1. 学习掌握铜、银、锌、镉及汞的氢氧化物和配合物的生成和性质。
2. 掌握铜和汞的氧化态变化。

【仪器试剂】

铜屑，$CuSO_4$（溶液），$ZnSO_4$，$Cd(NO_3)_2$，$AgNO_3$，$Hg(NO_3)_2$，$Hg_2(NO_3)_2$，$HgCl_2$，KI，$Na_2S_2O_3$，NaCl，KBr，$CuCl_2$（$0.1mol \cdot L^{-1}$），H_2SO_4（$2mol \cdot L^{-1}$），HNO_3（$2mol \cdot L^{-1}$），HCl(浓)，NaOH（$2mol \cdot L^{-1}$，$6mol \cdot L^{-1}$），$NH_3 \cdot H_2O$（$0.5mol \cdot L^{-1}$，$2mol \cdot L^{-1}$，$6mol \cdot L^{-1}$，浓），葡萄糖(10%)，Hg，KI(饱和溶液)。

【实验步骤】

1. ds 区元素氢氧化物的制备及性质

用浓度为 $0.1mol \cdot L^{-1}$ 的 $CuSO_4$、$ZnSO_4$、$CdSO_4$、$Hg(NO_3)_2$、$Hg_2(NO_3)_2$ 及 $AgNO_3$ 溶液，制备相应的氢氧化物或氧化物，记录沉淀的颜色，试验沉淀在酸碱溶液中的溶解性和氢氧化铜对热的稳定性。

2. ds 区元素离子与氨水的反应

分别取 5 滴 $CuSO_4$、$ZnSO_4$、$CdSO_4$、$Hg(NO_3)_2$、$Hg_2(NO_3)_2$ 及 $AgNO_3$ 溶液（浓度与 1 相同），各逐滴加入 $0.5mol \cdot L^{-1}$ $NH_3 \cdot H_2O$。记录沉淀的颜色并试验沉淀是否溶于过量 $6mol \cdot L^{-1}$ $NH_3 \cdot H_2O$。

3. ds 区元素离子与 I^- 的反应

分别取 2 滴 $CuSO_4$、$ZnSO_4$、$CdSO_4$、$Hg(NO_3)_2$、$Hg_2(NO_3)_2$ 及 $AgNO_3$ 溶液，各加入 4 滴 $0.1mol \cdot L^{-1}$ KI。有 I_2 产生者，加入几滴 $0.1mol \cdot L^{-1}$ $Na_2S_2O_3$ 溶液，至 I_2 全变成 I^- 后，再于沉淀中加入饱和的 KI，又有何现象？对于加 $0.1mol \cdot L^{-1}$ KI 后无 I_2 产生但有其他沉淀产生的试管，再加饱和 KI 溶液，观察现象。回收各溶液及 Hg 等。

4. Cu^+ 与 Cl^- 形成的化合物

在试管中加入 1mL $1mol \cdot L^{-1}$ $CuCl_2$ 溶液，再加入 2mL 浓 HCl 和豆粒大的铜粉，用棉花堵住试管口，加热并不断振荡至溶液呈泥黄色或无色，将清液分成两份，分别稀释 20 倍，试验沉淀与 $NH_3 \cdot H_2O$ 及浓 HCl 的作用。

5. 制作银镜

于仔细洗净（依次用浓 HNO_3 及去离子水）的试管中加入 2mL $0.1mol \cdot L^{-1}$ $AgNO_3$，

滴加 2mol·L^{-1} NH_3·H_2O 至形成的沉淀刚好溶解为止。然后加入数滴10%的葡萄糖溶液，摇匀后静止于水浴中加热（能否加热至沸?），观察银镜的形成。写出离子方程式。

6. 设计并完成

（1）用下述溶液试验“Ag^+ 反应序”，记录现象，求算有关反应平衡常数。

$AgNO_3$、NaCl、NH_3·H_2O、KBr、$Na_2S_2O_3$、KI、Na_2S

（2）NH_4^+ 鉴定：将实验3中得到的含 HgI_4^{2-} 及KI的溶液，加入 6mol·L^{-1} KOH 至有沉淀生成，取上层清液于另一试管用于鉴定 NH_4^+。（上述清液加入不含 Cu^{2+}、Fe^{2+}、Fe^{3+}、Hg^{2+}、Mn^{2+} 及浓酸等的溶液 a，有红棕色沉淀生成则证明溶液 a 中存在 NH_4^+。）

（3）分离并鉴定 Cu^{2+}、Ag^+、Fe^{2+}、Al^{3+} 和 Ba^{2+}。

思考题

1. 总结ds区元素氢氧化物的颜色、酸碱性、热稳定性及溶解性并与s区元素比较。
2. 总结ds区元素离子与氨水作用情况，找出它们的实际用途。
3. 找出ds区元素离子

与 I^- 发生的氧化还原反应是＿＿＿＿＿＿＿＿＿＿；

与 I^- 生成的沉淀物是＿＿＿＿＿＿＿＿＿＿；

碘化物易溶于水的离子是＿＿＿＿＿＿＿＿＿＿；

与 I^- 生成的配位离子是＿＿＿＿＿＿＿＿＿＿；

Cu(Ⅰ)稳定存在的条件是＿＿＿＿＿＿＿＿＿＿。

4. 设计方案，完成下列任务：

（1）如何分离 Cd^{2+} 和 Cu^{2+}?

（2）如何区别锌盐和镁盐?

（3）如何区别锌盐和铜盐?

（4）如何区别锌盐和铝盐?

（5）如何区别银盐和汞盐?

（6）如何区别镉盐和镁盐及锌盐和镉盐?

（7）某汞齐中含有锌和镉，如何将三者分开?

（8）如何区别固体的升汞和甘汞?

（9）如何分离硝酸铜和硝酸银?

5. 如何清洗有银镜的试管? 清洗液要回收，为什么?

安全知识

1. 汞的贮存和使用

汞的蒸气毒性很大，所以使用汞时，应小心不要溅落到地上和桌面上。实验室贮存和防止汞撒落的方法是：

（1）贮汞瓶要用壁厚坚固的瓶，并且汞和汞液面上的蒸馏水总体积不大于瓶总容积的3/4；

（2）放在阴凉但0℃以上的地方贮存；

（3）取用时盛汞的瓶子放在搪瓷盘中；

(4) 用带钩的长滴管取用，且从瓶中取出有汞的滴管前，要使滴管中的汞稳定不动；在将汞转移到接收容器前，不能挤压胶头且动作必须要稳；从滴管中挤出汞时，滴管的尖嘴口一定不能向上，必须使尖嘴尽可能向下倾斜，且尽可能多地伸进接收容器内；挤压胶头时动作要轻。

汞散落后，一是尽量收集，二是用锌片接触不能收集的汞（形成汞齐），三是在遗留处散上硫粉，四是在裂缝处灌以熔融态的硫。

2. 所有含铜、银、镉、汞的废液都要回收。

第四部分　定量分析

实验十五　酸碱滴定

（一）有机酸（草酸）摩尔质量的测定

【预习内容】

溶液的配制。

【目的要求】

1. 学习标准溶液的配制与标定。

2. 进一步熟悉滴定操作。

【实验原理】

大多数有机酸为弱酸。它们和 NaOH 的反应为：

$$n\mathrm{NaOH}+\mathrm{H}_n\mathrm{A}(\text{有机酸})=\!=\!=\mathrm{Na}_n\mathrm{A}+n\mathrm{H_2O}$$

（测定时，n 值需已知）

当有机酸的离解常数 $K_a \geqslant 10^{-7}$，且多元有机酸中的 n 个氢均能被准确滴定时，用酸碱滴定法测定。根据下面的公式可以得出有机酸的摩尔质量 M_A。

$$\frac{m_A}{M_A}=\frac{1}{n}c_B V_B$$

式中　c_B——碱的量浓度，$\mathrm{mol \cdot L^{-1}}$；

V_B——标准碱液的体积，mL；

m_A——有机酸的质量，g；

M_A——有机酸的摩尔质量，$\mathrm{g \cdot mol^{-1}}$。

滴定产物是强碱弱酸的盐，滴定突跃在碱性范围内，可选用酚酞为指示剂。

【仪器试剂】

天平（0.1g、0.1mg 精度），碱式滴定管（50mL），移液管（25mL），容量瓶（200mL），锥形瓶（250mL），试剂瓶（500mL）；NaOH（0.1mol·L^{-1}溶液或固体，AR），HCl 溶液（0.1mol·L^{-1}），邻苯二甲酸氢钾（固体、基准试剂），$\mathrm{H_2C_2O_4 \cdot 2H_2O}$（固体，AR），酚酞指示剂（0.2%）。

【实验步骤】

1. NaOH 溶液的配制及标定

（1）500mL 0.1mol·L^{-1} NaOH 溶液的配制，同实验一（二）。

（2）0.1mol·L^{-1} NaOH 溶液浓度的标定　用差减法在分析天平上准确称量基准邻苯二甲酸氢钾 0.4～0.6g 三份，分别倒入带标记的锥形瓶中，加入 25mL 蒸馏水加热使之溶解后，加 2 滴 0.2%酚酞指示剂，用待标定的 NaOH 溶液滴定至微红色且 30s 不退色（终点）。平行测定三份，求得浓度。精密度应符合要求（即各次相对偏差应小于 0.2%），否则需重新标定。数据记录及结果处理填入下表。

NaOH 溶液浓度的标定

平行实验	第一份	第二份	第三份
称取 $KHC_8H_4O_4$ 的质量/g			
消耗 NaOH 溶液的体积/mL			
NaOH 溶液的浓度/(mol·L^{-1})			
相对偏差			
NaOH 溶液的平均浓度/(mol·L^{-1})			

2. 草酸溶液的配制（配制草酸溶液 200mL）

(1) 在分析天平上，用差减法准确称取所需 $H_2C_2O_4 \cdot 2H_2O$ 固体（约 1.26g），置于小烧杯中。

(2) 用适量煮沸并冷至室温的蒸馏水，溶解烧杯中的 $H_2C_2O_4 \cdot 2H_2O$，将溶液转移到 200mL 容量瓶中，再用少量蒸馏水洗烧杯几次，洗涤液一并加入容量瓶中。然后加入蒸馏水至刻度，摇匀。

3. 用标准 NaOH 溶液滴定 $H_2C_2O_4$ 溶液

用移液管平行移取 25.00mL 上述 $H_2C_2O_4$ 溶液三份，分别置于干净的 250mL 锥形瓶中，并加 1 滴酚酞指示剂，摇匀。用标准 NaOH 溶液滴定至终点。计算草酸的摩尔质量，数据记录及计算结果填入下表。

草酸摩尔质量的测定

称取草酸的质量 m_A/g			
平行移取草酸	第一份	第二份	第三份
移取草酸的体积/mL	25.00	25.00	25.00
标准 NaOH 的浓度 c_B/(mol·L^{-1})			
消耗 NaOH 的体积 V_B/mL			
计算草酸的摩尔质量 M_A/(g·mol^{-1})			

思考题

1. 使用容量瓶时为什么要首先检查瓶口是否漏水？

2. 下列操作是否准确？

(1) 每次洗涤的操作液从吸量管的上口倒出。

(2) 为了加速溶液下流，用吸耳球把移液管内的溶液吹出。

(3) 吸取溶液时，吸量管末端伸入溶液过多；放出移取溶液时，移液管下端流液口未靠在接收器内壁上，任其凌空流下。

(二) 铵盐中氮含量的测定——甲醛法

【目的要求】

1. 学习标准溶液的配制与标定。

2. 进一步熟悉滴定操作。

3. 学习甲醛法测定氮肥中铵态氮。

【实验原理】

氮在无机和有机化合物中的存在形式比较复杂。测定物质中氮含量时，常以总氮、铵态氮、硝酸态氮、酰胺态氮等含量表示。氮含量的测定方法主要有两种：

(1) 蒸馏法　称为凯氏定氮法，适于无机、有机物质中氮含量的测定，准确度高；

(2) 甲醛法　适于铵盐中铵态氮的测定，方法简便，生产中实际应用较广。

硫酸铵是常用的氮肥之一。由于铵盐中 NH_4^+ 的酸性太弱，$K_a=5.6\times10^{-10}$，故无法用标准 NaOH 溶液直接滴定。但可将硫酸铵与甲醛作用，定量生成质子化的六亚甲基四胺（参见附注 5）和 H^+。所生成的质子化的六亚甲基四胺（$K_a=7.1\times10^{-6}$）和 H^+，用标定好的 NaOH 溶液滴定之，算出 N 含量。

反应如下：

$$4NH_4^+ + 6HCHO \rightleftharpoons (CH_2)_6N_4H^+ + 3H^+ + 6H_2O$$

$$(CH_2)_6N_4H^+ + 3H^+ + 4OH^- = (CH_2)_6N_4 + 4H_2O$$

【仪器试剂】

移液管（25mL），碱式滴定管（50mL），量筒，容量瓶（200mL），锥形瓶（250mL），吸量管（5mL）；NaOH(0.1mol·L^{-1}溶液或固体，AR)，HCl 溶液（0.1mol·L^{-1}），基准邻苯二甲酸氢钾（固体，基准试剂），酚酞（0.2%）指示剂，化肥硫酸铵，甲醛。

【实验步骤】

1. NaOH 溶液的配制及标定同实验十五（一）。

2. 甲醛溶液的处理

甲醛中常含有微量酸，应事先中和。中和方法：取原瓶装甲醛上层清液于烧杯中，加水稀释 1 倍，加 2 滴酚酞指示剂，用标准 NaOH 溶液滴定至微红色。

3. 化肥硫酸铵$(NH_4)_2SO_4$ 中氮含量的测定

用差减法准确称取$(NH_4)_2SO_4$ 试样 1.5～2.5g(此试样为化肥的量，若为试剂纯则改为 1.2～1.5g）于小烧杯中，加入少量蒸馏水溶解，然后定量转移至 200mL 容量瓶中，定容，摇匀。

用 25mL 移液管移取上清液于 250mL 锥形瓶中［加入 1 滴甲基红指示剂，用 0.1mol·L^{-1} NaOH 溶液中和至溶液呈黄色以除去游离酸，若为纯的$(NH_4)_2SO_4$ 则不必除!］，加入 10mL(1：1)HCHO 溶液，再加 1～2 滴酚酞作指示剂，充分摇匀，放置 1min 后，用 0.1mol·L^{-1} NaOH 标准溶液滴定至溶液呈微橙红色，并持续 30s 不退色即为终点。记录读数，平行测定三份，计算试样中氮的含量。

思考题

1. NH_4NO_3、NH_4Cl 或 NH_4HCO_3 中的氮含量能否用甲醛法测定?

2. 尿素 $CO(NH_2)_2$ 中含氮量的测定，先加 H_2SO_4 加热消化，全部变为$(NH_4)_2SO_4$ 后，按甲醛法同样测定，试写出含氮量的计算式。

3. 你认为对一批化肥$(NH_4)_2SO_4$ 试样应如何取样分析才能较正确地反映其质量情况? $(NH_4)_2SO_4$ 试样中含有 PO_4^{3-}、Fe^{3+}、Al^{3+} 等离子，对测定结果有何影响?

4. 中和甲醛及$(NH_4)_2SO_4$ 试样中的游离酸时，为什么要采用不同的指示剂?

5. 若试样为 NH_4NO_3，用本方法测定时（甲醛法），其结果（N%）如何表示? 此含氮量中是否包括 NO_3^- 中的氮?

【附注】

1. 邻苯二甲酸氢钾的称取量是按标定 NaOH 浓度约 $0.1mol \cdot L^{-1}$，消耗的体积 20～30mL，由公式 $\frac{m}{M} \times 1000 = cV$ 求得。

2. 草酸的称取量按公式 $\frac{m}{M} \times 1000 = \frac{1}{2}cV$ 求得。若为其他有机酸，则根据其与 NaOH 反应的摩尔系数比，计算试样的称取量。

3. 甲醛常以白色聚合状态存在，此白色乳状物是多聚甲醛，它是链状聚合物的混合物，可加入少量的浓硫酸加热使之解聚。

4. 试样中含有游离酸，则应在滴定之前在试样中加入 1～2 滴甲基红指示剂，用 NaOH 标准溶液中和至溶液呈黄色；在同一份溶液中，再加 1～2 滴酚酞指示剂，用 NaOH 标准溶液继续滴定，致使溶液呈现微红色为终点。因有两种指示剂混合，终点不很敏锐，有点拖尾现象。如试样中含有游离酸不多，则不必事先以甲基红为指示剂滴定。也可采用另一份试液（如从 200mL 容量瓶中移取 25.00mL 试液）加入甲基红，用 NaOH 标准溶液滴定到微红色，事先测定此值为多少，然后加 2 滴酚酞作为指示剂测定需要多少毫升的 NaOH，从中扣除测定游离酸时所消耗的 NaOH 体积。

5. 六亚甲基四胺离子 $[(CH_2)_6N_4H]^+$ 的结构式如下：

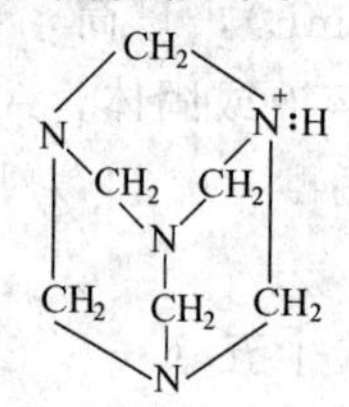

实验十六 配位滴定

（一）自来水总硬度的测定

Ⅰ.常规实验

【目的要求】

1. 学习 EDTA 标准溶液的配制和标定。

2. 了解配位滴定法测定水硬度的原理、条件和方法。

【实验原理】

Ca^{2+}、Mg^{2+} 是自来水中的主要金属离子（还含有微量的 Fe^{3+}、Al^{3+}、Cu^{2+} 等），通常以钙镁含量来表示水的硬度。水硬度可分为总硬度和钙镁硬度两种，前者是测定钙镁总量，以钙化合物含量表示，后者是分别测定钙和镁的含量。

世界各国有不同表示水硬度的方法，我国以含 Ca^{2+}、Mg^{2+} 离子量折合成 CaO 的量来表示水的硬度。1L 水中含有 10mg CaO 时为 1°，也表示 $1° = 10mg \cdot L^{-1}$ CaO。

按水的硬度大小可将水质分类，极软水（0°～4°）；软水（4°～8°）；中硬水（8°～16°）；硬水（16°～30°）；极硬水（30°以上）。生活用自来水的硬度不得超过 25°。

测定水的总硬度，一般采用配位滴定法，以铬黑 T(EBT) 或酸性铬蓝 K-奈酚绿 B(K-B) 作指示剂，在 pH＝10 的氨性缓冲溶液中，用 EDTA 标准溶液直接滴定水中的 Ca^{2+}、Mg^{2+} 含量。测 Mg^{2+} 含量用 EBT 为指示剂，以 EDTA 滴定 Mg^{2+} 时较滴定 Ca^{2+} 时终点更为敏锐。因此，当水样中不含 Mg^{2+} 或含 Mg^{2+} 量较少时，用 EDTA 测定水硬度，终点不够敏锐。为了提高滴定终点的敏锐性，可在配制 EDTA 时，加入适量的 Mg^{2+} 离子，或者在配制的氨性缓冲溶液中加入一定量的 Mg-EDTA 溶液。由于 Mg-EBT 的稳定性大于 Ca-EBT 的稳定性，滴定过程中，Ca^{2+} 把 Mg^{2+} 从 Mg-EDTA 中置换出来，Mg^{2+} 离子与 EBT 形成紫红色配合物，终点时，颜色由紫红色变为蓝色，终点较为敏锐。若水样中存有 Fe^{3+}、Al^{3+}、Cu^{2+}、Zn^{2+}、Pb^{2+} 等微量杂质离子时，可用三乙醇胺、Na_2S 掩蔽之。计算水的硬度可用下面的公式：

$$\text{水的总硬度} = \frac{(cV)_{EDTA} \times M_{CaO} \times 1000}{V_{\text{水}}} \ (mg \cdot L^{-1})$$

【仪器试剂】

天平（0.1g，0.1mg 精度），酸式滴定管（50mL），锥形瓶（250mL），容量瓶（250mL），试剂瓶（500mL），烧杯（100mL），移液管（25mL、50mL），量筒；$CaCO_3$（固体，基准试剂），EDTA 二钠盐（固体，AR），HCl(1∶1)，三乙醇胺（20%），Na_2S（2%），K-B 指示剂，铬黑 T 指示剂（固体），氨性缓冲溶液。

【实验步骤】

1. $CaCO_3$ 标准溶液的配制

天平上准确称取 0.3～0.4g $CaCO_3$，置于烧杯中，先用少量水润湿，盖上表面皿，缓缓滴加 HCl（1∶1）2～3mL，溶解后，定容至 250mL 容量瓶中，求算其准确浓度。

2. EDTA 溶液（0.01mol・L^{-1}）的配制及标定

称取 1.0g EDTA 二钠盐置于烧杯中，加 100mL 水，微微加热并搅拌使其溶解完全，再加入约 0.025g $MgCl_2 \cdot 6H_2O$，冷却后转入试剂瓶中，稀释至 250mL，摇匀待标定。

用移液管移取 25.00mL $CaCO_3$ 标液于 250mL 锥形瓶，加 20mL 氨性缓冲液和少许 K-B 指示剂，用 EDTA 溶液滴定至由紫红色变为蓝绿色，即为终点。平行测定三份，计算 EDTA 溶液的浓度。（若采用铬黑 T 为指示剂时，终点颜色应由暗红色变为纯蓝色。）

3. 水样总硬度的测定

用移液管移取水样 50.00mL 于 250mL 锥形瓶中，加 3mL 三乙醇胺，5mL 氨性缓冲液，1mL Na_2S，少许 K-B 指示剂，用 EDTA 溶液滴定至溶液由紫红色变为蓝绿色，即为终点，记下所用体积，平行测定三份，计算水的总硬度。

思　考　题

1. 测定水的总硬度有何实际意义？
2. 如要分别测定出钙、镁含量应如何进行？

【附注】

标定 EDTA 溶液的基准物有 Zn，ZnO，$CaCO_3$，Cu，Bi，$MgSO_4 \cdot 7H_2O$，Ni 等。通常选用的标定条件应尽可能与测定条件一致，以免引起系统误差。

Ⅱ.微型实验

【目的要求】

1. 了解配位滴定法测定水总硬度的原理、条件和方法。

2. 学习微型滴定的操作。

【实验原理】

（同常规实验）

【仪器试剂】

天平（0.1g，0.1mg 精度），微型滴定管（10mL），锥形瓶（150mL），容量瓶（50mL），烧杯（50mL），移液管（5.00mL），吸量管（1.00mL、5.00mL、10.00mL），量筒；$CaCO_3$（固体，基准试剂），EDTA 二钠盐（固体，AR），K-B 指示剂，HCl(1∶1)，三乙醇胺（20%），Na_2S(2%)，氨性缓冲溶液。

【实验步骤】

1. $CaCO_3$ 标准溶液的配制

在天平上准确称取 0.06～0.08g $CaCO_3$ 置于烧杯中，先用少量水润湿，盖上表面皿，缓缓滴加 HCl(1∶1)2mL，溶解后，定容至 50mL 容量瓶中，求算其准确浓度。

2. EDTA 溶液的配制及标定

称 0.08g EDTA 二钠盐于烧杯中，加 100mL 水溶解，置于试剂瓶中保存。用吸量管移取 1.00mL $CaCO_3$ 标液于 150mL 锥形瓶，加 2mL 氨性缓冲液和 1 滴 K-B 指示剂，用 EDTA溶液滴定至由紫红色变为蓝绿色，即为终点。平行测定三份，计算 EDTA 溶液的浓度。

3. 水样总硬度的测定

用液管移取 5.00mL 水样于 150mL 锥形瓶中，加 6 滴三乙醇胺，6 滴氨性缓冲液，1 滴 Na_2S，1 滴 K-B 指示剂，用 EDTA 溶液滴定至溶液由紫红色变为蓝绿色，即为终点，记下所用体积，平行测定三份，计算水样的总硬度。

（二）铅、铋混合溶液的连续滴定

【目的要求】

学习通过控制不同的酸度连续滴定铅、铋离子的配位滴定法。

【实验原理】

Bi^{3+} 与 EDTA 形成的配合物，其 $\lg K_{BiY}=27.9$(25℃)，Pb^{2+} 与 EDTA 形成的配合物，其 $\lg K_{PbY}=18.0$(25℃)。由于两稳定常数间差别较大，可通过控制酸度的方法在一份试液中连续分别滴定出各自含量。

首先调节溶液的 pH≈1，以二甲酚橙为指示剂，此时，Bi^{3+} 与指示剂形成紫红色配合物（Pb^{2+} 在此条件下不形成紫红色配合物），然后用 EDTA 标准溶液滴定 Bi^{3+} 至溶液由紫红色变为亮黄色，即为滴定 Bi^{3+} 的终点。

在滴定后的溶液中，加入六亚甲基四胺溶液，调节溶液至 pH＝5～6，此时 Pb^{2+} 与二甲酚橙形成紫红色配合物，溶液呈现紫红色，然后用 EDTA 标准溶液继续滴定至溶液由紫红色变为亮黄色时，即为滴定 Pb^{2+} 的终点。

【仪器试剂】

天平（0.1g、0.1mg 精度），锥形瓶（250mL），容量瓶（250mL），酸式滴定管（50mL），量筒，移液管（25mL）；EDTA 标准溶液（固体，AR），金属锌（99.99%以上），Pb^{2+}、Bi^{3+} 混合液，HNO_3（0.1mol·L^{-1}，pH≈1.0），HCl(1∶1)，六亚甲基四胺（20%），二甲酚橙（0.2%）。

【实验步骤】

1. Zn^{2+}标准溶液（0.01mol·L^{-1}）的配制

准确称取纯金属锌 0.15g 左右于 150mL 烧杯中，加 5mL HCl(1∶1)，立即盖上表面皿，待锌溶解完全后，加入适量水，转移到 250mL 容量瓶中，稀释至刻度，摇匀。计算此溶液的准确浓度。

2. EDTA 标准溶液（0.01mol·L^{-1}）的配制及标定

称取 1.8g EDTA 二钠盐置于烧杯中，加 100mL 水，微微加热并搅拌使其溶解完全，冷却后转入试剂瓶中，稀释至 500mL，摇匀。

准确移取锌标准溶液 25mL 于 250mL 锥形瓶中，加入二甲酚橙指示剂 2 滴，用 20%六亚甲基四胺溶液调节至呈现紫红色后再过量 5mL。以 EDTA 溶液滴定至溶液由紫红色变为亮黄色为终点。根据滴定所用 EDTA 溶液的体积和锌标准溶液的浓度，计算 EDTA 溶液的浓度。

3. Pb^{2+}、Bi^{3+}混合液的配制

称取 $Pb(NO_3)_2$ 3.3g，$Bi(NO_3)_3$ 4.8g，加 25mL 0.5mol·L^{-1} HNO_3 溶解，并用 0.1mol·L^{-1} HNO_3 稀释至 1L，此混合溶液中含 Pb^{2+}、Bi^{3+}各约为 0.01mol·L^{-1}。

4. Pb^{2+}、Bi^{3+}混合液的测定

用移液管移取 25.00mL 的 Pb^{2+}、Bi^{3+}混合液三份，分别注入 250mL 锥形瓶中，加 1～2 滴二甲酚橙指示剂，用 EDTA 标准溶液滴定至溶液由紫红色变为亮黄色，即为 Bi^{3+}的终点。根据消耗的 EDTA 体积及浓度，计算混合液中 Bi^{3+}的含量。

在滴定 Bi^{3+}后的溶液中，滴加 20%的六亚甲基四胺溶液至呈现稳定的紫红色后，再过量 5mL，此时，溶液的 pH 约为 5～6，再用 EDTA 标准液滴定至溶液由紫红色变为亮黄色，即为终点。根据所消耗 EDTA 体积及浓度，计算混合液中 Pb^{2+}的含量。

思考题

1. 本实验能否先在 pH 5～6 的溶液中测定出 Pb^{2+}和 Bi^{3+}的含量，然后再调整至pH≈1 时测定 Bi^{3+}的含量？

2. 合金溶解后，转移和定容时为什么用稀硝酸而不用水？

3. 本实验用六亚甲基四胺调节 pH=5～6，用 HAc 缓冲溶液代替六亚甲基四胺行吗？用氨或碱呢？

【附注】

1. 如果试样为铅铋合金时，其溶样方法为：称 0.5～0.6g 合金试样于小烧杯中，加入 HNO_3(1∶2) 7mL，盖上表面皿，微沸溶解，然后用洗瓶吹洗表面皿与杯壁，将溶液转入 100mL 容量瓶中，用 0.1mol·L^{-1} HNO_3稀释至刻度，摇匀。

2. 标定 EDTA 溶液的基准物有多种，如 Zn，ZnO，$CaCO_3$，Cu，Bi，$MgSO_4 \cdot 7H_2O$，Ni 等。通常选用的标定条件应尽可能与测定条件一致，以免引起系统误差。

本实验若用 ZnO 标定，其操作如下：准确称取在 800℃灼烧至恒重的基准 ZnO 约 0.2g，先用少量水润湿，加 HCl(1∶1)10mL，盖上表面皿，使其溶解，待溶解完毕，用水冲洗表面皿，将溶液转移至 250mL 容量瓶中，稀释至刻度，摇匀。用 25.00mL 的移液管移取 Zn^{2+}标准溶液置于 250mL 锥形瓶中，加入 1～2 滴二甲酚橙指示剂，滴加 20%六亚甲基四胺溶液至溶液呈现稳定的紫红色，再过量 5mL，用 EDTA 滴定至溶液由紫红色变为亮黄色，即为终点。计算 EDTA 溶液的准确浓度。

(三) 铝合金中铝含量的测定

Ⅰ.常规实验

【目的要求】

1. 了解合金中组分含量测定的处理方法。
2. 掌握配合滴定中的置换滴定法。

【实验原理】

铝合金中铝经溶样后转化成 Al^{3+}，由于 Al^{3+} 离子易水解，易形成多核羟基配合物，同时 Al^{3+} 与 EDTA 配合速度慢，故一般采用返滴定法或置换滴定法测定铝。本实验采用置换滴定法，先调节溶液的 pH 为 3～4，加入过量 EDTA 溶液，煮沸，使 Al^{3+} 与 EDTA 充分配合，冷却后，再调节溶液的 pH 为 5～6，以二甲酚橙为指示剂，用 Zn^{2+} 溶液滴定过量 EDTA（不计体积）。然后，加入过量 NH_4F，加热至沸，使 AlY^- 与 F^- 之间发生置换反应，并释放出与 Al^{3+} 配合的 EDTA，再用 Zn^{2+} 标准溶液滴定至紫红色，即为终点。求算出铝的含量。

【仪器试剂】

天平（0.1g、0.1mg 精度），容量瓶（250mL），锥形瓶（250mL），酸式滴定管（50mL），移液管（25mL）；纯锌，EDTA 二钠盐（固体，AR），氨性缓冲溶液，HCl（1∶3），HCl(1∶1)，NH_4F(固体，AR）二甲酚橙指示剂，六亚甲基四胺（20%），HNO_3-HCl-水混合酸（1∶1∶2）。

【实验内容】

1. 锌标准溶液（0.02mol·L^{-1}）的配制

准确称取纯金属锌 0.33g 左右于 150mL 烧杯中，加 5mL HCl(1∶1)，立即盖上表面皿，待锌溶解完全后，加入适量水，转移到 250mL 容量瓶中，稀释至刻度，摇匀。计算此溶液的准确浓度。

2. EDTA 溶液的配制

称取 1.8g EDTA 二钠盐置于烧杯中，加 100mL 水，微微加热并搅拌使其溶解完全，冷却后转入试剂瓶中，稀释至 250mL，摇匀（供常规实验和微型实验用）。

3. 铝合金样品的预处理

准确称取 0.13～0.15g 铝合金于 100mL 烧杯中，加入 10mL 混合酸（HNO_3-HCl-水），并立即盖上表面皿，待样品溶解后定量转入 250mL 容量瓶中，稀释至刻度，摇匀（供常规实验和微型实验用）。

4. 铝的测定

准确移取上述试液 25.00mL 于 250mL 锥形瓶中，加 EDTA 溶液 20mL，二甲酚橙指示剂 2 滴，用氨水（1∶1）调至溶液恰呈紫红色，然后，滴加 HCl(1∶3)3 滴，将溶液煮沸 3min，冷却，加入六亚甲基四胺（20%）20mL，使溶液 pH 为 5～6（此时溶液应呈黄色，如不呈黄色，可用 HCl 调节）。补加二甲酚橙指示剂 2 滴，用锌标准溶液滴定至溶液由黄色突变为红色（此时不计体积）。加入 NH_4F(2g)，将溶液加热至微沸，冷却，再补加 2 滴指示剂，此时溶液应呈黄色，若呈红色，应滴加 HCl 使呈黄色。再用锌标准液滴定至溶液由黄色变为紫红色，即为终点。根据消耗的 Zn^{2+} 标液的浓度和体积，计算铝含量。

思　考　题

1. EDTA 配位滴定法测铝时为什么要采用返滴定法或置换滴定法？

2. 本实验可否用铬黑 T 作指示剂？

3. 本实验使用的 EDTA 溶液要不要标定？

【附注】

铝合金的牌号繁多，如铝镁合金、铝锌合金等，合金中主要共存元素有 Si、Mg、Cu、Mn、Fe、Zn。在用 EDTA 置换法测定 Al 时，它们均不干扰。但试样中含 Ti^{4+}、Zr^{4+}、Sn^{4+} 等离子时，亦同时被滴定，对 Al^{3+} 的测定有干扰。大量的 Fe^{3+} 对二甲酚橙指示剂有封闭作用，故本法不适于含大量 Fe 试样的测定。大量 Ca^{2+} 在 pH 5～6 时，也有部分与 EDTA 配合，使测定结果不稳定。

Ⅱ.微型实验

【目的要求】

练习使用 WD-CO Ⅱ 微型滴定管的操作，并对微型实验和常规实验的测定结果进行比较。

【实验原理】

（同常规实验）

【仪器试剂】

滴定管（10mL），锥形瓶（25mL），移液管（2.00mL）；NaOH（10%），HCl（1∶1），EDTA 溶液（0.02mol·L^{-1}），氨水（1∶1），六亚甲基四胺（20%），锌标准溶液（0.02mol·L^{-1}），NH_4F 溶液（20%），铝合金。

【实验步骤】

1. 铝合金的处理和 EDTA 的配制（见常规实验）

2. 铝含量的测定

移取铝合金试液 2.00mL 于 25mL 锥形瓶中，加入 0.02mol·L^{-1} EDTA 溶液 5mL，此时溶液呈黄色，滴加氨水（1∶1）调至溶液恰出现红色（pH＝7～8），再滴加 HCl（1∶1）至试液呈黄色（pH＝3～4），在电炉上加热煮沸 3min 左右，冷却，加入 20%六亚甲基四胺溶液 2mL，此时，溶液应呈黄色，如不呈黄色，可用 HCl（1∶1）来调节。用0.01mol·L^{-1}锌标准溶液滴定至溶液由黄色变为紫红色（不记滴定的体积）。加入 20%NH_4F 溶液 1mL，将溶液加热至微沸，流水冷却。再补加二甲酚橙指示剂 1 滴，用HCl（1∶1）调节溶液呈黄色后，再用 0.02mol·L^{-1}锌溶液滴定至溶液由黄色变为红色，即为终点。根据消耗的标准锌溶液体积，计算 Al 的百分含量。

$$w_{Al}=\frac{c_{Zn^{2+}}\times V_{Zn^{2+}}\times 26.98}{m_s\times\frac{2.00}{250.00}\times 1000}\times 100\%$$

式中　$c_{Zn^{2+}}$——锌溶液的浓度，mol·L^{-1}；

$V_{Zn^{2+}}$——消耗锌溶液的体积，mL；

m_s——称取铝合金的质量，g。

(四)"胃舒平"药片中铝和镁含量的测定

【目的要求】

1. 了解成品药剂中组分含量测定的前处理方法。
2. 掌握配位滴定中的返滴定法。
3. 熟悉沉淀分离的操作方法。

【实验原理】

"胃舒平"药片的主要成分为氢氧化铝、三硅酸镁($Mg_2Si_3O_8 \cdot 5H_2O$)及少量中药颠茄流浸膏,此外药片成型时还加入了糊精等辅料。药片中铝和镁含量,可用配位滴定法测定,其他成分不干扰测定。

药片溶解后,分离去不溶物质,制成试液。取部分试液准确加入已知过量的 EDTA 标准溶液,并调节溶液 pH 为 3～4,煮沸使 EDTA 与 Al^{3+} 反应完全。冷却后再调节 pH 为5～6,以二甲酚橙为指示剂,用锌标准溶液返滴过量的 EDTA,即可测出铝含量。

另取试液调节 pH,使铝沉淀并予以分离后,于 pH10 的条件下以铬黑 T 为指示剂,用 EDTA 溶液滴定滤液中的镁,测得镁含量。

【仪器试剂】

天平(0.1g、0.1mg 精度),容量瓶(100mL、250mL),抽滤装置,锥形瓶(250mL),移液管(5mL、10mL、25mL),酸式滴定管(50mL);锌标准溶液($0.02mol \cdot L^{-1}$),EDTA(固体,基准试剂),六亚甲基四胺(20%),HCl(1∶1),三乙醇胺(1∶2),氨水(1∶1),NH_4Cl(固体,AR),甲基红(0.2%乙醇溶液),二甲酚橙(0.2%),铬黑 T 指示剂;氨水-氯化铵缓冲溶液(pH=10)。

【实验步骤】

1. EDTA 标准溶液($0.02000mol \cdot L^{-1}$)的配制

准确称取 EDTA1.8612g 于 100mL 干燥洁净的烧杯中,加蒸馏水溶解,转移至 250mL 容量瓶中,定容,摇匀。

2. 样品的处理

取"胃舒平"药片 10 片,研细,准确称出药粉 0.8g 左右,加入 HCl(1∶1)8mL,加水至 40mL,煮沸。冷却后抽滤,并用水洗涤沉淀。收集滤液及洗涤液于 100mL 容量瓶中,用水稀释至标线,摇匀,制成试液。

3. 铝的测定

准确移取上述试液 5.00mL 于 250mL 锥形瓶中,加水至 25mL 左右。准确加入 $0.02000mol \cdot L^{-1}$EDTA 标准溶液 25.00mL,摇匀。加入二甲酚橙指示剂 2 滴,滴加氨水(1∶1)至溶液恰呈紫红色,然后滴加 HCl(1∶1) 2 滴(此时溶液应为黄色)。将溶液煮沸 3min 左右,冷却。再加入 20%六亚甲基四胺溶液 10mL,使溶液 pH 为 5～6。再加入二甲酚橙指示剂 2 滴,用锌标准溶液滴定至黄色突变为红色。根据 EDTA 加入量与锌标准溶液滴定体积,计算铝含量,以 $w_{Al_2O_3}$ 表示。

4. 镁的测定

另取试液 10.00mL 于 100mL 烧杯中,滴加氨水(1∶1)至刚出现沉淀,再加入 HCl(1∶1)至沉淀恰好溶解。加入固体 NH_4Cl 0.8g,溶解后,滴加 20%六亚甲基四胺至沉淀出现并过量6mL。加热至80℃并维持此温度10～15min。冷却后过滤，以少量水分次洗涤沉淀。收集滤液及洗涤液于250mL锥形瓶中，加入三乙醇胺4mL、氨水-氯化铵缓冲溶液4mL及甲基红指示剂1滴、铬黑T指示剂少许，用EDTA溶液滴定至溶液由暗红色转变为蓝绿色。计算镁含量，以w_{MgO}表示。

思考题

1. 实验中为什么要称取大样混匀后再分取部分试样进行实验？
2. 能否用EDTA标准溶液直接滴定铝？
3. 在分离铝后的滤液中测定镁，为什么要加入三乙醇胺溶液？
4. 测定镁时能否不分离铝，而采取掩蔽的方法直接测定？选择什么物质做掩蔽剂比较好？设计实验方案。

【附注】

1. 胃舒平药片中各组分含量可能不十分均匀，为使测定结果具有代表性，本实验应多取一些样品，研细混匀后再取部分进行分析。
2. 以六亚甲基四胺溶液调节pH以分离铝，其结果比用氨水好，因为这样可以减少$Al(OH)_3$沉淀对Mg^{2+}的吸附。
3. 测定镁时，加入甲基红1滴，会使终点更为灵敏。
4. 铬黑T指示剂配制：铬黑T和氯化钠固体按1∶100混合，研磨混匀，保持干燥。
5. 氨水-氯化铵缓冲溶液（pH=10）：称取氯化铵67.5g溶于200mL水中，加氨水570mL，用水稀释至1L。

实验十七　氧化还原滴定

（一）双氧水中H_2O_2含量的测定——高锰酸钾法

【目的要求】

1. 掌握高锰酸钾标准溶液的配制和标定方法。
2. 学习高锰酸钾法测定过氧化氢含量的方法。

【实验原理】

H_2O_2是医药、卫生行业上广泛使用的消毒剂，它在酸性溶液中能被$KMnO_4$定量氧化而生成氧气和水，其反应如下：

$$5H_2O_2+2MnO_4^-+6H^+ = 2Mn^{2+}+8H_2O+5O_2$$

滴定在酸性溶液中进行，反应时锰的氧化数由+7变到+2。开始时反应速度慢，滴入的$KMnO_4$溶液退色缓慢，待Mn^{2+}生成后，由于Mn^{2+}的催化作用加快了反应速度。

生物化学中，也常利用此法间接测定过氧化氢酶的活性。在血液中加入一定量的H_2O_2，由于过氧化氢酶能使过氧化氢分解，作用完后，在酸性条件下用标准$KMnO_4$溶液滴定剩余的H_2O_2，就可以了解酶的活性。

【仪器试剂】

天平（0.1g，0.1mg精度），试剂瓶（棕色），玻砂漏斗，水浴锅，酸式滴定管（棕色，50mL），锥形瓶（250mL），移液管（10mL、25mL），容量瓶（250mL）；H_2SO_4（3mol·L^{-1}），$KMnO_4$（固体，AR），$Na_2C_2O_4$（固体，AR），双氧水样品（工业）。

【实验步骤】

1. $KMnO_4$ 溶液（0.02mol·L^{-1}）的配制

称取 1.7g 左右的 $KMnO_4$ 放入烧杯中，加水 500mL，使其溶解后，转入棕色试剂瓶中。放置 7～10 天后，用玻璃砂芯漏斗过滤，弃去残渣和沉淀。把试剂瓶洗净，将滤液倒回瓶内，待标定。

2. $KMnO_4$ 溶液的标定

准确称取 0.15～0.20g 预先干燥过的 $Na_2C_2O_4$ 三份，分别置于 250mL 锥形瓶中，各加入 40mL 蒸馏水和 10mL 3mol·L^{-1} H_2SO_4，水浴加热至约 75～85℃。趁热用待标定的 $KMnO_4$溶液进行滴定，开始时，滴定速度宜慢，在第一滴 $KMnO_4$ 溶液滴入后，不断摇动溶液，当紫红色退去后再滴入第二滴。溶液中有 Mn^{2+} 产生后，滴定速度可适当加快，近终点时，紫红色退去很慢，应减慢滴定速度，同时充分摇动溶液。当溶液呈现微红色并在 30s 不退色，即为终点。计算 $KMnO_4$ 溶液的浓度。滴定过程要保持温度不低于 60℃。

3. H_2O_2 含量的测定

用移液管吸取 10.00mL 双氧水样品（H_2O_2 含量约 3%），置于 250mL 容量瓶中，加水稀释至标线，混合均匀。

吸取 25mL 上述稀释液三份，分别置于 3 个 250mL 锥形瓶中，各加入 5mL 3mol·L^{-1} 的 H_2SO_4，用 $KMnO_4$ 标准溶液滴定。计算样品中 H_2O_2 的含量。

思 考 题

1. 用 $KMnO_4$ 滴定法测定双氧水中 H_2O_2 的含量，为什么要在酸性条件下进行？能否用 HNO_3 或 HCl 代替 H_2SO_4 调节溶液的酸度？

2. 用 $KMnO_4$ 溶液滴定双氧水时，溶液能否加热？为什么？

3. 为什么本实验要把市售双氧水稀释后才进行滴定？

4. 本实验过滤用玻璃砂漏斗，能否用定量滤纸过滤？

5. 用 $Na_2C_2O_4$ 标定 $KMnO_4$ 溶液浓度时，酸度过高或过低有无影响？溶液的温度对滴定有无影响？

6. 配制 $KMnO_4$ 溶液时为什么要把 $KMnO_4$ 水溶液煮沸？配好的 $KMnO_4$ 溶液为什么要过滤后才能使用？

7. 如果是测定工业品 H_2O_2，一般不用 $KMnO_4$ 法，请你设计一个更合理的实验方案？

【附注】

1. $KMnO_4$ 溶液在加热及放置时，均应盖上表面皿。

2. $KMnO_4$ 作为氧化剂通常是在 H_2SO_4 酸性溶液中进行，不能用 HNO_3 或 HCl 来控制酸度。在滴定过程中如果发现棕色混浊，这是酸度不足引起的，应立即加入稀 H_2SO_4，如已达到终点，应重做实验。

3. 标定 $KMnO_4$ 溶液浓度时，加热可使反应加快，但不应热至沸腾，因为过热会引起草酸分解，适宜的温度为 75～85℃。在滴定到终点时溶液的温度应不低于 60℃。

4. 开始滴定时反应速度较慢，所以要缓慢滴加，待溶液中产生了 Mn^{2+} 后，由于 Mn^{2+} 对反应的催化作用，使反应速度加快，这时滴定速度可加快；但注意不能过快，近终点时更须小心地缓慢滴入。

（二）水样中化学需氧量的测定——高锰酸钾法

【目的要求】

1. 了解测定化学需氧量（COD）的意义。

2. 掌握酸性高锰酸钾测定水中COD的分析方法。

【实验原理】

化学需氧量——COD(chemical oxygen demand)，是量度水体受还原性物质污染程度的综合性指标，是指水体中易被强氧化剂氧化的还原性物质所消耗的氧化剂的量，换算成相应氧量（单位 $mg \cdot L^{-1}$）来表示。COD值越高，说明水体受污染越严重。

COD的测定分为酸性高锰酸钾法、碱性高锰酸钾法和重铬酸钾法。酸性高锰酸钾法记以 COD_{Mn}（酸性）；碱性高锰酸钾法记以 COD_{Mn}（碱性）；重铬酸钾法记以 COD_{Cr}。目前，国内在废水监测中主要采用 COD_{Cr} 法，而 COD_{Mn} 法主要用于地面水、地表水、饮用水和生活污水的测定。以高锰酸钾法测定的COD值，又称为"高锰酸盐指数"。

本试验采用酸性高锰酸钾法。在酸性条件下，向被测水样中定量加入高锰酸钾溶液，加热水样，使高锰酸钾与水样中还原性物质充分反应，剩余的高锰酸钾则加入一定量过量的草酸钠还原，最后用高锰酸钾溶液返滴过量的草酸钠，由此计算出水样的需氧量。反应方程式：

$$2MnO_4^- + 5C_2O_4^{2-} + 16H^+ \longrightarrow 10CO_2 + 8H_2O + 2Mn^{2+}$$

【仪器试剂】

天平（0.1g、0.1mg 精度），棕色滴定管（50mL），锥形瓶（250mL），容量瓶（250mL），移液管（10mL、25mL），水浴锅，玻砂漏斗；H_2SO_4（$3mol \cdot L^{-1}$），$KMnO_4$（固体，AR），$Na_2C_2O_4$（固体，基准试剂），硫酸（1∶2），硝酸银溶液（10%）

【实验步骤】

1. 高锰酸钾溶液（$0.005mol \cdot L^{-1}$）的配制及标定

同实验十七（一），然后将其所得的溶液稀释4倍，成 $0.005mol \cdot L^{-1}$。

2. 草酸钠溶液的配制

准确称取草酸钠基准物质0.4g左右，置于烧杯中，加入少量蒸馏水，使其溶解，定量转移至250mL容量瓶中，稀释至刻度，摇匀，计算其准确浓度 $C_{Na_2C_2O_4}$。

3. 水样的测定

取水样适量（体积 V_s），置于250mL锥形瓶中，补加蒸馏水100mL，加硫酸（1∶2）10mL，再加入硝酸银溶液2mL以除去水样中的 Cl^-（当水样 Cl^- 浓度很小时，可以不加硝酸银），摇匀后准确加入高锰酸钾溶液（$0.005mol \cdot L^{-1}$）10.00mL，将锥形瓶置于沸水浴中加热30min，使其还原性物质充分被氧化。取出稍冷后（～80℃），准确加草酸钠标准溶液10.00mL，摇匀（此时溶液应为无色），保持温度在70～80℃，用高锰酸钾标准溶液滴定至微红色，30s内不退色即为终点，记下高锰酸钾溶液的用量为 V_1。

4. 空白实验

在250mL锥形瓶中加入蒸馏水100mL和硫酸（1∶2）10mL，在70～80℃下，用高锰酸钾溶液（$0.005mol \cdot L^{-1}$）滴定至溶液呈微红色，30s内不退色即为终点，记下高锰酸钾溶液的用量为 V_2

5. 高锰酸钾溶液与草酸溶液的换算系数 k

在250mL锥形瓶中加入蒸馏水100mL和硫酸（1∶2）10mL，加入草酸钠标准溶液10.00mL，摇匀，水浴加热至70～80℃，用高锰酸钾溶液（$0.005mol \cdot L^{-1}$）滴定至溶液呈微红色，30s内不退色即为终点，记下高锰酸钾溶液的用量为 V_3。

换算系数 $$k=\frac{10.00}{V_3-V_2}$$

水样中化学需氧量COD的值按下式计算：

$$\mathrm{COD_{Mn}}(\text{酸性})=\frac{[(10.00+V_1)k-10.00]c_{\mathrm{Na_2C_2O_4}}\times16.00\times1000}{V_s}$$

思考题

1. 哪些因素影响COD测定的结果，为什么？
2. 可以采用哪些方法避免废水中 Cl^- 对测定结果的影响？

【附注】

1. 水样取样体积根据在沸水浴中加热反应30min后，应剩下加入量一半以上的高锰酸钾溶液量来确定。

2. 本实验在加热氧化有机污染物时，完全敞开，如果废水中易挥发性化合物含量较高时，应使用回流冷凝装置加热，否则结果将偏低。

3. 废水中有机物种类繁多，但对于主要含烃类、脂肪、蛋白质以及挥发性物质的生活污水，其中的有机物可以被氧化90%以上，像吡啶、甘氨酸等有机物则难以氧化，因此在实际测定中，氧化剂种类、浓度和氧化条件等对测定结果均有影响，所以必须严格按照操作步骤进行分析，并在报告结果中注明所用方法。

（三）矿石中铁含量的测定——重铬酸钾法

【目的要求】

1. 了解矿样的分解及试液的预处理过程。
2. 学习铁矿石中铁含量的氧化还原滴定法测定。

【实验原理】

铁矿石主要指磁铁矿（Fe_3O_4）、赤铁矿（Fe_2O_3）和菱铁矿（$FeCO_3$）等。重铬酸钾法测定铁矿石中铁的含量通常有氯化亚锡-氯化汞测铁法和三氯化钛测铁法，前者为有汞测铁；后者为无汞测铁。

有汞测铁是将试样用盐酸分解后，在浓的热HCl溶液中用 $SnCl_2$ 将 Fe^{3+} 还原为 Fe^{2+}，过量的 $SnCl_2$ 用 $HgCl_2$ 氧化除去（此时，溶液中有白色丝状氯化亚汞沉淀生成）。然后在硫磷混酸介质中，以二苯胺磺酸钠为指示剂，用 $K_2Cr_2O_7$ 标准液滴定至溶液呈现紫红色，即为终点。主要反应式如下：

$$2FeCl_4^-+SnCl_4^{2-}+2Cl^- \longrightarrow 2FeCl_4^{2-}+SnCl_6^{2-}$$

$$SnCl_4^{2-}+2HgCl_2 \longrightarrow SnCl_6^{2-}+Hg_2Cl_2\downarrow(\text{白色})$$

$$6Fe^{2+}+Cr_2O_7^{2-}+14H^+ \longrightarrow 6Fe^{3+}+2Cr^{3+}+7H_2O$$

由于滴定过程中 Fe^{3+} 的生成（HCl介质中 Fe^{3+} 为黄色），对终点的观察有干扰，通常加入磷酸，与 Fe^{3+} 生成稳定的无色配合物 $Fe(HPO_4)_2^-$，因此降低了溶液中 Fe^{3+} 的浓度，从而降低了 Fe^{3+}/Fe^{2+} 电对的电极电位，使化学计量点的电位突跃增大，$Cr_2O_7^{2-}$ 与 Fe^{2+} 之间的反应更完全。

Cu^{2+}、Mo^{6+}、As^{5+}、Sb^{5+} 等离子存在时，干扰铁的测定，大量的偏硅酸存在，由于吸附作用，Fe^{2+} 还原不完全。此时宜用 $HF-H_2SO_4$ 分解以除去Si的干扰。

在测定体系中不能有 NO_3^- 存在。如有 NO_3^-，可加 H_2SO_4 并加热至冒浓厚的雾状 SO_3

白烟，这时 NO_3^- 已被赶尽，可消除其影响。

【仪器试剂】

天平（0.1g，0.1mg 精度），酸式滴定管（50mL），锥形瓶（250mL），容量瓶（250mL），移液管（10mL，25mL）；$K_2Cr_2O_7$（固体，基准试剂），$SnCl_2$ 溶液（10%），$HgCl_2$ 溶液（5%），二苯胺磺酸钠指示剂（0.2%），硫磷混合酸，浓 HCl，铁矿石试样。

【实验内容】

1. $K_2Cr_2O_7$（0.01667mol·L^{-1}）标准溶液的配制

准确称取 $K_2Cr_2O_7$ 约 1.2258g 置于 100mL 小烧杯中，用水溶解后，定量转移至 250mL 容量瓶中定容，摇匀。计算出浓度。

2. 矿样的分解和测定

准确称取 0.15～0.20g 矿样，置于 250mL 锥形瓶中，加入 10mL 浓盐酸，盖上表面皿，在通风橱中低温加热分解试样。必要时加入约 0.2gNaF 助溶，也可滴加 $SnCl_2$ 助溶。铁矿石分解后呈现红棕色，滴加 $SnCl_2$ 溶液使试液变为浅黄色（剩余残渣应该无黑色颗粒）。用少量的水吹洗表面皿和杯内壁，加热至沸，马上滴加 $SnCl_2$ 溶液还原 Fe^{3+} 到黄色刚消失，再过量 1～2 滴。迅速用水冷却至室温，立即加入 $HgCl_2$ 10mL 摇匀，此时应有白色丝状 Hg_2Cl_2 沉淀，放置 3～5min，加水稀释至 150mL，加入硫磷混合酸 15mL，滴加 5～6 滴二苯胺磺酸钠指示剂，立即用 $K_2Cr_2O_7$ 标准溶液滴定至溶液呈现稳定的紫色，即为终点，计算铁的百分含量，平行测定三份。

思　考　题

1. 为什么不能将三份试液都预处理完后（即都还原到 Fe^{2+}），再依次用 $K_2Cr_2O_7$ 滴定？

2. 本实验中用 $K_2Cr_2O_7$ 滴定前，加入 H_3PO_4 的作用是什么？为何加入硫磷混合酸和指示剂后必须立即滴定？

3. 为什么 $SnCl_2$ 溶液须趁热滴加？加入 $HgCl_2$ 溶液时需冷却且要一次加入？

【附注】

1. $SnCl_2$ 溶液（10%）的配制：称取 10g $SnCl_2·2H_2O$ 溶于 40mL 浓热 HCl 中，加水稀释至 100mL。

2. 硫磷混合酸：将 150mL 浓 H_2SO_4 缓缓加入到 700mL 水中，冷却后再加入 150mL 浓 H_3PO_4，混匀。

3. 各类铁矿石其组成有较大差异，多数的铁矿石只用酸溶则不能分解完全。如磁铁矿等不能被酸分解的试样，可采用 Na_2O_2-Na_2CO_3 碱熔融。

4. 本实验中 $SnCl_2$ 还原 Fe^{3+} 时，盐酸浓度不能太小、温度不能太低（不低于 60℃），否则还原反应速度很慢，颜色变化不宜观察。加入 $HgCl_2$ 前溶液应冷却，否则 Hg^{2+} 可能氧化溶液中的 Fe^{2+}，使测定结果偏低。加入 $HgCl_2$ 后，应放置 3～5min，否则 $SnCl_2$ 氧化不完全，导致结果偏高。在硫磷混合酸溶液中，Fe^{2+} 更易被氧化，故应立即用 $K_2Cr_2O_7$ 滴定。

5. 经典的重铬酸钾法（即氯化亚锡-氯化汞法）测定铁矿石中铁的含量，方法准确、简便，但所用氯化汞是剧毒物质，会严重污染环境。近年来研究出了多种不用汞盐的分析方法。如新 $K_2Cr_2O_7$ 法、硫酸铈法和 EDTA 法等。新 $K_2Cr_2O_7$ 法（三氯化钛-重铬酸钾法）是在经典有汞测铁的基础上，去掉 $HgCl_2$。即矿样溶解后，先用 $SnCl_2$ 还原大部分 Fe^{3+} 至试液由红棕色变为浅黄色，再以钨酸钠为指示剂，继用 $TiCl_3$ 将其余的 Fe^{3+} 还原为 Fe^{2+}，当 Fe^{3+} 定量转化为 Fe^{2+} 之后，过量 1 滴 $TiCl_3$ 溶液即可使作为指示剂的六价钨（无色的磷酸钨）还原为蓝色的五价钨化合物，俗称"钨蓝"，故使溶液呈现蓝色。滴入 $K_2Cr_2O_7$ 溶液，使钨蓝刚好退色，或者以 Cu^{2+} 为催化剂，使稍过量的 Ti^{3+} 在加水稀释后，被水中溶解的氧氧化，从而消除少量的还原剂的影响。

磷酸钨还原为钨蓝的反应可表示为：

$$PW_{12}O_{40}^{3-} \underset{-e}{\overset{+e}{\rightleftharpoons}} PW_{12}O_{40}^{4-} \underset{-e}{\overset{+e}{\rightleftharpoons}} PW_{12}O_{40}^{5-}$$

在无汞测定铁中用 $SnCl_2$-$TiCl_3$ 联合还原，反应式如下：

$$2Fe^{3+} + SnCl_4^{2-} + 2Cl^- = 2Fe^{2+} + SnCl_6^{2-}$$

$$Fe^{3+} + TiCl_3 + H_2O = Fe^{2+} + TiO^{2+} + 2H^+ + 3Cl^-$$

试液中 Fe^{3+} 已经被还原为 Fe^{2+}，加入二苯胺磺酸钠指示剂，用 $K_2Cr_2O_7$ 标准溶液滴定至溶液呈现稳定的紫色，即为终点。

（四）维生素C含量的测定——直接碘量法

微型实验

【目的要求】

1. 掌握 $Na_2S_2O_3$ 标准溶液的配制及标定方法。
2. 通过本实验的测定，掌握直接碘量法及其操作。

【实验原理】

碘量法是利用 I_2 的氧化性和 I^- 的还原性进行测定的分析方法。其基本反应式为：

$$2S_2O_3^{2-} + I_2 = S_4O_6^{2-} + 2I^-$$

维生素 C 又称抗坏血酸，分子式为 $C_6H_8O_6$。由于分子中的烯二醇基具有还原性，能被 I_2 定量地氧化成二酮基，以此可测定维生素 C 的含量。反应式如下：

```
   ┌───O───┐      H                          ┌───O───┐    H
   │       │      │                          │       │    │
   C─C═C──C──C─CH2OH  +I2 ══  C─C──C──C──C─CH2OH  +2HI
   ‖  │  │  │   │               ‖  ‖  ‖  │  │
   O  OH OH H   OH              O  O  O  H  OH
```

由于维生素 C 的还原性很强，在空气中极易被氧化，尤其在碱性介质中更甚，测定时加入 HAc 使溶液呈弱酸性，减少维生素 C 的副反应。

【仪器试剂】

天平（0.1g，0.1mg 精度），称量瓶，研钵，容量瓶（50mL），碘量瓶或具塞锥形瓶（50mL），量筒（20mL、10mL、5mL），移液管（50mL），酸式滴定管（棕色，10mL），试剂瓶（棕色，250mL）；$Na_2S_2O_3$（固体，AR），I_2（固体，AR），$K_2Cr_2O_7$（固体，基准试剂），KI（$1mol \cdot L^{-1}$，固体，AR），维生素 C 药片，淀粉溶液（0.5%），Na_2CO_3（固体，AR），HAc(1∶1)，HCl(1∶1)。

【实验内容】

1. $K_2Cr_2O_7$ 标准溶液（$0.01667mol \cdot L^{-1}$）的配制

准确称取 $K_2Cr_2O_7$ 约 0.2452g 置于 50mL 小烧杯中，用水溶解后，定量转移至 50mL 容量瓶中定容，摇匀。计算出浓度。

2. $Na_2S_2O_3$ 溶液（$0.1mol \cdot L^{-1}$）的配制及标定

称取 2.5g $Na_2S_2O_3 \cdot 5H_2O$ 于烧杯中，加入 100mL 新煮沸并冷却的蒸馏水，溶解后，加入约 0.02g 的 Na_2CO_3，贮存于棕色试剂瓶中，放置于暗处 3～5 天后标定。

准确移取 5.00mL $K_2Cr_2O_7$ 标准溶液，置于 50mL 碘量瓶中，加入 1mL (1∶1)HCl，

2mL 1mol·L^{-1} KI，摇匀，加盖，放置暗处5min，待反应完全后，加入20mL蒸馏水，用待标定的$Na_2S_2O_3$溶液滴定至淡黄色，然后加入8滴淀粉指示剂，继续滴定至溶液呈现绿色，即为终点。计算出$Na_2S_2O_3$的浓度。

3. I_2溶液的配制及标定

称取0.7g I_2和1g KI，置于研钵中，在通风橱中操作。加入少量水研磨，待I_2全部溶解后，将溶液转入棕色试剂瓶中。加水稀释至50mL，充分摇匀，放暗处保存。

移取$Na_2S_2O_3$标准溶液5.00mL，置于50mL碘量瓶中，加水10mL，淀粉指示剂8滴，用I_2溶液滴定至呈稳定的蓝色，30s内不退色，即为终点。平行测定三份。求算I_2的浓度。

4. 维生素C含量的测定

准确称取适量维生素C药片粉末（约0.04g），加新煮沸过的冷蒸馏水20mL，HAc 2mL，溶解，加淀粉指示剂8滴，立即用I_2溶液滴定至呈稳定的蓝色。计算维生素C的含量。

思考题

1. 能否直接配制$Na_2S_2O_3$的标准溶液？配制后为何要放置数日才能标定？配制$Na_2S_2O_3$时加入Na_2CO_3的作用是什么？为什么要用新煮沸冷却的蒸馏水？

2. 为什么不能直接用$K_2Cr_2O_7$标定$Na_2S_2O_3$溶液，而要采用间接法？为什么$K_2Cr_2O_7$与KI反应必须加酸，且要放置5min？滴定前加水稀释的目的是什么？

3. 碘量法主要的误差来源有哪些？如何避免？

4. 试说明碘量法为什么既可测定还原性物质，又可以测定氧化性物质？测量时应如何控制溶液的酸碱性？为什么？

5. 测定维生素C的溶液为何要加稀HAc？

【附注】

$Na_2S_2O_3$溶液的标定，除以上所用的$K_2Cr_2O_7$外，还可用纯Cu、KIO_3基准物质来标定，现介绍如下。

（1）KIO_3为基准物的标定方法　准确称取0.8917g KIO_3于烧杯中，加水溶解后，定量转入250mL容量瓶中，加水稀释至刻度，充分摇匀。移取KIO_3标准溶液25.00mL三份，分别置于500mL锥形瓶中，然后加入2g KI，5mL 1mol·L^{-1} H_2SO_4溶液，加水稀释至200mL，立即用待标定的$Na_2S_2O_3$溶液滴定，当溶液滴定到由棕色转变为浅黄色时，加入5mL淀粉溶液，继续滴定至溶液由蓝色变为无色，即为终点。

（2）Cu为基准物的标定方法　准确称取纯铜0.2g左右，置于250mL烧杯中，加入约10mL HCl(1∶1)和2～3mL H_2O_2溶样，铜分解完全后，加热将多余的H_2O_2分解赶尽，然后定量转入250mL容量瓶中，加水稀释至刻度，摇匀。准确移取纯铜标准溶液25.00mL置于250mL锥形瓶中，滴加氨水(1∶1)至溶液刚好有沉淀生成，然后加入8mL HAc(1∶1)，10mL NH_4HF_2溶液，10mL KI(20%)溶液，用$Na_2S_2O_3$溶液滴定至呈淡黄色，再加入3mL淀粉指示剂，继续滴定至溶液浅蓝色，然后加入NH_4SCN(10%)溶液，继续滴定至溶液的蓝色消失，即为终点，据消耗的$Na_2S_2O_3$溶液的体积，计算其浓度（用纯铜标定$Na_2S_2O_3$溶液时，所加入的H_2O_2一定要赶尽，根据实践的经验，开始冒小气泡，然后冒大气泡，表示H_2O_2已赶尽，否则结果无法测准，这是很关键的一步操作）。

（五）漂白粉中有效氯含量的测定——间接碘量法

【目的要求】

1. 掌握间接碘量法的基本原理及滴定条件。

2. 学习测定漂白粉中有效氯含量的方法。

【实验原理】

漂白粉的主要成分是 $CaCl(OCl)$，还有 $CaCl_2$，$Ca(ClO_2)_2$，$Ca(ClO_3)_2$，CaO 等。其质量以释放出来的氯量来作为标准，称有效氯。利用漂白粉在酸性介质中定量氧化 I^-，用标准 $Na_2S_2O_3$ 溶液滴定生成的 I_2 可间接测得有效氯的含量。其有关的反应如下：

$$ClO^- + 2H^+ + 2I^- = I_2 + Cl^- + H_2O$$

$$ClO_2^- + 4H^+ + 4I^- = 2I_2 + Cl^- + 2H_2O$$

$$ClO_3^- + 6H^+ + 6I^- = 3I_2 + Cl^- + 3H_2O$$

$$2S_2O_3^{2-} + I_2 = S_4O_6^{2-} + 2I^-$$

【仪器试剂】

天平（0.1g、0.1mg 精度），称量瓶，烧杯（250mL），容量瓶（250mL），碘量瓶或具塞锥形瓶（250mL），量筒（20mL、10mL、5mL），移液管（25mL），酸式滴定管（棕色 50mL），试剂瓶（棕色 250mL）；H_2SO_4（$3mol \cdot L^{-1}$），KI(10%)，淀粉（1%），$K_2Cr_2O_7$（固体，基准试剂），Na_2CO_3（固体，AR），$Na_2S_2O_3 \cdot 5H_2O$（固体，AR），漂白粉精片。

【实验步骤】

1. $Na_2S_2O_3$ 溶液的配制及标定同实验十七（四）20

2. 漂白粉试液（悬浮液）的配制

准确称取 4～5 片漂白粉精片，置于研钵中研细，转入烧杯，加入少许蒸馏水调成糊状，将上层清液定量转移至 250mL 容量瓶中，用水稀释至刻度，摇匀。

3. 有效氯含量的测定

准确移取 20.00mL 漂白粉试液于锥形瓶中，加入 6mL $3mol \cdot L^{-1}$ 的 H_2SO_4 溶液和 10mL 10% 的 KI 溶液，加盖摇匀，于暗处放置 5min 后，取出加 20mL 蒸馏水，立即用 $Na_2S_2O_3$ 标准溶液滴定至溶液呈淡黄色后，再加入 2.0mL 淀粉溶液，继续用 $Na_2S_2O_3$ 溶液滴定至溶液蓝色刚好消失，即为终点。平行测定三次，计算样品中有效氯的含量。

思 考 题

1. 漂白液中有效氯的含量测定为什么要在碘量瓶中进行？
2. 当有效氯以 w_{Cl} 或 w_{Cl_2} 表示时，其计算公式分别如何表达？

实验十八 沉淀滴定

（一）自来水中氯的测定——莫尔法

微型实验

【目的要求】

1. 了解沉淀滴定法测定水中微量 Cl^- 离子含量的方法。
2. 学习沉淀滴定的基本操作。

【试验原理】

自来水中 Cl^- 离子的定量检测，最常用的方法是莫尔法（银量法）。该法的应用比较广泛，生活饮用水、工业用水、环境水质检测以及一些药品、食品中氯的测定都使用莫尔法。该法是在中性或弱碱性介质（pH=6.5～10.5）中，以 K_2CrO_4 为指示剂，用 $AgNO_3$ 标准溶液直接滴定 Cl^- 离子，由于 AgCl 的溶解度小于 Ag_2CrO_4 的溶解度，所以，在滴定过程中 AgCl 先沉淀出来，当 AgCl 定量沉淀后，微过量的 Ag^+ 与 CrO_4^{2-} 生成砖红色的 Ag_2CrO_4 沉淀，指示滴定终点。反应如下：

$$Ag^+ + Cl^- \rule{} {} = AgCl\downarrow \text{(白色)}$$

$$2Ag^+ + CrO_4^{2-} = Ag_2CrO_4\downarrow \text{(砖红色)}$$

【仪器试剂】

天平（0.1g，0.1mg 精度），酸式滴定管（棕色，10mL），移液管（10mL），锥形瓶（150mL），容量瓶（50mL），烧杯（50mL），吸量管（1.00mL、5.00mL、10.00mL）；HCl（1∶1），K_2CrO_4（0.5%），$AgNO_3$（0.005mol·L^{-1}），NaCl（固体，基准试剂），氨性缓冲溶液。

【实验内容】

1. $AgNO_3$ 标准溶液（0.005mol·L^{-1}）的配制与标定

称 0.085g 硝酸银溶解于 100mL 不含 Cl^- 的蒸馏水中，摇匀后储存于带玻璃塞的棕色试剂瓶中，$AgNO_3$ 溶液浓度约为 0.005mol·L^{-1}，待标定。

准确称取 0.07～0.08g NaCl 基准试剂于小烧杯中，用蒸馏水溶解后，定量转移至 250mL 容量瓶中，稀释至刻度，摇匀。用吸量管移取此溶液 10.00mL 置于 150mL 锥形瓶中，加入 1 滴 K_2CrO_4（0.5%）指示剂，在充分摇动下，用 $AgNO_3$ 溶液进行滴定（注意边滴边摇动）至呈现砖红色即为终点，平行测定三份。计算 $AgNO_3$ 溶液的准确浓度。

2. 自来水中 Cl^- 离子的测定

准确移取 10.00mL 水样于 150mL 锥形瓶中，加入 1～2 滴 K_2CrO_4（0.5%）指示剂，用 $AgNO_3$ 标准溶液（0.005mol·L^{-1}）进行滴定至溶液由黄色混浊（K_2CrO_4 在 AgCl 沉淀中）呈现砖红色，即为终点，记下消耗的 $AgNO_3$ 溶液体积。平行测定三份，计算自来水中 Cl^- 离子含量。

思 考 题

1. 指示剂用量的过多或过少，对测定结果有何影响？
2. 为什么不能在酸性介质中进行？pH 过高对结果有何影响？
3. 能否用标准氯化钠溶液直接滴定 Ag^+ 离子？如要用此法测定试样中的 Ag^+ 离子，应如何进行？
4. 测定有机物中的氯含量应如何进行？

（二）可溶性氯化物中氯含量的测定——佛尔哈德法

微型实验

【目的要求】

1. 掌握佛尔哈德法测定可溶性氯化物中氯的方法。

2. 学习沉淀滴定中返滴定的基本操作。

【试验原理】

以铁铵矾[$NH_4Fe(SO_4)_2$]为指示剂的银量法称为“佛尔哈德法”。可直接滴定测银和返滴定测氯。该法的最大优点是可以在酸性溶液中进行滴定，许多弱酸根离子不干扰测定，因而方法的选择性高。返滴定测氯时，首先向溶液中加入已知过量的Ag^+标准溶液，定量生成AgCl后，以铁铵矾为指示剂，用NH_4SCN标准溶液返滴定过量的$AgNO_3$，由$Fe(SCN)^{2+}$络离子的红色，指示终点，从而求得Cl^-离子的含量。反应如下：

$$Ag^+ + Cl^- = AgCl\downarrow \text{(白色)}$$

$$Ag^+ + SCN^- = AgSCN\downarrow \text{(白色)}$$

$$Fe^{3+} + SCN^- = Fe(SCN)^{2+} \text{(红色)}$$

由于AgCl($K_{sp}=1.8\times10^{-10}$)的溶解度比AgSCN($K_{sp}=1.0\times10^{-12}$)的溶解度大，故过量的SCN^-将与AgCl发生置换反应，使AgCl沉淀转化为溶解度更小的AgSCN：

$$SCN^- + AgCl\downarrow = Cl^- + AgSCN\downarrow$$

沉淀的转化作用是慢慢进行的，所以溶液中出现了红色之后，随着不断的摇动溶液，红色又逐渐消失，这样就得不到正确的终点，引起大的测定误差。因此试液中加入一定量的过量的Ag^+之后，加入有机溶剂（如1,2-二氯乙烷或硝基苯1～2mL），用力摇动，使生成的AgCl沉淀表面覆盖一层有机溶剂，避免沉淀与外部溶液的接触，阻止AgSCN与AgCl发生转化反应。

【仪器试剂】

天平（0.1g，0.1mg精度），酸式滴定管（棕色10mL），试剂瓶（棕色，250mL），移液管（5.00mL），容量瓶（100mL），烧杯（50mL），锥形瓶（50mL），碘量瓶（50mL），量筒；NaCl(固体，基准试剂)，$AgNO_3$(固体，AR)，NH_4SCN(AR)，铁铵矾指示剂溶液，HNO_3($1mol\cdot L^{-1}$)，K_2CrO_4(5%)，HNO_3(1∶1)，硝基苯或1,2-二氯乙烷，粗食盐样品(固体)。

【实验内容】

1. $AgNO_3$标准溶液（$0.05mol\cdot L^{-1}$）的配制与标定

称取0.8g硝酸银溶解于100mL不含Cl^-的蒸馏水中，摇匀后储存于带玻璃塞的棕色试剂瓶中，$AgNO_3$溶液浓度约为$0.05mol\cdot L^{-1}$，待标定。

准确称取0.12g左右的NaCl基准试剂于小烧杯中，用蒸馏水溶解后，定量转移至50mL容量瓶中，稀释至刻度，摇匀。用移液管移取此溶液5.00mL置于50mL锥形瓶中，加入4滴K_2CrO_4(5%)，在充分摇动下，用$AgNO_3$溶液进行滴定至呈现砖红色，即为终点，平行测定三份，计算$AgNO_3$溶液的准确浓度。

2. NH_4SCN溶液（$0.05mol\cdot L^{-1}$）的配制及标定

称取0.4g NH_4SCN，置于烧杯中，用100mL蒸馏水溶解后转入试剂瓶待标定。用移液管移取$AgNO_3$标准溶液5.00mL于50mL锥形瓶中，加1mL HNO_3(1∶1)，4滴铁铵矾指示剂溶液，用NH_4SCN溶液滴定至溶液颜色为浅红色，即为终点。平行测定三份，计算NH_4SCN溶液的浓度。

3. 样品测定

准确称取粗食盐样品0.12g左右，置于50mL烧杯中，加水溶解后，转入50mL容量瓶中，稀释至刻度。

移液管移取上述样品溶液 5.00mL 于 50mL 碘量瓶中，加 1mL HNO_3(1∶1)，由滴定管定量加入 $AgNO_3$ 标准溶液至过量 2～3mL(检查是否沉淀完全，应在接近计量点时，振荡溶液，然后静止片刻，让生成的 AgCl 沉淀沉于容器底部，上层清液中滴加几滴 $AgNO_3$ 溶液，如不再生成沉淀，说明已沉淀完全)。然后，加入 5 滴硝基苯或 1,2-二氯乙烷，用塞子塞住瓶口，振荡 30s，让沉淀表面包裹上一层有机溶剂，与溶液隔开。再加入 4 滴 $NH_4Fe(SO_4)_2$ 指示剂溶液，用 NH_4SCN 溶液滴定至溶液颜色为浅红色，即为终点。平行测定三份，计算样品中氯的含量。

思　考　题

1. 本实验加入有机溶剂的作用是什么？若测定的是溴或碘的含量，是否也要加入有机溶剂？为什么？
2. 酸度对测定有何影响？能否用 HCl 或 H_2SO_4 代替 HNO_3 酸化溶液？
3. 你还知道有哪些测定 Cl^- 的方法？

【附注】

汞盐沉淀法测定 Cl^- 在轻化工生产分析中，用汞量法测定 Cl^-。其原理是：当 Cl^- 的浓度在一定的范围内（10^{-3}～10^{-4}mol·L^{-1}）时，Hg^{2+} 与 Cl^- 几乎 100%地生成 $HgCl_2$，且新生成的 $HgCl_2$ 极难离解。利用这一特点，在 pH3.0～3.5 的条件下，以二苯卡巴腙与过量 1 滴的微量 Hg^{2+} 形成深紫色可溶性化合物显示终点。对稀的溶液进行滴定，近终点时，溶液由浅粉紫色转变为深蓝紫色，终点敏锐。

实验十九　沉淀重量法——$BaCl_2 \cdot 2H_2O$ 中钡的测定

【目的要求】

1. 学习重量分析的基本操作，包括沉淀、陈化、过滤、洗涤、转移、烘干及恒重等。
2. 了解晶型沉淀的性质、沉淀的条件及制备方法。
3. 了解微波技术在样品干燥方面的应用。

【实验原理】

沉淀重量分析法是利用沉淀反应，将试液中的被测组分转化为一定的称量形式进行称量，从而测得物质含量的分析方法，其测定结果的准确度高。尽管沉淀重量法的操作过程较长，但由于它有不可替代的特点，目前在常量的 S、Si、P、Ni、Ba 等元素或其化合物的定量分析中还经常使用。

Ba^{2+} 与 SO_4^{2-} 作用，生成微溶于水的 $BaSO_4$ 沉淀。沉淀经陈化、过滤、洗涤并干燥恒重后，由所得的 $BaSO_4$ 和试样重量计算试样中钡的含量。

要获得大颗粒的晶型沉淀，应在酸性、较稀的热溶液中并不断搅拌下缓慢地加入沉淀剂，沉淀完成后还需陈化。

为保证沉淀完全，沉淀剂必须过量（过量控制在 20%～50%之间），沉淀前试液经酸化以防止钡的碳酸盐等沉淀产生。沉淀选用稀硫酸为洗涤剂可减少 $BaSO_4$ 的溶解损失。

【仪器试剂】

天平（0.1g、0.1mg 精度），干燥器，磁力搅拌电热套，玻璃坩埚（G_4 号），淀帚，微波炉，循环水真空泵（配抽滤瓶）；$BaCl_2 \cdot 2H_2O$(固体，AR)，HCl 溶液（2mol·L^{-1}），

H_2SO_4 溶液（0.5mol·L^{-1}），$AgNO_3$溶液（0.1mol·L^{-1}）。

【实验步骤】

1. 玻璃坩埚的准备

将两个洗干净的玻璃坩埚，用真空泵抽 2min 以除去玻璃砂板微孔中的水分，放进微波炉，中高火下干燥 10min，取出放入干燥器内冷却 10～15min(刚放入时留一小缝隙，30s 后再盖严)，然后在分析天平上快速称重；第二次干燥 4min，冷却称重。重复上述操作。直至两次质量之差不超过 0.4mg，即为恒重。

2. 沉淀的制备

准确称取 0.4～0.5g $BaCl_2 \cdot 2H_2O$ 试样两份，分别置于 250mL 烧杯中，各加入 100mL 水及 3mL 2mol·L^{-1} HCl 溶液，在电炉上加热至 80℃左右。另用两个小烧杯中各加入 5～6mL 0.5mol·L^{-1} H_2SO_4溶液及 40mL 水，电炉上加热至近沸，不断搅拌下，将其逐滴加到热的氯化钡试液中，沉淀剂加完后，向上层清液中滴加 2 滴 H_2SO_4 溶液，仔细观察是否已沉淀完全。若出现混浊，说明沉淀剂不够，继续滴加一些使 Ba^{2+} 沉淀完全。盖上表面皿，在电热板上陈化 1h，陈化期间要每隔 5～8min 搅动一次。

3. 称量型获得

$BaSO_4$ 沉淀冷却后，用倾泻法在已恒重的玻璃坩埚中进行减压过滤。上层清液滤完后，用洗涤液（在 50mL 水中加 3～5 滴 H_2SO_4 溶液）将烧杯中的沉淀洗三次，每次用 15mL，再用水洗一次。然后将沉淀转移至坩埚中，用淀帚擦粘附在杯壁上和玻棒上的沉淀，再用水冲洗烧杯和玻棒直至沉淀转移完全。最后用水淋洗沉淀及坩埚内壁 6 次以上，取部分滤液用 $AgNO_3$ 检验。继续抽干 2min 以上（至不再产生水雾），将坩埚放入微波炉进行干燥（第一次 10min，第二次 4min），冷却、称量，直至恒重。计算两份试样中 Ba 的含量。

思考题

1. 沉淀进行陈化的作用是什么？
2. 为什么沉淀要在热、稀并不断搅拌下逐滴加入沉淀剂？
3. 本实验的主要误差来源有哪些？如何消除？
4. 什么是倾泻法过滤？什么叫恒重？
5. 为保证 $BaSO_4$ 沉淀的溶解损失不超过 0.1%，洗涤沉淀用水要控制在多少毫升？

实验二十 分光光度法

（一）邻二氮菲分光光度法测定微量铁

【目的要求】

1. 了解分光光度计的性能、结构及使用方法。
2. 熟悉分光光度法的基本操作及绘图处理实验数据的方法。
3. 初步了解实验条件研究的一般方法。
4. 学习铁的测定方法。

【实验原理】

邻二氮菲是测定微量铁的高灵敏、高选择性试剂，邻二氮菲分光光度法是微量铁测定的常用方法。在 pH＝2～9 的溶液中，Fe^{2+} 与邻二氮菲生成橘红色配合物，$\varepsilon_{508}=1.1\times10^4\ L\cdot cm^{-1}\cdot mol^{-1}$。

Fe^{3+} 也和邻二氮菲生成配合物（呈蓝色）。因此，在显色之前需用盐酸羟胺或抗坏血酸将全部的 Fe^{3+} 还原为 Fe^{2+}。

$$2Fe^{3+}+2NH_2OH = 2Fe^{2+}+N_2\uparrow+2H_2O+2H^+$$

分光光度法测定铁的实验条件，如测量波长、溶液酸度、显色剂用量、显色时间、温度、溶剂以及共存离子干扰及其消除等，都是通过实验来确定的。

本实验采用标准曲线法（又称工作曲线法），即配制一系列浓度由小到大的标准溶液，在确定条件下依次测量各标准溶液的吸光度（A），以标准溶液的浓度为横坐标，相应的吸光度为纵坐标，在坐标纸上绘制标准曲线。将未知试样按照与绘制标准曲线相同的操作条件的操作，测定出其吸光度，再从标准曲线上查出该吸光度对应的浓度值就可计算出被测试样中被测物的含量。

【仪器试剂】

752 型分光光度计（配备 1cm 的比色皿）；$NH_4Fe(SO_4)_2$ 标准溶液（$10mg\cdot L^{-1}$），邻二氮菲（0.15%），盐酸羟胺（10%）(用时配制)，NaAc($1mol\cdot L^{-1}$)，HCl($6mol\cdot L^{-1}$)，NaOH($0.1mol\cdot L^{-1}$)。

【实验步骤】

1. $NH_4Fe(SO_4)_2$ 标准溶液（$10mg\cdot L^{-1}$）的配制

准确称取 0.2159g 分析纯 $NH_4Fe(SO_4)_2\cdot12H_2O$，加入少量水及 20mL $6mol\cdot L^{-1}$ HCl，使其溶解后，转移至 250mL 容量瓶中，用水稀释至刻度摇匀，此溶液含铁 $100mg\cdot L^{-1}$(贮备液)。取此溶液 25.00mL，置于 250mL 容量瓶中，加入 5mL HCl(1∶1)，用水稀释至刻度摇匀，此溶液含铁 $10mg\cdot L^{-1}$(标准溶液)。

2. 吸收曲线的绘制

移取 5.00mL 铁标准溶液，注入比色管中，加入 1.00mL 盐酸羟胺溶液，混匀后放置 1min，加 2.00mL 邻二氮菲溶液和 5.00mL 乙酸钠溶液，加水至 25mL 标线，摇匀。放置 10min，以试剂空白为参比，在波长 440～560nm 之间，每隔 5nm 测量吸光度。然后在坐标纸上以波长为横坐标，吸光度为纵坐标绘制吸收曲线。从吸收曲线上选择测定铁的适宜波长，一般选最大吸收波长（λ_{max}）。

3. 溶液酸度的选择

取 7 个 25mL 比色管，分别加入 5.00mL Fe^{3+} 标准溶液，1.00mL 盐酸羟胺，2.00mL 邻二氮菲溶液，摇匀。然后，分别加入 0.10mL、2.00mL、5.00mL、10.00mL、15.00mL、20.00mL、30.00mL　$0.1mol\cdot L^{-1}$ NaOH 溶液，用水稀释至刻度，放置 10min，以试剂空白为参比，在选择好的波长下测定各溶液的吸光度。同时，用 pH 计测量各溶液 pH。以 pH 为横坐标；吸光度（A）为纵坐标，绘制 A 与 pH 的曲线，得出测定铁的适宜酸度范围。

4. 显色剂用量的影响

取7个25mL比色管，各加入5mLFe^{3+}标准溶液，1.00mL盐酸羟胺，摇匀，放置1min，分别加入0.10mL、0.20mL、0.30mL、0.50mL、1.00mL、2.00mL、4.00mL邻二氮菲溶液和5.00mL NaAc溶液，用水稀释至刻度，摇匀。放置10min。试剂空白为参比，在选择好的波长下测定各溶液的吸光度。以邻二氮菲的用量为横坐标，吸光度A为纵坐标。绘制A与邻二氮菲用量的关系曲线，得出最佳用量。

5. 显色反应时间的选择

在一个25mL比色管中，加入5.00mL Fe^{3+}标准溶液，1.00mL盐酸羟胺，摇匀，放置1min，再加入2.00mL邻二氮菲，5.00mL NaAc溶液，用水稀释至刻度摇匀。依次测量放置5min、10min、15min、30min、60min、120min……后的吸光度。每次以试剂空白为参比，在选择的波长下测量其吸光度。然后以时间为横坐标，吸光度A为纵坐标，绘制A与显色时间的影响曲线。选出显色反应完全所需要的适宜时间。

6. 标准曲线的制作

在6个比色管中，分别加入0.00mL、2.00mL、4.00mL、6.00mL、8.00mL、10.00mL Fe^{3+}标准溶液，分别加入1.00mL盐酸羟胺，摇匀，放置1min，再分别加2.00mL邻二氮菲，5.00mL NaAc溶液，用水稀释至刻度。摇匀后放置10min。以试剂空白为参比，在所选择的波长下，测定吸光度。以含铁量为横坐标，吸光度A为纵坐标，绘制标准曲线。

7. 试样中铁含量的测定

准确移取适量试液置于比色管中，按标准曲线的制作步骤，加入各种试剂，最后测量吸光度。从标准曲线上查出并计算试样中铁含量。

思考题

1. 制作标准曲线时能否任意改变加入各种试剂的顺序？为什么？
2. 标准曲线法测铁的依据是什么？
3. 如果试液测得的吸光度不在标准曲线范围内怎么办？
4. 根据自己的实验数据，计算所用波长下的摩尔吸光系数。

（二）萃取光度法测定微量钒

【目的要求】

1. 进一步熟悉分光光度分析的基本操作。
2. 掌握萃取分离的操作。
3. 学习合金钢中微量钒的测定方法。

【实验原理】

钽试剂即N-苯甲酰苯基羟胺，又名苯甲酰苯胺，结构式如下：

$$\begin{array}{l} C_6H_5—N—OH \\ \qquad\quad | \\ C_6H_5—C{=}O \end{array}$$

它难溶于冷水，易溶于有机溶剂（如三氯甲烷），钽试剂与钒形成的配合物也难溶于水，通常是将钽试剂配制成三氯甲烷溶液，试液中的钒离子被萃取进入有机相并显色。

合金试样溶解后，钒以四价 VO^{2+} 形式存在，它不与钽试剂配合，可用 $KMnO_4$ 将其氧化为五价的 VO^{3+}，过量的 $KMnO_4$ 在尿素存在下，用 $NaNO_2$ 还原 $KMnO_4$，多余的 $NaNO_2$ 可由尿素分解掉，反应如下：

$$(NH_2)_2CO + 2NO_2^- + 2H^+ \longrightarrow 2N_2\uparrow + CO_2 + 3H_2O$$

本实验中选用 HCl 介质进行萃取。试液处理完毕，先加入萃取剂，然后加入 HCl，立即进行振荡萃取。由于 $CHCl_3$ 易挥发，从分液漏斗中放出有机相后，必须迅速测定吸光度。能与钽试剂反应的 Nb、Ta、Sn、Zr 等都生成无色配合物，不干扰测定。只有 TiO^{2+} 能与钽试剂生成黄色配合物并可被萃取、大量的 MoO_4^{2-} 能抑制钒的萃取，而干扰钒的测定，但在高酸度及 H_3PO_4 存在下，共存 5mgTi、2mg 以下的 Mo 对测定没有显著影响。

【仪器试剂】

天平（0.1g、0.1mg 精度），水浴锅，容量瓶（500mL、50mL），量筒，吸量管（5mL、10mL），梨形分液漏斗（50mL），烧杯（50mL），分光光度计（配 1cm 比色皿）；硫磷混合酸［配制方法同实验十七（三）附注 2］，钽试剂-三氯甲烷溶液（0.1%），偏钒酸铵（固体，AR），H_2SO_4（3mol·L^{-1}），HCl（1∶1），HNO_3（1∶2），$KMnO_4$（0.3%），$NaNO_2$（0.5%），尿素溶液（10%）。

【实验步骤】

1. 钒标准溶液（20.0μg·mL^{-1}）的配制

准确称取 0.2297g 偏钒酸铵（NH_4VO_3）置于烧杯中，加入沸水溶解，冷却后转移到 500mL 容量瓶中，加入 H_2SO_4 溶液（3mol·L^{-1}）25mL，加水定容后摇匀。此为贮备液，含钒 200μg·mL^{-1}，使用时，稀释成含钒 20.0μg·mL^{-1} 标准溶液。

2. 标准曲线的制作

在 6 个分液漏斗中分别加入钒标准溶液（20.0μg·mL^{-1}）0mL、1.00mL、2.00mL、3.00mL、4.00mL、5.00mL，再分别加入水 5.0mL、4.0mL、3.0mL、2.0mL、1.0mL、0mL，各加硫磷混合酸 2.00mL，混匀后滴加 $KMnO_4$ 溶液至呈稳定的红色，放置 2min，加尿素溶液 5mL，在摇动下逐滴加入 $NaNO_2$ 溶液至红色刚好消失。然后准确加入钽试剂-三氯甲烷溶液 10.00mL，再加 HCl 溶液 8.00mL，立即振荡萃取 1min（振荡过程中要放二次气），静止分层。将分液漏斗下端放些脱脂棉（吸收水分），有机相滤入干燥的吸收池中，以钽试剂-三氯甲烷溶液为参比，在 530nm 波长下测量其吸光度。扣除试剂空白溶液的吸光度后，绘制标准曲线。

3. 合金试样的测定

准确称取合金钢试样约 0.1g，置于 100mL 小烧杯中，加入硫磷混合酸 20.0mL，盖上表面皿，小心加热溶解。待合金钢溶解完毕，取下烧杯，加入 10 滴 HNO_3 溶液，缓慢加热蒸发至冒白烟（除掉炭及炭化物）。取下烧杯，再沿壁加入 10 滴 HNO_3 溶液，继续加热至冒白烟 2min。稍冷后缓缓加水约 30mL，冷却至室温，移入 50mL 容量瓶中，加水定容后摇匀。平行溶解两份试样。

两份试样各移出 5.00mL 注入两个分液漏斗中，各加 7mL 水，滴加 $KMnO_4$ 溶液至出现稳定的红色，放置 2min，以下操作按照实验内容 2 进行。

将所得吸光度数据在标准曲线上查出对应钒标准值，计算出合金钢中钒的含量。

思 考 题

1. 在酸性介质中与钽试剂配合的是 VO^{3+} 还是 VO^{2+}？实验中应控制好哪些条件，才能使钒以 VO^{3+} 的形态存在？

2. 为什么测定钒要采用萃取分光光度法？

3. 钽试剂-三氯甲烷溶液为什么要准确加入？

【附注】

钽试剂-三氯甲烷溶液（0.1%）的配制：称取 0.5g 钽试剂，溶于 500mL 三氯甲烷中，保存于棕色细口瓶中。

第三篇　综合实验

在基本实验训练的基础上，这一部分主要是通过一些完整的实验过程对学生进行系统的研究训练，学习一些中、小型仪器的使用，初步掌握从事化学工作及研究的基本规律和技能，同时，也可加深学生对化学理论知识的理性认识。本篇分为两部分内容：一是常见无机化合物和配合物的制备及分析鉴定；二是一些实际样品如硅酸盐水泥、复合肥、土壤成分等的处理和系统分析检测。

实验二十一　碳酸钠的制备及含量测定（双指示剂法）

【目的要求】

1. 了解工业上联合制碱（简称“联碱”）法的基本原理。
2. 学会利用各种盐类溶解度的差异使其彼此分离的某些技能。
3. 了解复分解反应及热分解反应的条件。
4. 初步学会用双指示剂法测定 Na_2CO_3 的含量。

【实验原理】

1. 制备原理

碳酸钠俗称苏打，工业上叫纯碱，一般较具规模的合成氨厂中设有“联碱”车间，就是利用二氧化碳和氨气通入氯化钠溶液中，先反应生成 $NaHCO_3$，再在高温下灼烧 $NaHCO_3$，使其分解而转化成 Na_2CO_3，其反应式为：

$$NH_3+CO_2+H_2O+NaCl \longrightarrow NaHCO_3\downarrow+NH_4Cl$$

$$2NaHCO_3 \xrightarrow{\text{灼烧}} Na_2CO_3+H_2O+CO_2\uparrow$$

第一个反应实际就是下列复分解反应：

$$NH_4HCO_3+NaCl \longrightarrow NaHCO_3\downarrow+NH_4Cl$$

因此，在实验室里直接使用 NH_4HCO_3 和 NaCl，并选择在特定的浓度与温度条件下进行反应。

从上述复分解反应可知，四种盐同时存在于水溶液中，这在相图上叫做四元交互体系。根据相图可以选择出最佳的反应温度与各个盐的溶解度（也就是浓度）关系，使产品的质量和产量达到最经济的原则。但这是一专门学科，不是本实验要去研究的问题。

将不同温度下各种纯盐在水中的溶解度作相互比较，可以粗略地估计出从反应的体系中分离出某些盐的较好条件和适宜的操作步骤。反应中所出现的四种盐在水中的溶解度见表3-1。

从表中看出，当温度在40℃时 NH_4HCO_3 已分解，实际上在35℃就开始分解了，由此决定了整个反应温度不允许超过35℃。但温度太低，NH_4HCO_3 溶解度则又减小，要使反应最低限度地向产物 $NaHCO_3$ 方向移动，则又要求 NH_4HCO_3 的浓度尽可能地增加，故由表可知，反应温度不宜低于30℃。故本反应的适宜温度为30～35℃。

表 3-1 NaCl 等四种盐在不同温度下在水中的溶解度 g/100g

盐 \ 温度/℃	0	10	20	30	40	50	60	70	80	90	100
NaCl	25.7	35.8	36.0	36.3	36.6	37.0	37.3	37.8	38.4	39.0	39.8
NH_4HCO_3	11.9	15.8	21.0	27.0	—	—	—	—	—	—	—
$NaHCO_3$	6.9	8.15	9.6	11.1	12.7	14.5	16.4	—	—	—	—
NH_4Cl	29.4	33.3	37.2	41.4	45.8	50.4	55.2	60.2	65.6	71.3	77.3

如果在 30～35℃下将研细了的 NH_4HCO_3 固体加到 NaCl 溶液中，在充分搅拌的条件下就能使复分解进行，并随即有 $NaHCO_3$ 晶体转化析出。通过以上分析，实验条件就可确定。

2. 测定原理

Na_2CO_3 产品中由于加热分解 $NaHCO_3$ 时的时间不足或未达分解温度而夹杂有 $NaHCO_3$ 及混进的其他杂质。一般说来，其他杂质不易混进，所以，通常只分析 $NaHCO_3$ 及 Na_2CO_3 两项即可。

Na_2CO_3 的水解是分两步进行的，故用 HCl 滴定 Na_2CO_3 时，反应也分两步进行：

$$Na_2CO_3 + HCl \longrightarrow NaHCO_3 + NaCl \qquad (1)$$

$$NaHCO_3 + HCl \longrightarrow H_2CO_3 + NaCl \qquad (2)$$

从反应式可知，如是纯 Na_2CO_3，用 HCl 滴定时两步反应所消耗的 HCl 应该是相等的，若产品中有 $NaHCO_3$ 时，则在第二步反应消耗的 HCl 要比第一步多一些。

又根据两步反应的结果来看，第一步产物为 $NaHCO_3$，此时溶液 pH 约为 8.5，当第二步反应结束时，最后产物为 H_2CO_3（进一步分解成 H_2O 和 CO_2），此时溶液的 pH 约为 4，利用这两个 pH 可选择酸碱指示剂酚酞［变色范围为 8.0（无色）～10.0（红色）］及甲基橙［变色范围为 3.1（红色）～4.4（黄色）］作滴定终点指示剂。由两次指示剂的颜色突变指示，测出每一步所消耗的 HCl 体积，再进行含量计算，如下图所示：

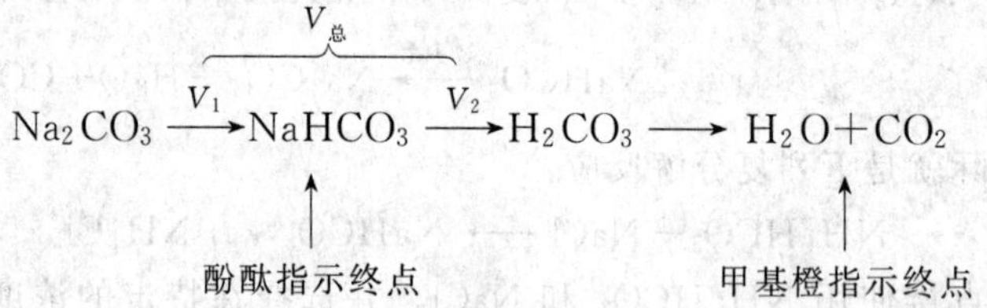

$$\overbrace{Na_2CO_3 \xrightarrow{V_1} NaHCO_3 \xrightarrow{V_2} H_2CO_3}^{V_总} \longrightarrow H_2O + CO_2$$

（$NaHCO_3$ 处：酚酞指示终点；H_2O+CO_2 处：甲基橙指示终点）

式中 $V_总$——从 Na_2CO_3 水解开始直到甲基橙指示终点所消耗的 HCl 体积。

显然，如果 $V_1 = V_2$ 时，即产品中无 $NaHCO_3$；若 $V_2 > V_1$，则表明产品中含有 $NaHCO_3$。

【仪器试剂】

常用仪器，电磁搅拌器，吸滤瓶，布氏漏斗，坩埚，坩埚钳，研钵，滤纸，电子天平或分析天平，酸式滴定管（50mL），锥形瓶（250mL）；粗盐饱和溶液，HCl（6mol·L^{-1}），酒精（1∶1，用 $NaHCO_3$ 饱和过的），Na_2CO_3（饱和溶液），NH_4HCO_3（固），HCl（0.1 mol·L^{-1}标准溶液），酚酞指示剂，甲基橙指示剂。

【实验步骤】

1. 除去杂质

量取 20mL 饱和粗盐溶液，放在 100mL 烧杯中加热至近沸，保持在此温度下用滴管逐

滴加入饱和 Na_2CO_3 溶液，调节 pH 至 11 左右，此时溶液中有大量胶状沉淀物[$Mg(OH)_2 \cdot MgCO_3$，$CaCO_3$]析出，继续加热至沸，趁热常压过滤，弃去沉淀，滤液转入150mL 烧杯中，再用 $6mol \cdot L^{-1}$ HCl 调节溶液 pH 至 7 左右。

2. 复分解反应转化制 $NaHCO_3$

将盛有上述滤液的烧杯放在控制温度为 30～35℃之间的水浴中（用电磁搅拌器加热水浴，其水温为 32～37℃），在不断搅拌的条件下，将预先研细了的 8.5g NH_4HCO_3 分数次（约 5～8 次）全部投入滤液中。加完后，继续保持此温度连续搅拌约 30min 使反应充分进行，从水浴中取出后稍静置，用吸滤法除去母液，白色晶体即为 $NaHCO_3$。在停止抽滤的情况下，在产品上均匀地滴上 1∶1 的酒精水溶液（用 $NaHCO_3$ 饱和过的）使之充分润湿（不要加很多），然后再抽吸，使晶体中的洗涤液被抽干，如此重复 3～4 次，将大部分吸附在 $NaHCO_3$ 上的铵盐及过量的 NaCl 洗去。

3. $NaHCO_3$ 加热分解制 Na_2CO_3

将湿产品放入蒸发皿中。先在石棉网上以小火烘干，然后移入坩埚，放入高温炉，调节温度控制器在 300℃的工作状态。当炉温恒定在 300℃时，继续加热 30min，然后停止加热，降温稍冷后，即将坩埚移入干燥器中保存备用。产品使用前，应称取其质量并用研钵研细后转入称量瓶中，根据产品质量计算产率。

4. 碳酸钠的含量测定

在分析天平（电子天平）上以差减法准确称取三份自制的 Na_2CO_3 产品（每份约 0.12g），分别置于 3 个 250mL 锥形瓶中，然后每份按下法操作。

向锥形瓶中加入蒸馏水约 50mL，产品溶解后加入酚酞指示剂 1～2 滴，用盐酸标准溶液滴定，溶液由紫红色变至浅粉红色，读取所消耗 HCl 之体积（V_1）（注意：第一个滴定终点一定要使 HCl 逐滴滴入，并不断振荡溶液，以防 HCl 局部过浓而有 CO_2 逸出，造成 $V_{总} < 2V_1$）。再在溶液中加 2 滴甲基橙指示剂，这时溶液为黄色，继续用原滴定管（已读取 V_1 体积数）滴入 HCl，使溶液由黄色突变至橙色，将锥形瓶置石棉网上加热至沸 1～2min，冷却（可用冷水浴冷却）后溶液又变黄色（如果不变仍为橙色，则表明终点已过），再小心慢慢地用 HCl 滴定至溶液再突变成橙色即达终点，记下所消耗 HCl 的总体积 $V_{总}$。

每次测定必须取齐 m、V_1、$V_{总}$ 和 c_{HCl} 四个数据，按下列公式计算 Na_2CO_3 及 $NaHCO_3$ 的质量分数：

$$Na_2CO_3\text{ 的百分含量} = \frac{c_{HCl} \times 2V_1 \times \dfrac{M_{Na_2CO_3}}{2000}}{m} \times 100\%$$

$$NaHCO_3\text{ 的百分含量} = \frac{c_{HCl} \times (V_{总} - 2V_1) \times \dfrac{M_{NaHCO_3}}{1000}}{m} \times 100\%$$

式中　$M_{Na_2CO_3}$——Na_2CO_3 摩尔质量；

c_{HCl}——HCl 的物质量浓度；

M_{NaHCO_3}——$NaHCO_3$ 摩尔质量；

m——Na_2CO_3 样品质量。

5. 计算 Na_2CO_3 的产率

（1）理论产量　以 NaCl 溶液浓度计算。

（2）实际产量　以产品质量乘 Na_2CO_3 百分含量。

（3）产率　　$产率=\frac{实际产量}{理论产量}\times 100\%$

将实验中所有数据列入下表：

实验号	样品质量	消耗 HCl 的体积/mL		HCl 浓度/(mol·L^{-1})	Na_2CO_3/%	$NaHCO_3$/%	Na_2CO_3 产率/%
		V_1	$V_总$				

思 考 题

1. 为什么在洗涤 $NaHCO_3$ 时要用饱和 $NaHCO_3$ 的酒精洗涤液，且不能一次多加洗涤液，而要采用少量多次地洗涤？

2. 如果 $NaHCO_3$ 上的铵盐洗不净是否会影响产品 Na_2CO_3 的纯度？NaCl 不能洗净是否会影响产品纯度？你认为怎样才能检查产品中含有 NaCl 或 NH_4Cl？

3. 如果在滴定过程中所记录的数据发现 $V_1>V_2$，也即 $2V_1>V_总$ 时，说明什么问题？

【附注】

1. 制备过程中，第一次沉淀多为氢氧化物沉淀，需煮沸一段时间并用常压过滤，或用中速滤纸过滤。
2. 若使用磁力搅拌器加热时，加热挡不要拧至最大，以防仪器过热损坏；保存好磁子，以免丢失。
3. 加 NH_4HCO_3 前，应先将溶液放在水浴中使烧杯内溶液温度达到 35℃（不能超过 35℃），再加 NH_4HCO_3。将 NH_4HCO_3 研细，分 3～5 次加完后继续搅拌 30min，绝不能减少搅拌时间或停止搅拌，以保证复分解反应进行完全。
4. 产品一定要抽滤得很干，小火烘干时要不断搅拌，防止固体凝结成块。然后转入作好标记的坩埚中待烧。
5. 含量测定时，正式滴定前应先做终点练习。
6. 第一步滴定终点一定要滴至浅粉红色为止，防止造成 $V_总<2V_1$。

实验二十二　高锰酸钾的制备及纯度测定

【目的要求】

1. 了解高锰酸钾制备的原理和方法。
2. 学习碱熔法操作及学会在过滤操作中使用石棉纤维和玻砂漏斗。
3. 试验和了解锰的各种价态的化合物的性质和它们之间转化的条件。
4. 测定高锰酸钾的纯度并掌握氧化还原滴定操作。

【实验原理】

1. 制备原理

在碱性介质中，氯酸钾可把二氧化锰氧化为锰酸钾：

$$3MnO_2+KClO_3+6KOH \xlongequal{熔融} 3K_2MnO_4+3H_2O+KCl$$

在酸性、中性及弱碱性介质中，锰酸钾可发生歧化反应，生成高锰酸钾：

$$3K_2MnO_4+2CO_2 \xlongequal{} 2KMnO_4+MnO_2+2K_2CO_3$$

所以，把制得的锰酸钾固体溶于水，再通入 CO_2 气体，即可得到 $KMnO_4$ 溶液和 MnO_2。减

压过滤以除去 MnO_2 之后，将溶液浓缩，即析出 $KMnO_4$ 晶体。用这种方法制取 $KMnO_4$，在最理想的情况下，也只能使 K_2MnO_4 的转化率达到66%，所以为了提高 K_2MnO_4 的转化率，通常在 K_2MnO_4 溶液中通入氯气：

$$Cl_2 + 2K_2MnO_4 = 2KMnO_4 + 2KCl$$

或用电解法对 K_2MnO_4 进行氧化，得到 $KMnO_4$。

阳极：$2MnO_4^{2-} - 2e = 2MnO_4^-$

阴极：$2H_2O + 2e = 2OH^- + H_2\uparrow$

总反应为：$2K_2MnO_4 + 2H_2O = 2KMnO_4 + 2KOH + H_2\uparrow$

本实验采用通 CO_2 的方法使 MnO_4^{2-} 歧化为 MnO_4^-。

2. 测定原理

草酸与高锰酸钾在酸性溶液中发生如下的氧化还原反应：

$$2KMnO_4 + 5H_2C_2O_4 + 3H_2SO_4 = K_2SO_4 + 2MnSO_4 + 10CO_2\uparrow + 8H_2O$$

反应产物 Mn^{2+} 对反应有催化作用，所以反应在开始时较慢，但随着 Mn^{2+} 的生成，反应速度逐渐加快。

高锰酸钾与草酸在硫酸介质中起反应，生成硫酸锰，使高锰酸钾的紫色退去。当反应到达等当点时，草酸即全部作用完，过量的1滴高锰酸钾溶液就会使溶液呈浅紫红色。

【仪器试剂】

台秤，CO_2 气体钢瓶，铁坩埚，铁棒，泥三角，坩埚钳，烧杯，布氏漏斗，吸滤瓶，玻砂漏斗3#，表面皿，酸式滴定管（50mL，棕色），电烘箱，真空干燥箱，酒精喷灯，分析天平（电子天平），称量瓶，研钵，锥形瓶（250mL），容量瓶（200mL）；$KClO_3$（固体，CP），MnO_2（工业），KOH（固体，CP），H_2SO_4（$2mol \cdot L^{-1}$），草酸标准溶液（$0.05mol \cdot L^{-1}$），酸洗石棉纤维。

【实验步骤】

1. 高锰酸钾的制备

（1）锰酸钾的制备　把2g氯酸钾固体和4g氢氧化钾固体混合均匀，放在铁坩埚内，用自由夹把铁坩埚夹紧，然后用小火加热，尽量不使熔融体飞溅。待混合物熔化后，将2.5g MnO_2 分三次加入，每次加入均应用铁棒搅拌均匀，加完 MnO_2，仍不断搅拌，熔体黏度逐渐增大，这时应大力搅拌，以防结块，等反应物干涸后，停止加热。

产物冷却后，将其转移到200mL烧杯中，留在坩埚中的残余部分，以约10mL蒸馏水加热浸洗，溶液倾入盛产物的烧杯中，如浸洗一次未浸完，可反复用水浸数次，直至完全浸出残余物。浸出液合并，最后使总体积为90mL（不要超过100mL），加热烧杯并搅拌，使熔体全部溶解。

（2）高锰酸钾的制备　产物溶解后，通入二氧化碳气体（约5min），直到锰酸钾全部歧化为高锰酸钾和二氧化锰为止（可用玻棒蘸一些溶液滴在滤纸上，如果滤纸上显紫红色而无绿色痕迹，即可以认为锰酸钾全部歧化），然后用铺有石棉纤维的布氏漏斗滤去二氧化锰残渣，滤液倒入蒸发皿中，在水浴上加热浓缩至表面析出高锰酸钾晶膜为止。溶液放置片刻，令其结晶，用玻砂漏斗把高锰酸钾晶体抽干。母液回收。产品放在表面皿上保存好备用，晾干后（也可将产品放于烘箱内，在30℃下干燥1～2h，或将产品放入真空干燥箱内，室温下干燥0.5～1h），称重，计算产率。

2. 高锰酸钾含量的测定

用差减法称取0.65～0.7g所制得的高锰酸钾固体（m_1）置于小烧杯内，用少量蒸馏水溶解后，全部转移到200mL容量瓶内，然后稀释至刻度。

准确称取一定量（视自制产品质量而定）草酸置于250mL锥形瓶内，加入25mL $2mol \cdot L^{-1}$ H_2SO_4，溶解后把溶液加热至75～85℃，然后用高锰酸钾溶液滴定。滴定开始时，高锰酸钾溶液紫色退去得很慢，这时要慢慢滴入，等加入的第1滴高锰酸钾退色后，再加第2滴。后来因产生了二价锰离子，反应速度加快，可以滴得快一些。最后当加入1滴高锰酸钾溶液，摇匀后，在30s以内溶液的紫红色不退，即表示已达到计量点。

重复以上操作，直至得到平行数据为止（至少平行滴定三份）。

3. 高锰酸钾含量的计算

$$高锰酸钾的百分含量=\frac{m_2}{m_1}\times 100\%$$

式中 m_1——称取的高锰酸钾的质量；

m_2——200mL高锰酸钾溶液中所测得的高锰酸钾的质量。

思考题

1. 为什么由二氧化锰制备高锰酸钾时要用铁坩埚，而不用瓷坩埚？用铁坩埚有什么优点？

2. 能不能用加盐酸来代替往锰酸钾溶液中通入二氧化碳气体？为什么？用氯气来代替二氧化碳，是否可以？为什么？

3. 过滤$KMnO_4$晶体为什么要用玻砂漏斗？是否可用滤纸或石棉纤维来代替？

【附注】

1. 第一步碱熔反应一定要保证有足够高的温度，KOH和$KClO_3$完全熔融后再加入MnO_2；分次加入MnO_2时动作要快，间隔时间要短。

2. CO_2的通入速度不能太快，以免将溶液冲出烧杯。

3. 布氏漏斗中铺石棉纤维时，应抽滤到滤液中检查（在小试管中）不出现纤维时才能使用，铺好一个后只要不去搅动它，可以供大家连续使用。

4. 测定高锰酸钾纯度时，要先进行终点观察练习（可取0.03g草酸进行模拟滴定）；同时根据练习时所消耗的$KMnO_4$溶液体积数决定正式滴定时每份所需称取草酸质量的范围。该滴定步骤也可采用以下方法：根据练习时所消耗的$KMnO_4$溶液体积数决定正式滴定时所称取的草酸质量，用来配制草酸标准溶液。移取25.00mL标准草酸溶液于锥形瓶中，加入25mL $1mol \cdot L^{-1}$ H_2SO_4，加热至75～85℃，然后用高锰酸钾溶液滴定。平行测定三次。

5. 本实验由于制备条件（高温熔融等）、原料（强碱等）及产物（强氧化剂、有色物）具有一定的危险性（烫伤、烧伤等），所以应小心操作，注意安全；同时应注意实验台、水池及地面等实验室卫生。

【扩展内容】

由锰酸钾溶液电解制备高锰酸钾溶液

把K_2MnO_4溶液倒入烧杯（电解槽）中，加热至60℃，放入电极，通直流电，控制阳极电流密度为$10mA \cdot cm^{-2}$，阴极电流密度为$250mA \cdot cm^{-2}$，槽电压为2.5～3.0V。阴极上可观察到有气体放出，$KMnO_4$则在阳极逐渐析出并沉于槽底，墨绿色的溶液转化为紫红色。2h后停止通电，取出电极，用冷水冷却电解液，使其充分结晶。过滤、称量。

实验二十三 铁化合物的制备及组成测定

（一）硫酸亚铁铵的制备

【目的要求】

1. 了解复盐的制备方法。

2. 练习水浴加热和减压过滤等操作。

3. 了解目视比色的方法。

【实验原理】

铁屑易溶于稀硫酸中，生成硫酸亚铁：

即

$$Fe + H_2SO_4 \xlongequal{\quad} FeSO_4 + H_2 \uparrow$$

硫酸亚铁与等摩尔量的硫酸铵在水溶液中相互作用，即生成溶解度较小的浅蓝色硫酸亚铁铵 $FeSO_4 \cdot (NH_4)_2SO_4 \cdot 6H_2O$ 复合晶体。

$$FeSO_4 + (NH_4)_2SO_4 + 6H_2O \xlongequal{\quad} FeSO_4 \cdot (NH_4)_2SO_4 \cdot 6H_2O$$

一般亚铁盐在空气中都易被氧化，但形成复盐后却比较稳定，不易被氧化。

【仪器试剂】

抽滤瓶，布氏漏斗，锥形瓶（250mL），蒸发皿，表面皿，量筒（50mL），台秤，水浴锅，吸量管（10mL），比色管（25mL）；铁屑，$(NH_4)_2SO_4$（固），H_2SO_4（$3mol \cdot L^{-1}$），HCl（$3mol \cdot L^{-1}$），Na_2CO_3（10%），KSCN（饱和溶液）。

【实验步骤】

1. 铁屑的净化（去油污）

称取 3g 铁屑（不要过量），放在锥形瓶中，加入 20mL10% Na_2CO_3 溶液，在水浴上加热 10min，倾析法除去碱液，用水把铁屑上的碱液冲洗干净（检查 pH 为中性），以防止在加入 H_2SO_4 后产生 Na_2SO_4 晶体混入 $FeSO_4$ 中。

2. 硫酸亚铁的制备

往盛着铁屑的锥形瓶内加入 20mL $3mol \cdot L^{-1}$ H_2SO_4，在水浴上加热，使铁屑与硫酸完全反应（约 45min 左右），应不时地往锥形瓶中加水及 H_2SO_4 溶液（要始终保持反应溶液的 pH 在 2 以下），以补充被蒸发掉的水分，趁热减压过滤，保留滤液。预先计算出 3g 铁屑生成硫酸亚铁的理论产量。

3. 硫酸亚铁铵的制备

根据上面计算出来的硫酸亚铁的理论产量，大约按照 $FeSO_4$ 与 $(NH_4)_2SO_4$ 的质量比为 1∶0.75，称取固体硫酸铵若干克，溶于装有 10mL 微热蒸馏水的蒸发皿中，再将上述热的滤液倒入其中混合，并滴入 2～3 滴 $3mol \cdot L^{-1}$ H_2SO_4。然后将其在水浴上加热蒸发，浓缩至表面出现晶体膜为止，放置让其慢慢冷却，即得硫酸亚铁铵晶体。用减压过滤法除去母液，将晶体放在吸水纸上吸干，观察晶体的颜色和形状，最后称量，计算产率。

4. 产品检验

（1）微量铁（Ⅲ）的分析　称 1.0g 样品置 25mL 比色管中，加入 15mL 不含氧的蒸馏水溶解，再加入 2mL $3mol \cdot L^{-1}$ HCl 和 1mL 饱和 KSCN 溶液，继续加不含氧蒸馏水至

25mL 刻度线，摇匀，与标准溶液进行目视比色，确定产品等级。

(2) 制备标准液　取含有下列质量的 Fe^{3+} 溶液：Ⅰ级试剂 0.05mg，Ⅱ级试剂 0.10mg，Ⅲ级试剂 0.20mg，与样品同样处理，最后稀释到 25.00mL。

思考题

计算硫酸亚铁铵的产量，应该以 Fe 的用量为准，还是以 $(NH_4)_2SO_4$ 的用量为准？为什么？

【附注】

1. 铁屑应先剪碎，全部浸没在 20mL 3mol·L^{-1} H_2SO_4 溶液中，同时不要剧烈摇动锥形瓶，以防止铁暴露在空气中氧化。

2. 步骤 2 中边加热边补充水，但不能加水过多，保持 pH 在 2 以下。如 pH 太高，Fe^{2+} 易氧化成 Fe^{3+}。

3. 步骤 2 中的趁热减压过滤，为防透滤可同时用两层滤纸，并将滤液迅速倒入事先溶解好的 $(NH_4)_2SO_4$ 溶液中，以防 $FeSO_4$ 氧化。

（二）草酸亚铁的制备及组成测定

【目的要求】

1. 以硫酸亚铁铵为原料制备草酸亚铁并测定其化学式。
2. 了解高锰酸钾法测定铁及草酸根含量的方法。

【实验原理】

在适当条件下，亚铁离子与草酸可发生反应得到草酸亚铁固体产品，反应式可为：

$$(NH_4)_2SO_4 \cdot FeSO_4 \cdot 6H_2O + H_2C_2O_4 \longrightarrow FeC_2O_4 \cdot nH_2O + (NH_4)_2SO_4 + H_2SO_4 + mH_2O$$

用 $KMnO_4$ 标准溶液滴定一定量的草酸亚铁溶液，即可测定出其中 Fe^{2+}，$C_2O_4^{2-}$ 和 H_2O 的含量，进而确定出草酸亚铁的化学式。滴定反应为：

$$5Fe^{2+} + 5C_2O_4^{2-} + 3MnO_4^- + 24H^+ = 5Fe^{3+} + 10CO_2 + 3Mn^{2+} + 12H_2O$$

【仪器试剂】

抽滤瓶，布氏漏斗，台秤，量筒（50mL），点滴板，称量瓶，锥形瓶（250mL），酸式滴定管（50mL，棕色），分析天平；H_2SO_4(2mol·L^{-1},1mol·L^{-1})，$H_2C_2O_4$(1mol·L^{-1})，丙酮，Zn(片,粉)，$KMnO_4$ 标准溶液（0.02mol·L^{-1}），NH_4SCN 溶液。

【实验步骤】

1. 草酸亚铁制备

称取自制的硫酸亚铁铵[参见(一)]9g 于 250mL 烧杯中，加入 45mL 水、3mL 2mol·L^{-1} H_2SO_4 酸化，加热溶解，向此溶液中加入 60mL 1mol·L^{-1} $H_2C_2O_4$ 溶液，将溶液加热至沸，不断搅拌，以免暴沸，有黄色沉淀析出（让沉淀尽量沉降），静置，倾出上清液，加入 60mL 蒸馏水，并加热，充分洗涤沉淀，抽滤（将产品在漏斗中铺平），抽干，再用丙酮洗涤固体产品 2 遍，抽干并晾干（用玻棒检查不沾玻棒后），称量。

2. 草酸亚铁产品分析

(1) 产物的定性试验　把 0.5g 自制草酸亚铁配成 5mL 水溶液（可加 2mol·L^{-1} H_2SO_4 微热溶解）。

① 取1滴溶液于点滴板上，加1滴 NH_4SCN 溶液，若立即出现红色，表示有 Fe^{3+} 存在。

② 试验该溶液在酸性介质中与 $KMnO_4$ 溶液的作用，观察现象，并检验铁的价态。然后加1小片Zn片，再次检验铁的价态。

(2) 产物的组成测定　准确称取草酸亚铁样品0.10～0.15g（称准至0.0001g）于250mL锥形瓶内，加入25mL $2mol \cdot L^{-1}$ H_2SO_4 溶液，使样品溶解，加热至40～50℃（不烫手），用标准高锰酸钾溶液滴定，滴至最后1滴溶液呈淡紫色在30s内不退色即为终点，记下高锰酸钾的体积 V_1。然后向此溶液中加入2g锌粉和5mL $2mol \cdot L^{-1}$ H_2SO_4 溶液（若Zn和 H_2SO_4 不足，可补加），煮沸5～8min，这时溶液应为无色，用硫氰酸盐溶液在点滴板上检验1滴溶液，如溶液不立即出现红色，可进行下面滴定。否则，若有粉红色出现，应继续煮沸几分钟。将溶液过滤至另一个锥形瓶内，用10mL $1mol \cdot L^{-1}$ H_2SO_4 溶液彻底冲洗残余的锌和锥形瓶（至少洗涤二次，以免 Fe^{2+} 残留在滤纸上），将洗涤液并入滤液内，用高锰酸钾溶液继续滴定至终点，记下体积为 V_2。至少平行测定两次，由此结果推算产品中的铁（Ⅱ）、草酸根和水的含量，求出产物的化学式（参见附注3）。

思考题

1. 用什么酸分解金属铁？铁中的杂质怎样除去？

2. 使 Fe^{3+} 还原为 Fe^{2+} 时，用什么作还原剂？过量的还原剂怎样除去？还原反应完成的标志是什么？

3. 用 $KMnO_4$ 滴定 Fe^{2+} 时，溶液中能否带有草酸盐沉淀？

【附注】

1. 金属铁经非氧化性酸分解，一般可得亚铁盐的溶液。亚铁离子在空气中不稳定，易被氧化成三价铁。亚铁离子与草酸根离子结合即生成溶解度小的草酸亚铁，自水溶液中析出时带有结晶水。

2. $KMnO_4$ 溶液的配制与标定：$KMnO_4$ 是氧化还原滴定中最常用的氧化剂之一。高锰酸钾滴定法通常在酸性溶液中进行，反应时锰的氧化数由+7变到+2。市售 $KMnO_4$ 常含杂质，因此用它配制的溶液要在暗处放置数天，待 $KMnO_4$ 中还原性杂质充分氧化后，再除去生成的 $MnO(OH)_2$ 沉淀，标定其浓度。

光线和 $MnO(OH)_2$、Mn^{2+} 等都能促进 $KMnO_4$ 的分解，故配好的 $KMnO_4$ 溶液应除尽杂质，并置于棕色试剂瓶内保存于暗处。

$Na_2C_2O_4$ 和 $H_2C_2O_4 \cdot 2H_2O$ 是较易纯化的还原剂，也是标定 $KMnO_4$ 常用的基准物质，其反应如下：

$$5C_2O_4^{2-} + 2MnO_4^- + 16H^+ \longrightarrow 10CO_2 + 2Mn^{2+} + 8H_2O$$

反应要在酸性、较高温度和有 Mn^{2+} 作催化剂的条件下进行。因为 $KMnO_4$ 溶液本身具有紫红色，极易察觉，故用它作为滴定液时，不需要外加指示剂。

3. 测定化学式：设化学式为 $Fe_x(C_2O_4)_y \cdot nH_2O$。用 $KMnO_4$ 氧化还原滴定法，先求 Fe^{2+} 和 $C_2O_4^{2-}$ 的含量，再设法使 Fe^{3+} 还原为 Fe^{2+} 后，用 $KMnO_4$ 滴定求 Fe^{2+} 含量。由一定量样品中扣除 Fe^{2+} 和 $C_2O_4^{2-}$ 的量即得结晶水的量。换算成 x、y、n 值，写出化学式。

（三）$K_xFe_y(C_2O_4)_z \cdot wH_2O$ 的制备及组成测定

【目的要求】

1. 以自制草酸亚铁为原料制备铁的化合物。

2. 掌握高锰酸钾法测定铁及草酸根含量之方法。

3. 了解Fe（Ⅱ）、Fe（Ⅲ）化合物的性质，Fe^{2+}、Fe^{3+} 的鉴定方法。

【实验原理】

FeC_2O_4 在有 $K_2C_2O_4$ 存在时可被 H_2O_2 氧化生成三草酸合铁酸钾，同时还有 $Fe(OH)_3$ 生成。若加适量 $H_2C_2O_4$ 溶液可使 $Fe(OH)_3$ 转化成三草酸合铁酸钾。

$$6FeC_2O_4 + 3H_2O_2 + 6K_2C_2O_4 \longrightarrow 4K_3Fe(C_2O_4)_3 + 2Fe(OH)_3$$

$$2Fe(OH)_3 + 3H_2C_2O_4 + 3K_2C_2O_4 \longrightarrow 2K_3Fe(C_2O_4)_3 + 6H_2O$$

水合三草酸合铁酸钾易溶于水，难溶于乙醇。它是光敏物质，见光易分解成 $K_2C_2O_4$、FeC_2O_4 及 CO_2。

可用高锰酸钾滴定法和加热恒重法确定产物水合三草酸合铁酸钾——$K_xFe_y(C_2O_4)_z \cdot wH_2O$ 的化学式。

【仪器试剂】

抽滤瓶，布氏漏斗，锥形瓶，表面皿，量筒（50mL），台秤，水浴锅，酸式滴定管（50mL，棕色），电烘箱，分析天平（电子天平），称量瓶，坩埚，滤纸，漏斗，烧杯，干燥器；$K_2C_2O_4$（固体），$H_2C_2O_4$（固体），H_2O_2（30%），乙醇（95%，1∶1 水溶液），丙酮，HCl（$2mol \cdot L^{-1}$），Zn（粒，粉），H_2SO_4（$2mol \cdot L^{-1}$），$KMnO_4$ 标准溶液，KSCN 溶液。

【实验步骤】

1. $K_xFe_y(C_2O_4)_z \cdot wH_2O$ 的制备

称取 2g 自制的草酸亚铁[参见本实验(二)]，加入 5mL 蒸馏水配成悬浊液，边搅拌边加入 3.2g $K_2C_2O_4$ 固体，加完后放在水浴中加热至 40℃。再滴加 10mL 30% H_2O_2 溶液，在此过程中要保持溶液温度约 40℃，此时会有棕色沉淀析出。把溶液加热至沸，将 1.2g $H_2C_2O_4$ 固体慢慢加入，至体系成亮绿色透明溶液，保持溶液近沸，如有混浊可趁热过滤。往清液中加 8mL 95%乙醇，如产生混浊，微热使其溶解，然后放在暗处水浴冷却至室温。待其析出晶体，抽滤，用 5mL 乙醇溶液（1∶1）及 5mL 丙酮各洗涤产物 2 遍，抽干，称量，将产物置于暗处保存待用。

2. 产物的定性试验

取 0.5g 自制的产物溶于 5mL 蒸馏水中，配成溶液，做以下试验。

(1) 取 2 滴溶液加入 1 滴 $2mol \cdot L^{-1}$ HCl 溶液，检验铁的价态。

(2) 在酸性介质中，试验与 $KMnO_4$ 溶液的作用，观察现象，并检验铁的价态。再加 1 小片 Zn 片，再次检验铁的价态。

3. 产物的组成测定

(1) 取自制产物 1～1.5g，放入烘箱。在 110℃ 干燥 1.5～2h，放入干燥器内冷却待用。

(2) 称取 0.18～0.22g(称准至 0.0001g)干燥过的样品，用与测定草酸亚铁产物组成相同的方法测出铁及草酸根的含量。

(3) 将坩埚洗净后，放入烘箱，在 110℃ 干燥 1h，放入干燥器中冷却至室温，称量。再在 110℃ 干燥 20min，再冷却，称量，直至恒重。

称取 0.5～0.6g 自制产物（称准至 0.0001g），放入已恒重的坩埚中。放入烘箱在 110℃ 干燥 1h，放入干燥器中冷却至室温，称量。再在 110℃ 干燥 20min，再冷却，称量，直至恒重。根据称量结果，计算每克无水化合物所对应的含结晶水的物质的量。

根据实验结果，计算产物 $K_xFe_y(C_2O_4)_z \cdot wH_2O$ 的化学式。

思考题

1. 制备操作中为使产品析出，可否用蒸发浓缩来代替加入乙醇的方法？

2. 通过两种产品[草酸亚铁和 $K_xFe_y(C_2O_4)_z \cdot wH_2O$]的性质试验，能否确定这两种化合物中铁的价态？当它们分别与 $KMnO_4$ 溶液和 Zn 片作用时，铁的价态有何变化？

【附注】

滴加 H_2O_2 溶液时，因反应是放热反应，水浴温度应略低于 40℃，以保持反应温度恒温在约 40℃。

实验二十四　铜化合物的制备、组成分析及铜含量测定

（一）五水硫酸铜的制备与提纯及微型碘量法测铜

【目的要求】

1. 利用废铜粉焙烧氧化的方法制备硫酸铜。

2. 掌握无机制备中加热、倾析法、过滤、重结晶等基本操作。

3. 学习间接碘量法测定铜含量。

【实验原理】

1. 制备及提纯

$CuSO_4 \cdot 5H_2O$ 俗名胆矾，它易溶于水，而难溶于乙醇，在干燥空气中可缓慢风化，将其加热至 230℃，可失去全部结晶水而成为白色的无水 $CuSO_4$。$CuSO_4 \cdot 5H_2O$ 用途广泛，是制取其他铜盐的主要原料，常用作印染工业的媒染剂、农业的杀虫剂、水的杀菌剂、木材防腐剂，也是电镀铜的主要原料。

$CuSO_4 \cdot 5H_2O$ 的制备方法有许多种，如利用废铜粉焙烧氧化的方法制备硫酸铜，可先将铜粉在空气中灼烧氧化成氧化铜，然后将其溶于硫酸而制得硫酸铜。也可采用浓硝酸作氧化剂，用废铜与硫酸、浓硝酸反应来制备硫酸铜。反应式：

$$Cu + 2HNO_3 + H_2SO_4 = CuSO_4 + 2NO_2\uparrow + 2H_2O$$

溶液中除生成硫酸铜外，还含有一定量的硝酸铜和其他一些可溶性或不溶性杂质，不溶性杂质可经过滤除去。可溶性杂质 Fe^{2+} 和 Fe^{3+}，一般是先将 Fe^{2+} 用氧化剂（如 H_2O_2 溶液）氧化为 Fe^{3+}，然后调节溶液 pH 至 3，并加热煮沸，以 $Fe(OH)_3$ 形式沉淀除去。

$$2Fe^{2+} + 2H^+ + H_2O_2 = 2Fe^{3+} + 2H_2O$$

$$Fe^{3+} + 3H_2O = Fe(OH)_3\downarrow + 3H^+$$

$CuSO_4 \cdot 5H_2O$ 在水中的溶解度，随温度变化较大，因此可采用蒸发浓缩，冷却结晶过滤的方法，将 $CuSO_4$ 的杂质除去，得到蓝色水合硫酸铜晶体。

2. 组成分析

（1）结晶水数目的确定　通过对产品进行热重分析，可测定其所含结晶水的数目，并可得知其受热失水情况。

（2）铜含量的测定　可用间接碘量法测定样品中铜离子的浓度，计算得出产品中 $CuSO_4 \cdot 5H_2O$ 的含量。其原理为：将含铜物质中的铜转化成 Cu^{2+}，在弱酸性介质中，Cu^{2+} 与过量的 KI 作用，生成 CuI 沉淀，同时析出 I_2。析出的 I_2 以淀粉为指示剂，用 $Na_2S_2O_3$ 标准溶液滴定。反应如下：

$$2Cu^{2+} + 4I^- = 2CuI\downarrow + I_2$$

或

$$2Cu^{2+} + 5I^- = 2CuI\downarrow + I_3^-$$

$$I_2 + 2S_2O_3^{2-} \xlongequal{} 2I^- + S_4O_6^{2-}$$

I^-不仅是还原剂，而且也是Cu(Ⅰ)的沉淀剂和I_2的配合剂。加入适当过量的KI，可使Cu^{2+}的还原趋于完全。上述反应须在弱酸性或中性介质中进行，通常用NH_4HF_2控制溶液的pH为3.5～4.0(或加入磷酸和氟化钠)。这种介质对测定铜矿和铜合金特别有利，因铜矿中含有的Fe、As、Sb及铜合金中的Fe对铜的测定有干扰，而F^-可以掩蔽Fe^{3+}，pH>3.5时，五价的As、Sb其氧化性也可降低至不能氧化I^-。

CuI的沉淀表面易吸附I_2，使终点变色不够敏锐且产生误差。通常在接近终点时加入KSCN(或NH_4SCN)，将CuI转化成溶解度更小的CuSCN沉淀，CuSCN更容易吸附SCN^-从而释放出被吸附的I_2，使滴定趋于完全，反应如下：

$$CuI + SCN^- \xlongequal{} CuSCN\downarrow + I^-$$

【仪器试剂】

微型滴定管（10mL），吸滤装置，电炉（或煤气灯），水浴锅，研钵，蒸发皿，烧杯，容量瓶（50mL、10mL），吸量管（5mL），热天平，分光光度计；废铜粉（或铜屑），H_2O_2溶液（3%），H_2SO_4(3mol·L^{-1})，H_3PO_4(浓)，HNO_3(浓)，KI(1mol·L^{-1})，淀粉溶液（0.2%），KSCN溶液（10%），NaF(0.5mol·L^{-1})，HCl(1∶1)；氨水(1∶1)；HAc(1∶1)。$Na_2S_2O_3$标准溶液（0.1mol·L^{-1}）。

【实验内容】

1. $CuSO_4\cdot5H_2O$的制备与提纯

（1）称取3g铜屑，放入蒸发皿中，灼烧至表面呈黑色，自然冷却（目的在于除去附着在铜屑上的油污，若铜屑无油污此步可略去）。

（2）在灼烧过的铜屑中，加入11mL 3mol·L^{-1} H_2SO_4，然后缓慢、分批地加入5mL浓HNO_3(在通风橱中进行)。待反应缓和后盖上表面皿，水浴加热。在加热过程中需要补加6mL 3mol·L^{-1} H_2SO_4和1mL浓HNO_3(由于反应情况不同，补加的酸量根据具体情况而定，在保持反应继续进行的情况下，尽量少加HNO_3)。待铜屑近于全部溶解后，趁热用倾析法将溶液转至小烧杯中，然后再将溶液转回洗净的蒸发皿中，水浴加热，浓缩至表面有晶体膜出现。取下蒸发皿，使溶液冷却，析出粗的$CuSO_4\cdot5H_2O$，抽滤，称量。

（3）重结晶。将粗产品以每克需1.2mL水的比例溶于水中。水浴加热使$CuSO_4\cdot5H_2O$完全溶解，趁热抽滤，滤液收集在小烧杯中，让其自然冷却，即有晶体析出（如无晶体析出，可在水浴上再加热蒸发）。完全冷却后，抽滤并抽干，称量。

2. 产品的热重分析

按照使用热天平的操作步骤对产品进行热重分析。操作条件参考如下：

样品质量	10～15mg	走纸速度	4格/min
热重量程	25mg	设定升温温度	250℃
升温速率	5℃/min		

测定完成后，分析记录仪绘制的曲线，处理数据，得出水合硫酸铜分几步失水，每步的失水温度，样品总计失水的质量，产品所含结晶水的百分数，每摩尔水合硫酸铜含多少摩尔结晶水（计算结果四舍五入取整数），确定出水合硫酸铜的化学式。再计算出每步失掉几个结晶水，最后查阅$CuSO_4\cdot5H_2O$的结构，结合热重分析结果，说明水合硫酸铜五个结晶水热稳定性不同的原因。

3. 产品百分含量的测定（微型碘量法）

(1) 配制 $CuSO_4 \cdot 5H_2O$ 样品的待测溶液 称取样品约1.2g(精确至0.0001g)，用4mL 2mol·L^{-1} H_2SO_4 溶解后，加入少量水，定量转移至50mL容量瓶中定容，摇匀。

(2) 测定待测溶液中 Cu^{2+} 的浓度 用吸量管移取5.00mL待测液，于150mL碘量瓶中，振荡后，加入2mL 1mol·L^{-1} KI，振荡，塞好瓶塞，置暗处10min后，加水10mL摇匀，以0.1mol·L^{-1}的 $Na_2S_2O_3$ 标准溶液滴定至溶液呈黄色，然后加入1mL 0.2%的淀粉溶液，再加入2mL 10% KSCN溶液，继续滴定至蓝色恰好消失为终点。平行测定三次。

(3) 计算试样中 Cu^{2+} 百分含量和产品中 $CuSO_4 \cdot 5H_2O$ 的百分含量。

【扩展内容】

硫酸四氨合铜的制备

称2.5g自制的 $CuSO_4 \cdot 5H_2O$ 溶于3.5mL水中，加入5mL浓氨水，溶解后过滤。将滤液转入烧杯中，沿烧杯壁慢慢滴加8.5mL 95%乙醇，盖上表面皿，静置。晶体析出后过滤，晶体用乙醇与浓氨水的混合液洗涤，再用乙醇与乙醚的混合液淋洗，室温干燥，称量。观察晶体的颜色、形状。

思考题

1. 铜合金试样能否用 HNO_3 分解？

2. 硝酸在 $CuSO_4 \cdot 5H_2O$ 制备过程中的作用是什么？为什么要缓慢分批加入而且要尽量少加？

3. 列举从铜制备硫酸铜的其他方法，并加以评述。

4. 计算和3g铜完全反应所需的3mol·L^{-1}硫酸和浓硝酸的理论量。为什么要用3mol·L^{-1}硫酸？

5. 本实验中加NaF的作用是什么？加KSCN的作用又是什么？为什么不能过早地加入？

6. 碘量法主要的误差来源有哪些？如何避免？

7. 试说明碘量法为什么既可测定还原性物质，又可以测定氧化性物质？测量时应如何控制溶液的酸碱性？为什么？

【附注】

1. $Na_2S_2O_3$ 溶液（0.1mol·L^{-1}）的配制与标定参见实验十七（四）2。

2. 指示剂淀粉不能加入太早，因滴定反应中产生大量CuI沉淀，淀粉与 I_2 过早形成蓝色配合物，大量 I_3^- 被吸附，终点颜色呈较深的灰色，不好观察。加入KSCN(或 NH_4SCN)不能太早，而且加入后要剧烈摇动，有利于沉淀的转化和释放出吸附的 I_3^-。

（二）二草酸合铜（Ⅱ）酸钾的制备及组成测定

【目的要求】

1. 熟练掌握无机制备的一些基本操作。

2. 了解配位滴定的原理和方法。

3. 熟练容量分析的基本操作。

【实验原理】

草酸钾和硫酸铜反应生成二草酸合铜（Ⅱ）酸钾。产物是一种蓝色晶体，在150℃失去结晶水，在260℃分解。虽可溶于温水，但会缓慢分解。

确定产物组成时，用重量分析法测定结晶水，用EDTA配位滴定法测铜含量，用高锰酸钾法测草酸根含量。

【仪器试剂】

布氏漏斗，抽滤瓶，瓷坩埚，酸式滴定管，干燥器；$CuSO_4 \cdot 5H_2O$(固体)，$K_2C_2O_4$(固体)，$NH_3 \cdot H_2O$-NH_4Cl缓冲液（pH＝10)，二甲酚橙(0.2%)，H_2SO_4(2mol·L^{-1})，$KMnO_4$标准溶液（0.02mol·L^{-1})，NH_4Cl(2mol·L^{-1})，EDTA标准液(0.02mol·L^{-1})，$NH_3 \cdot H_2O$(1mol·L^{-1})，$NH_3 \cdot H_2O$(浓)。

【实验步骤】

1. 二草酸合铜（Ⅱ）酸钾的制备

称取3g $CuSO_4 \cdot 5H_2O$溶于6mL 90℃的水中。取9g $K_2C_2O_4 \cdot H_2O$溶于25mL 90℃的水中。在剧烈搅拌下，将$K_2C_2O_4 \cdot H_2O$溶液迅速加入$CuSO_4$溶液中，冷至10℃，有沉淀析出。减压抽滤，用6～8mL冷水分三次洗涤沉淀，抽干，晾干或在50℃烘干产物。称重。

2. 二草酸合铜（Ⅱ）酸钾的组成分析

(1) 结晶水的测定　将两个坩埚放入烘箱，在150℃时干燥1h，然后放入干燥器中冷却30min后称量。同法再干燥30min，冷却，称量至恒重。

准确称取0.5～0.6g产物，分别放入两个已恒重的坩埚中，放入烘箱，在150℃时干燥1h，然后放入干燥器中冷却30min后称量。同法再干燥30min，冷却，称量至恒重。根据称量结果，计算结晶水含量。

(2) Cu(Ⅱ)的含量测定　准确称取0.17～0.19g产物，用15mL $NH_3 \cdot H_2O$-NH_4Cl缓冲液（pH＝10）溶解，再稀释至100mL。以紫脲酸铵作指示剂，用0.02mol·L^{-1}标准EDTA溶液滴定，当溶液由亮黄色变至紫色时即到终点。根据滴定结果，计算Cu^{2+}含量。

(3) 草酸根的含量测定　准确称取0.21～0.23g产物，用2mL浓$NH_3 \cdot H_2O$溶解后，再加入22mL 2mol·L^{-1} H_2SO_4溶液，此时会有淡蓝色沉淀出现，稀释至100mL。水浴加热至75～85℃，趁热用0.02mol·L^{-1}标准$KMnO_4$溶液滴定，直至溶液出现微红色（在1min内不退）即为终点。沉淀在滴定过程中逐渐消失。根据滴定结果，计算$C_2O_4^{2-}$含量。

根据以上计算结果，进而求出产物的化学式。

思考题

1. 在测定Cu^{2+}含量时，加入的$NH_3 \cdot H_2O$-NH_4Cl缓冲溶液的pH不等于10，对滴定有何影响？为什么？
2. 除用EDTA测量Cu^{2+}含量外，还有哪些方法能测Cu^{2+}含量？
3. 在测定$C_2O_4^{2-}$含量时，对溶液的酸度、温度有何要求？为什么？

实验二十五　三氯化六氨合钴（Ⅲ）的制备及组成测定

【目的要求】

1. 综合练习实验操作技术。
2. 加深理解配合物形成对三价钴稳定性的影响。
3. 练习用电导法测定离子个数。

【实验原理】

1. 制备

在一般情况下，虽然二价钴盐比三价钴盐要稳定，但是在配合状态下，三价钴却比二价钴稳定。所以通常可用 H_2O_2 或空气中的氧将二价钴配合物氧化制成三价钴的配合物。

氯化钴（Ⅲ）的氨合物由于内界的差异而有多种，如紫红色的$[Co(NH_3)_5Cl]Cl_2$ 晶体；橙黄色的$[Co(NH_3)_6]Cl_3$ 晶体；砖红色的$[Co(NH_3)_5H_2O]Cl_3$ 晶体等。它们的制备条件也是不同的，如在有活性炭为催化剂时，主要生成$[Co(NH_3)_6]Cl_3$；而无活性炭存在时，又主要生成$[Co(NH_3)_5Cl]Cl_2$。

本实验是在有活性炭存在下，将氯化钴（Ⅱ）与浓氨水混合，用 H_2O_2 将二价钴配合物氧化成三价钴氨配合物，并根据其溶解度及平衡移动原理，将其在浓盐酸中结晶析出，而制得$[Co(NH_3)_6]Cl_3$ 晶体。主要反应式如下：

$$2[Co(NH_3)_6]^{2+} + H_2O_2 = 2[Co(NH_3)_6]^{3+} + 2OH^-$$

$$[Co(NH_3)_6]^{3+} + 3Cl^- \rightleftharpoons [Co(NH_3)_6]Cl_3$$

2. 组成测定

（1）配位数的确定　虽然该配离子很稳定，但在强碱性介质中煮沸时可分解为氨气和 $Co(OH)_3$ 沉淀。

$$2[Co(NH_3)_6]Cl_3 + 6NaOH = 2Co(OH)_3\downarrow + 12NH_3\uparrow + 6NaCl$$

用标准酸吸收所挥发出来的氨，即可测得该配离子的配位数。

（2）外界的确定　通过测定配合物的电导率可确定其电离类型及外界 Cl^- 的个数，即可确定配合物的组成。

【仪器试剂】

分析天平，蒸馏装置，电导率仪，锥形瓶，滴定管；$AgNO_3$ 标准溶液（$0.1mol\cdot L^{-1}$），HCl（浓，$2mol\cdot L^{-1}$，$6mol\cdot L^{-1}$，$0.5mol\cdot L^{-1}$标准溶液），氨水（浓），NaOH（10%，$0.5mol\cdot L^{-1}$标准溶液），$CoCl_2\cdot 6H_2O$（固体），NH_4Cl（固体），H_2O_2（5%，30%），EDTA（$0.05mol\cdot L^{-1}$标准溶液），六亚甲基四胺（30%），K_2CrO_4（5%），二甲酚橙（0.2%），甲基红（0.1%），$ZnCl_2$ 标准溶液（$0.05mol\cdot L^{-1}$），乙醇，活性炭。

【实验步骤】

1. 三氯化六氨合钴的制备

取 6g NH_4Cl 溶于 12.5mL 水中，加热至沸，加入 9g 研细的 $CoCl_2\cdot 6H_2O$ 晶体，溶解后，趁热倾入事先放有 0.5g 活性炭的锥形瓶中。用流水冷却后，加入 20mL 浓氨水，再冷至 10℃以下，用滴管逐滴加入 20mL 5% H_2O_2 溶液。水浴加热至 50～60℃，保持 20min，并不断搅拌。然后用冰浴冷却至 0℃左右，吸滤（沉淀不需洗涤），直接把沉淀溶于 75mL 沸水中（水中含有 2.5mL 浓 HCl）。趁热吸滤，慢慢加入 10mL 浓 HCl 于滤液中，即有大量橘黄色晶体析出，用水浴冷却后过滤。晶体以冷的 $2mol\cdot L^{-1}$ HCl 洗涤，再用少许乙醇洗涤，吸干，在水浴上干燥，或在烘箱中于 105℃烘 20min。称量，计算百分产率。

2. 三氯化六氨合钴（Ⅲ）组成的测定

（1）氨的测定　准确称取 0.2g 左右样品（准确至 0.0001g），放入 250mL 锥形瓶中，加 80mL 水溶解，然后加入 10mL 10% NaOH 溶液。在另一锥形瓶中用滴定管准确加入 30～35mL $0.5mol\cdot L^{-1}$标准 HCl 溶液，放入冰浴中冷却。

按图 3-1 装配仪器，从漏斗加 3～5mL 10% NaOH 溶液于小试管中，漏斗柄下端插入

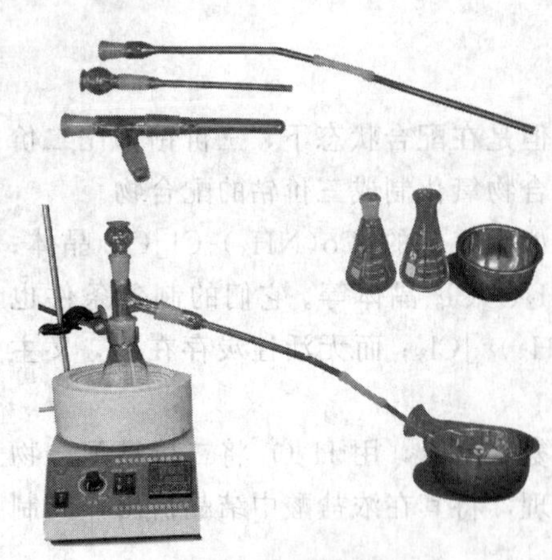

图 3-1 蒸氨装置

液面约 2～3cm。加热样品，开始可用大火，当溶液近沸时改用小火，保持微沸状态。蒸馏 1h 左右，即可将溶液中氨全部蒸出。蒸馏完毕，取出插入 HCl 溶液中的导管，用蒸馏水冲洗导管内部（洗涤液流入氨吸收瓶中）。取出吸收瓶，加 2 滴 0.1% 甲基红溶液，用 0.5mol·L^{-1} 标准 NaOH 溶液滴定过剩的 HCl。计算氨的百分含量，并与理论值比较。

（2）钴的测定

称 0.17～0.22g 样品（准确至 0.0001g），加 20mL 水溶解，再加入 3mL 10% NaOH，加热，沸后小火继续加热 10min，至产生黑色沉淀，样品完全分解，赶尽氨气（用润湿的 pH 试纸检验，将其放在锥形瓶口处至显中性）。稍冷后加入 4mL 6mol·L^{-1} HCl，滴入 2 滴 30% H_2O_2，加热至沉淀全部溶解，溶液呈透明的浅红色，继续加热至赶尽 H_2O_2。冷却后准确加入 35～40mL 0.05 mol·L^{-1}标准 EDTA 溶液，用约 15mL 30%六亚甲基四胺调溶液 pH 至 5～6，加入 4 滴 0.2%二甲酚橙，此时溶液应为黄色，然后用 0.05mol·L^{-1}标准 $ZnCl_2$ 溶液滴定，当样品溶液由黄色变为紫红色即为终点。平行测定两份，计算钴的百分含量。

（3）氯的测定

① 常规法

a. $AgNO_3$ 标准溶液的浓度为 0.1mol·L^{-1}。

b. 计算滴定所需的样品量，称量并配制样品溶液。

c. 测定时以 5% 的 K_2CrO_4 溶液为指示剂（每次 1mL），用 0.1mol·L^{-1} $AgNO_3$ 标准溶液滴定至出现淡红棕色不再消失为终点。

d. 按照滴定数据，计算氯的百分含量。

由以上分析氨、钴、氯的结果，写出产品的实验式。

② 微型实验法　参见实验十八（二）3。

3. 三氯化六氨合钴电离类型的测定

（1）配制 250mL 稀度为 128 的样品溶液，再用此溶液配制稀度分别为 256、512、1024 的样品液各 100mL（所谓稀度即溶液的稀释程度，为浓度的倒数，如稀度为 128，表示 128L 中含有 1mol 溶液），用 DDS-11A 型电导率仪测定溶液的电导率 γ。

（2）确定电离类型

按 $\lambda=\gamma\dfrac{1000}{c}$ 计算摩尔电导（单位：S·cm^2·mol^{-1}），确定 $Co(NH_3)_6Cl_3$ 的电离类型。

思 考 题

1. 在 $Co(NH_3)_6Cl_3$ 的制备过程中，氯化铵、活性炭、过氧化氢各起什么作用？影响产品质量的关键在哪里？

2. $[Co(NH_3)_6]^{3+}$ 与 $[Co(NH_3)_6]^{2+}$ 比较，哪个稳定？为什么？

3. 氨的测定原理是什么？用反应方程式表示。

4. 测定钴含量时，样品液加入 10% 的 NaOH，加热至产生黑色沉淀，这是什么化合物？

稍冷后加入 6mol·L^{-1} HCl，溶解黑色沉淀，然后滴加 30%H_2O_2 至溶液呈浅红色，这又是什么化合物？用 EDTA 溶液滴定时，为什么要用 30%六亚甲基四胺将溶液 pH 调至 5～6？

5. 氯的测定原理是什么？用反应方程式表示。

6. 稀度是什么？如何表示？如配 250mL 稀度为 128 的 $Co(NH_3)_6Cl_3$ 溶液，计算应准确称取化合物的量。

7. 还有哪些测定配离子电荷的方法？

实验二十六 镍配合物的制备、组成测定及物性分析

【目的要求】

1. 综合训练无机制备和定量分析的常规操作。

2. 了解并掌握某些物性的测试和结构测试方法。

【实验原理】

1. 制备

先将镍与硝酸在一定条件下反应生成硝酸镍：

$$Ni + 4HNO_3 \longrightarrow Ni(NO_3)_2 + 2H_2O + 2NO_2$$

再以此与浓氨水及氯化铵反应制备氯化镍（Ⅱ）的氨合物。

2. 组成测定

将该配合物溶于水配成一定浓度的溶液，用标准 EDTA 溶液进行配位滴定，以紫尿酸铵作指示剂，滴至溶液由黄色变到紫红色为终点，即可测得 Ni^{2+} 的含量。

将一定浓度的配合物溶液用标准 NaOH 溶液进行酸碱滴定，以甲基红作指示剂，滴至溶液由红变至黄色，即可测得 NH_3 的含量。

用摩尔法测定 Cl^- 的含量。

用电导率仪测定配离子的电荷，确定其电离类型，是一种常用方法。可完全电离的配合物，在浓度极稀的溶液中离解出一定数目的离子，通过测定它们的摩尔电导 λ，并取其上、下限的平均值即可测得其离子数，从而可确定配离子的电荷数。对离解为配离子和一价离子的配合物，在 25℃时，测定浓度为 1.0×10^{-3} mol·L^{-1} 溶液的摩尔电导，其实验规律是：

离子数	2	3	4	5
摩尔电导/(S·cm^2·mol^{-1})	0.0100	0.0250	0.0400	0.0500

根据组成分析和配离子电荷测定，可确定配合物的化学式。

3. 物性测定

通过磁化率的测定，可得知中心离子的电子组态及该配合物的磁性。

通过测定配合物的电子光谱，可计算分裂能 Δ 值。不同 d^n 电子和不同构型的配合物，电子光谱是不同的，因此，计算分裂能 Δ 值的方法也不同。对 d^2、d^3、d^7、d^8 电子的电子光谱都有三个吸收峰，其中八面体中的 d^3、d^8 和四面体中 d^2、d^7 电子，由最大波长的吸收峰位置的波长来计算 Δ 值。

【仪器试剂】

抽滤装置，分析天平（电子天平），滴定管，锥形瓶，电导率仪，X 射线粉末衍射仪，磁天平，分光光度计；镍片，HNO_3(浓,6mol·L^{-1})，$NH_3\cdot H_2O$(浓,1.5mol·L^{-1})，HCl (6mol·L^{-1})，$NH_3\cdot H_2O$-NH_4Cl 缓冲溶液（pH＝10），紫尿酸铵，EDTA 标准溶液

(0.05mol·L^{-1})，甲基红，NaOH(2mol·L^{-1}，0.5mol·L^{-1}标准溶液)，$AgNO_3$ 标准溶液(0.1mol·L^{-1})，K_2CrO_4(5%)。

【实验步骤】

1. $Ni(NH_3)_xCl_y$ 的制备

在 3g 镍片中分批加入 13mL 浓 HNO_3，水浴加热（在通风橱内进行）。视反应情况，再补加 3～5mL 浓 HNO_3。待镍片近于全部溶解后，用倾析法将溶液转移至另一烧杯中，并在冰盐浴中冷却。慢慢加入 20mL 浓 $NH_3·H_2O$ 至沉淀完全（此时溶液的绿色变得很淡，或近于无色）。减压过滤，并用 2mL 浓 $NH_3·H_2O$ 洗涤沉淀三次。

将所得的潮湿沉淀溶于 20mL 6mol·L^{-1}的 HCl 溶液中，并用冰盐浴冷却，然后慢慢加入 60mL $NH_3·H_2O$-NH_4Cl 混合液（每 100mL 浓 $NH_3·H_2O$ 中含 30g NH_4Cl）。减压过滤，依次用浓氨水、乙醇、乙醚洗涤沉淀，并置于空气中干燥，称量后保存待用。

2. 组分分析

(1) Ni^{2+}的测定　准确称取 0.25～0.30g 产品（准确至 0.0001g)，用 50mL 水溶解，加入 15mL pH=10 的 $NH_3·H_2O$-NH_4Cl 缓冲溶液，以紫尿酸铵作指示剂，用 0.05mol·L^{-1}的标准 EDTA 溶液滴定至溶液由黄色变到紫红色。

(2) NH_3 的测定　准确称取 0.2～0.25g 产品（准确至 0.0001g)，用 25mL 水溶解后加入 3.00mL 6mol·L^{-1} HCl 溶液，以甲基红作指示剂，用 0.5mol·L^{-1}标准 NaOH 滴至溶液由红变至黄色，即到终点。

取 3.00mL 上面所用 6mol·L^{-1} HCl 溶液，以甲基红作指示剂，仍用 0.5mol·L^{-1}标准 NaOH 滴定。计算氨的百分含量。

(3) Cl^-的测定

① 常规实验：准确称取 0.25～0.30g 产品（准确至 0.0001g)，用 25mL 水溶解后，加入 3mL 6mol·L^{-1} HNO_3 溶液，用 2mol·L^{-1} NaOH 溶液调 pH=6～7 之间。用 0.1mol·L^{-1}的标准 $AgNO_3$ 溶液滴定，加入 1mL 5% K_2CrO_4 溶液作指示剂，滴定至刚好出现浅红色混浊为终点。

② 微型实验：参见定量分析部分实验十八（二）。

3. 电离类型的确定

配制稀度为 1000 的产品溶液 250mL，用 DDS-11A 型电导率仪测所配溶液的电导率 γ，并按 $\lambda=\gamma\frac{1000}{c}$计算摩尔电导，式中 c 为物质的量浓度。

4. 物性分析

(1) 磁化率的测定　用古埃磁天平测定产物的磁化率。测试条件如下：在励磁电流 6.5A 的条件下测定。根据测得的磁化率计算磁矩，并确定 Ni^{2+}外层电子结构。

(2) 产物电子光谱的测定　取 0.5g 产物溶于 50mL 1.5mol·L^{-1} $NH_3·H_2O$ 溶液中，以蒸馏水为参比液，用 1cm 带盖的比色皿，在 752 型分光光度计的整个波长范围内，每隔 10nm 测一次吸光度。根据测得的吸光度，作吸光度-波长曲线。在图上找出最大吸收峰位置的波长，用下式计算分裂能：

$$\Delta=\frac{1}{\lambda}\times10^{7}(cm^{-1})$$

5. 理论值和文献值

（1）组分含量　Ni^{2+}　NH_3　Cl^-

理论值/%　25.32　44.08　30.59

（2）摩尔电导　$0.0250S \cdot cm^2 \cdot mol^{-1}$

（3）磁矩　文献值　$2.83\mu_B$

（4）分裂能　文献值　$10800cm^{-1}$

思考题

1. 有哪些方法可以测定 Ni^{2+} 的含量？若用配位滴定法，为什么要加入 pH＝10 的缓冲溶液？

2. 用标准 $AgNO_3$ 溶液测 Cl^- 含量时，K_2CrO_4 溶液的浓度、酸度对分析结果有什么影响？合适的条件是什么？

3. 本实验中氨的测定方法能否用于测定三氯化六氨合钴中的氨？

4. 测氨时，为什么另取 3.00mL $6mol \cdot L^{-1}$ HCl 溶液，用标准碱滴定？

实验二十七　十二钨硅酸的制备、萃取分离及表征

【目的要求】

1. 学习十二钨硅酸常量和微型制备的方法。
2. 掌握萃取分离操作。
3. 了解用红外光谱、紫外吸收光谱及热谱等对产物进行表征的方法。

【实验原理】

钒、铌、钼、钨等元素的重要特征是易形成同多酸和杂多酸。在碱性溶液中 W(Ⅵ)以正钨酸根 WO_4^{2-} 存在；随着溶液 pH 的减小，WO_4^{2-} 逐渐聚合成多酸根离子（如下表所示）。

H^+/WO_4^{2-}（物质的量之比）	同多酸阴离子	
1.14	$[W_7O_{24}]^{6-}$	仲钨酸根(A)离子
1.17	$[W_{12}O_{42}H_2]^{10-}$	仲钨酸根(B)离子
1.50	α-$[H_2W_{12}O_{40}]^{6-}$	钨酸根离子
1.60	$[W_{10}O_{32}]^{4-}$	十钨酸根离子
……	……	……

若在上述酸化过程中，加入一定量的硅酸盐，则可生成有确定组成的钨杂多酸根离子，如$[PW_{12}O_{40}]^{3-}$、$[SiW_{12}O_{40}]^{4-}$等。反应如下：

$$12WO_4^{2-}+SiO_3^{2-}+22H^+ \longrightarrow [SiW_{12}O_{40}]^{4-}+11H_2O$$

其中，十二钨杂多酸阴离子$[X^{n+}W_{12}O_{40}]^{(8-n)-}$的晶体结构称为 Keggin 结构，具有典型性。它是每 3 个 WO_6 八面体两两共边形成 1 组共顶三聚体，4 组这样的三聚体又各通过其他 6 个顶点两两共顶相连，构成图 3-2(a)所示的多面体结构；处于中心的杂原子 X 则分别与 4 组三聚体的 4 个共顶氧原子连接，形成 XO_4 四面体，其键结构如图 3-2(b)所示。这类钨杂多酸在溶液中结晶时，得到高聚合状态的杂多酸（盐）结晶 $H_m[XW_{12}O_{40}] \cdot nH_2O$。后者易溶于水及含氧有机溶剂（乙醚、丙酮等），它们遇强碱时被分解（生成什么物质?），而在酸性水溶液中较稳定。本实验利用钨硅酸在强酸性溶液中易与乙醚生成加合物［参见附

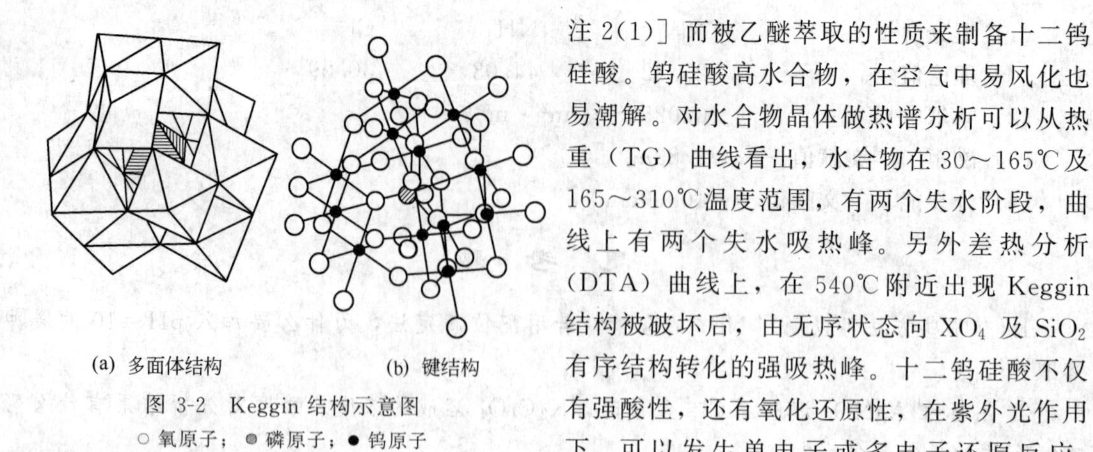

图 3-2 Keggin 结构示意图
○ 氧原子；◉ 磷原子；● 钨原子

注 2(1)] 而被乙醚萃取的性质来制备十二钨硅酸。钨硅酸高水合物，在空气中易风化也易潮解。对水合物晶体做热谱分析可以从热重（TG）曲线看出，水合物在 30～165℃及 165～310℃温度范围，有两个失水阶段，曲线上有两个失水吸热峰。另外差热分析（DTA）曲线上，在 540℃附近出现 Keggin 结构被破坏后，由无序状态向 XO_4 及 SiO_2 有序结构转化的强吸热峰。十二钨硅酸不仅有强酸性，还有氧化还原性，在紫外光作用下，可以发生单电子或多电子还原反应。Keggin 构型的钨杂多酸在紫外区（260nm 附近）有特征吸收峰，这就是电子由配位氧原子向中心钨原子迁移的电荷迁移峰。

【仪器试剂】

差热天平，红外光谱仪，UV-240 型分光光度计，烧杯（100mL、250mL、50mL），磁力加热搅拌器，滴液漏斗（100mL），分液漏斗（250mL），蒸发皿，水浴锅，微型抽滤装置，表面皿，吸量管；$Na_2WO_4 \cdot 2H_2O$（固体），$Na_2SiO_3 \cdot 9H_2O$（固体），HCl（6mol·L^{-1}，浓），乙醚，H_2O_2（3%，或溴水）。

【实验步骤】

1. 十二钨硅酸的制备

（1）常规实验

① 十二钨硅酸溶液的制备　称取 25g $Na_2WO_4 \cdot 2H_2O$ 置于烧杯中，加入 50mL 去离子水，再加入 1.88g $Na_2SiO_3 \cdot 9H_2O$，置于磁力加热搅拌器上加热搅拌，使其溶解。将混合物加热至近沸，由滴液漏斗以 1～2 滴/秒的速度加入浓盐酸（约 10mL），开始滴入浓 HCl 时，有黄钨酸沉淀出现，要继续缓慢滴加并不断搅拌至溶液 pH 为 2，保持 30min 左右。将混合物冷却。

② 酸化、乙醚萃取十二钨硅酸　将冷却后的全部液体转移至分液漏斗中，加入乙醚（约为混合物液体体积的 1/2），分四次向其中加入 10mL 浓盐酸，充分振荡，萃取，静止后液体分三层，上层是溶有少量杂多酸的醚，中间是氯化钠、盐酸和其他物质的水溶液，下层是油状的杂多酸醚合物。将下层醚合物分出，放于蒸发皿中，加水 4mL，水浴蒸发至溶液表面有晶体析出时为止，冷却结晶，抽滤，即可得到产品。

（2）微型实验

① 十二钨硅酸溶液的制备　称取 5.0g $Na_2WO_4 \cdot 2H_2O$ 置于烧杯中，加入 10mL 蒸馏水，再加入 0.38g $Na_2SiO_3 \cdot 9H_2O$，置于磁力加热搅拌器上加热搅拌使其溶解，在微沸下用滴液漏斗（或滴管）以 1～2 滴/秒的速度加入浓 HCl（约需 2mL）。开始滴入 HCl，有黄钨酸沉淀出现，要继续滴加 HCl 并不断搅拌，直至 pH 为 2 时，便可停加盐酸，保持 10min 左右。将混合物冷却。

② 酸化、乙醚萃取十二钨硅酸　将冷却后的全部液体转移至分液漏斗中，再加入 4mL 乙醚，1mL 浓 HCl，充分振摇萃取，静止后液体分三层，上层是溶有少量杂多酸的醚，中间是氯化钠、盐酸和其他物质的水溶液，下层是油状的杂多酸醚合物。分出底层油状乙醚加合物到另

一个分液漏斗中，再加入 1mL 浓盐酸、4mL 水及 2mL 乙醚，剧烈振摇后静置[参见附注 2(2)]（若油状物颜色偏黄，可重复萃取 1～2 次），分出澄清的第三相于蒸发皿中，加入少量蒸馏水（15～20 滴），在 60℃水浴锅上蒸发浓缩至溶液表面有晶体析出时为止，冷却放置[参见附注 2(3)]，得到无色透明的 $H_4[SiW_{12}O_{40}]_n \cdot H_2O$ 晶体，抽滤吸干后，称重装瓶。

2. 测定产品热重（TG）曲线及差热分析（DTA）曲线

取少量未经风化的样品，在热分析仪上，测定室温至 650℃范围内的 TG 曲线及 DTA 曲线。并计算样品的含水量，以确定水合物中结晶水数目。

3. 测定紫外吸收光谱

配制 $5\times10^{-5}mol \cdot L^{-1}$ 十二钨硅酸溶液，用 1cm 比色皿，以蒸馏水为参比，在 UV-240 型分光光度计上，记录波长范围为 400～200nm 的吸收曲线。

4. 测定红外光谱

将样品用 KBr 压片，在红外光谱仪上记录 4000～400cm^{-1} 范围的红外光谱图，并标识其主要的特征吸收峰。

思考题

1. 为什么钒、铌、钼、钨等元素易形成同多酸和杂多酸？

2. 十二钨硅酸易被还原，它与橡胶、纸张、塑料等有机物质接触，甚至与空气中的灰尘接触时，均易被还原为“杂多蓝”。因此，在制备过程中要注意哪些问题？

3. 在 $[SiW_{12}O_{40}]^{4-}$ 离子中有几种不同结构的氧原子？每种结构氧原子各有多少个？

4. 钨硅酸有哪些性质？

【附注】

1. 注意事项

(1) 由于十二钨磷酸易被还原，也可用下面方法提取：用水洗分出油状液体，并加少量乙醚，再分三层。将下层分出，用电吹风吹入干净的空气（防止尘埃使之还原）以除去乙醚。将析出的晶体移至玻璃板上，在空气中干燥直至无乙醚味为止。

(2) 乙醚沸点低，挥发性强，燃点低，易燃、易爆。因此，在使用时一定要加倍小心。

2. 注释

(1) 乙醚在高浓度的盐酸中生成$[C_2H_5—\overset{H}{O}—C_2H_5]^+$离子，它能与 Keggin 类型钨杂多酸阴离子缔合成盐，这种油状物的相对密度较大，沉于底部形成第三相。加水降低酸度时，可使盐破坏而析出乙醚及相应的钨杂多酸。

(2) 此时油状物应澄清无色，如颜色偏黄，可继续萃取操作 1～2 次。

(3) 钨硅酸溶液不要在日光下曝晒，也不要与金属器皿接触，以防止被还原。

实验二十八　硅酸盐水泥中硅、铁、铝、钙、镁含量的测定

【目的要求】

学习复杂物质分析的实验方法。

【实验原理】

(1) 硅的测定　水泥主要由硅酸盐组成。一般含硅、铁、铝、钙和镁等。硅的测定可利用重量法。将试样与固体 NH_4Cl 混匀后，再加 HCl 分解，其中的硅成硅酸凝胶沉淀下来，

经过滤、洗涤后的 $SiO_2 \cdot nH_2O$ 在瓷坩埚中于 950℃灼烧至恒重，称量求其重量，得到 SiO_2 含量。本法测定结果较标准法约高 0.2%左右。若改用铂坩埚在 1100℃灼烧恒重、经 HF 处理后，测定结果与标准法结果误差小于 0.1%。

滤液可进行铁、铝、钙、镁的测定。

（2）铁、铝的测定　取滤液适量，调节 pH 至 2.0～2.5，以磺基水杨酸为指示剂，用 EDTA配位滴定 Fe^{3+}；然后加入过量的 EDTA 标准溶液，加热煮沸，调节 pH 至 3.5，以 PAN 为指示剂，用 $CuSO_4$ 标准溶液返滴定法测定 Al^{3+}。

（3）钙、镁的测定　Fe^{3+}、Al^{3+} 含量高时，对 Ca^{2+}、Mg^{2+} 测定有干扰，须将它们预先分离。用尿素分离 Fe^{3+}、Al^{3+} 后，调节 pH 至 12.6，以钙指示剂或铬黑 T 为指示剂，EDTA配位滴定法测定钙。然后调 pH 约为 10，以 K-B 或铬黑 T 为指示剂，用 EDTA 滴定镁。

【仪器试剂】

马弗炉、瓷坩埚、干燥器和坩埚钳；EDTA 标准溶液（$0.02mol \cdot L^{-1}$），铜标准溶液（$0.02mol \cdot L^{-1}$），溴甲酚绿（0.1%的 20%乙醇溶液），磺基水杨酸钠（10%水溶液），PAN（0.3%乙醇溶液），钙指示剂，铬黑 T 指示剂，K-B 指示剂，NH_4Cl（固体），氨水（1∶1），NaOH 溶液（20%），HCl（浓，$6mol \cdot L^{-1}$、$2mol \cdot L^{-1}$），尿素（10%），HNO_3（浓），NH_4F（20%），$AgNO_3$（$0.1mol \cdot L^{-1}$），NH_4NO_3（1%），氯乙酸-乙酸铵缓冲液（pH＝2.0），氯乙酸-乙酸钠缓冲液（pH＝3.5），NaOH 强碱缓冲液（pH＝12.6），氨水-氯化铵缓冲液（pH＝10）。

【实验步骤】

1. EDTA 溶液的标定

用移液管准确移取铜标液 10.00mL，加入 5mL pH＝3.5 的缓冲溶液和水 35mL，加热至 80℃后，加入 4 滴 PAN 指示剂，趁热用 EDTA 滴定至由红色变为茶红色，即为终点，记下消耗 EDTA 溶液的体积数。平行测定三次。求 EDTA 溶液的浓度。

2. SiO_2 的测定

准确称取 0.4g 水泥试样，置于 50mL 烧杯中，加入 2.5～3g 固体 NH_4Cl，用玻璃棒搅拌混匀，滴加浓 HCl 至试样全部润湿（一般约需 2mL），并滴加浓 HNO_3 2～3 滴，搅匀。盖上表面皿，置于沸水浴上，加热 1min，加热水约 40mL，搅动，以溶解可溶性盐类。过滤，用热水洗涤烧杯和沉淀，直至滤液中无 Cl^- 离子为止（用 $AgNO_3$ 检验），弃去滤液。

将沉淀连同滤纸放入已恒重的瓷坩埚中，低温干燥、炭化并灰化后，于 950℃灼烧 30min 取下，置于干燥器中冷却至室温，称重。再灼烧，直至恒重。计算试样中 SiO_2 的含量。

3. 铁、铝、钙、镁的测定

（1）溶样　准确称取约 2g 水泥样品于 250mL 烧杯中，加入 8g NH_4Cl，搅拌 20min 混匀。加入浓 HCl 12mL，使试样全部润湿，再滴加浓 HNO_3 4～8 滴，搅匀，盖上表面皿，置于已预热的沙浴上加热 20～30min，直至无黑色或灰色的小颗粒为止。取下烧杯，稍冷后加热水 40mL，搅拌使盐类溶解。冷却后，连同沉淀一起转移到 500mL 容量瓶中，用水稀释至刻度，摇匀后放置 1～2h，让其澄清。然后，用洁净干燥的虹吸管吸取溶液于洁净干燥的 400mL 烧杯中保存，作为测 Fe、Al、Ca、Mg 等元素之用。

（2）铁、铝含量的测定　准确移取 25.00mL 试液于 250mL 锥形瓶中，加入磺基水杨酸 10 滴，pH＝2.0 的缓冲溶液 10mL，用 EDTA 标准溶液滴定至由酒红色变为无色时，即为终点，记下消耗 EDTA 的体积。平行测定三次，计算 Fe_2O_3 含量。

在滴定完铁后的溶液中，加入 1 滴溴甲酚绿，用 HCl(1∶1)调至黄绿色，然后，加入过量 EDTA 标液 15mL，加热煮沸 1min，加入 pH＝3.5 的缓冲溶液 10mL，4 滴 PAN 指示剂，用 $CuSO_4$ 标液滴至茶红色，即为终点。平行测定三次。根据消耗的 EDTA 溶液的体积，计算 Al_2O_3 含量。

（3）钙、镁含量的测定　Fe、Al 对 Ca、Mg 的测定有干扰，须将它们预先分离。取试液 100mL 置于 200mL 的烧杯中，滴加 NH_3 水至红棕色沉淀生成，再滴入 HCl(2mol·L^{-1})使沉淀刚好溶解。然后，加入尿素溶液 25mL，加热约 20min，不断搅拌，使 Fe^{3+}、Al^{3+} 沉淀完全，趁热过滤，滤液用 250mL 烧杯承接，用 NH_4NO_3(1%)热水洗涤沉淀至无 Cl^- 离子为止。滤液冷却后转移至 250mL 容量瓶中，稀至刻度，摇匀，用于测定 Ca、Mg。

移液管移取 25.00mL 试液置于 250mL 锥形瓶中，加入 2 滴钙指示剂，滴加 NaOH (20%)使溶液变为微红色，加入 10mLpH＝12.6 的缓冲溶液和 20mL 水，用 EDTA 标准溶液滴至终点。平行测定三次，计算 CaO 的含量。

在测定 Ca 后的溶液中，滴加 HCl(2mol·L^{-1})至溶液黄色退去，此时 pH 约为 10，加入 15mL pH＝10 的缓冲溶液，2 滴铬黑 T 指示剂，用 EDTA 标液滴至由红色变为纯蓝色，即为终点。平行测定三次，计算 MgO 的含量。

思考题

1. Fe^{3+}、Al^{3+}、Ca^{2+}、Mg^{2+} 共存时，能否用 EDTA 标准溶液控制酸度法滴定 Fe^{3+}？滴定时酸度范围为多少？

2. 测定 Al^{3+} 时为什么采用返滴法？

3. 如何消除 Fe^{3+}、Al^{3+} 对 Ca、Mg 测定的影响？

4. EDTA 滴定 Ca、Mg 时，怎样利用钙指示剂（GBHA）的性质调节溶液 pH？

【附注】

1. 铜标准溶液（0.02mol·L^{-1}）配制：准确称取 0.3g 纯铜，加入 3mL 6mol·L^{-1} HCl，滴加 2～3mL H_2O_2，盖上表面皿，微沸溶解，继续加热赶去 H_2O_2(小气泡冒完为止)，冷却后转入 250mL 容量瓶中，用水稀释至刻度，摇匀。

2. 氯乙酸-乙酸铵缓冲液（pH＝2）的配制：850mL 氯乙酸（0.1mol·L^{-1}）与 85mL NH_4Cl (0.1mol·L^{-1})混匀。

3. 氯乙酸-乙酸钠缓冲液（pH＝2）的配制：250mL 氯乙酸（2mol·L^{-1}）与 500mL NaAc(0.1mol·L^{-1})混匀。

4. NaOH 强碱缓冲液（pH＝12.6）的配制：10g NaOH 与 10g $Na_4B_4O_7·10H_2O$(硼砂）溶于适量水后，稀释至 1L。

5. 氨水-氯化铵缓冲液（pH＝10）的配制：67g NH_4Cl 溶于适量水后，加入 520mL 浓氨水，稀释至 1L。

6. 水泥可分为硅酸盐水泥（熟料水泥），普通硅酸盐水泥（普通水泥），矿渣硅酸盐水泥（矿渣水泥），火山灰质硅酸盐水泥（火山灰水泥），粉煤灰硅酸盐水泥（煤灰水泥）等。水泥熟料由水泥生料经 1400℃以上高温煅烧而成。硅酸盐水泥由水泥熟料加入适量石膏，其成分均与水泥熟料相似，可按水泥熟料化学分析法进行。水泥熟料、未掺混合材料的硅酸盐水泥、碱性矿渣水泥，可采用酸分解法。不溶物含量较高的水泥熟料、酸性矿渣水泥、火山灰质水泥等酸性氧化物较高的物质，可采用碱熔融法。本实验采用的硅酸盐水泥，一般较易为酸所分解。

7. 若试样中含 Ti^{4+} 时，则 $CuSO_4$ 回滴法测得的实际上是 Al^{3+}、Ti^{4+} 合量。若要测定 TiO_2 的含量可加入苦杏仁酸解蔽剂，从 TiY 中夺出 Ti^{4+}，再用标准 $CuSO_4$ 滴定释放的 EDTA。如 Ti^{4+} 含量较低时可用比色法测定。

实验二十九　植物、土壤中某些元素的鉴定

【目的要求】

1. 增加学生对探索大自然奥秘的兴趣。
2. 了解从植物、土壤中分离和鉴定化学元素的方法。

【实验原理】

植物中大量的元素是碳、氢、氧、氮四种。必需的微量金属元素中，相对含量高的首先是铁，其次是锌，接着是镁、钙、铜和钾。个别植物可能某种元素的含量特别高。植物成长主要靠土壤提供养分。因此可以从植物的汁液中，或植物、土壤的浸取液中分离和鉴定化学元素。鉴定反应参考元素性质部分。

【仪器试剂】

电热板，研钵，离心机，抽滤装置；HCl（$2mol \cdot L^{-1}$，4%），NaOH（$2mol \cdot L^{-1}$），H_2SO_4（$2mol \cdot L^{-1}$），$(NH_4)_2C_2O_4$（饱和），$K_4[Fe(CN)_6]$（固体），$NaHCO_3$（$0.5mol \cdot L^{-1}$），H_2SO_4-$(NH_4)_2MoO_4$ 溶液，EDTA（3%）-HCHO 溶液，$Na(C_6H_5)_4B$（3%），$SnCl_2$（$0.5mol \cdot L^{-1}$），KSCN（$0.3mol \cdot L^{-1}$），HNO_3（浓），$NH_3 \cdot H_2O$（浓），HAc（5%），奈氏试剂，CCl_4，$NaNO_2$（固体），NaCl（10%），HCl-$(NH_4)_2MoO_4$ 溶液，镁试剂，茜素 S，酒石酸钾钠（10%）。

【实验步骤】

1. 植物材料的准备

选取有不同代表性的植株 5～10 株，选取叶绿素少、输导组织发达的主要功能部位为原料，挤取汁液或放入蒸发皿中在通风橱内加热灰化，移至研钵中磨细后用 $2mol \cdot L^{-1}$ HCl 浸取。汁液或浸取液按下述步骤进行鉴定。

2. 某些元素的鉴定

（1）钙、镁、铝、铁的鉴定

浸取液 $\xrightarrow[NH_3 \cdot H_2O]{pH \leqslant 8}$
- 滤液
  - Ca^{2+} 的鉴定（饱和草酸铵）
  - Mg^{2+} 的鉴定（镁试剂）
- 沉淀 $\xrightarrow[过量]{NaOH}$
  - 滤液 ⟶ Al^{3+} 的鉴定（茜素 S 法）
  - 沉淀 ⟶ Fe^{3+} 的鉴定［$K_4Fe(CN)_6$ 或 KSCN］

对 Al^{3+} 的鉴定，可加入几滴茜素 S，用 H_2SO_4 中和至溶液由紫变红。滴加浓氨水，有红色沉淀，即表示有 Al^{3+}。

$$Al^{3+} + \text{(茜素 S: O, OH, OH, SO}_3\text{Na)} \xrightarrow{浓 NH_3 \cdot H_2O} \text{(Al/3 螯合物: O, O, OH, SO}_3\text{Na)} \downarrow \text{（红色）}$$

（2）磷的鉴定　1滴植物汁液中加入1滴HCl-$(NH_4)_2MoO_4$溶液。若生成黄色沉淀，则表示有PO_4^{3-}存在。再加1滴$SnCl_2$溶液出现蓝色称“钼蓝”。

用植物灰测磷时，用浓硝酸浸取使磷溶解，取清液作磷的鉴定。

（3）土壤养分浸取液的制备及土壤中铵态氮和磷的鉴定　取5g土壤，加入15mL 0.5mol·L^{-1} $NaHCO_3$，搅拌2min。取上层清液鉴定氮和磷。取4滴土壤浸取液，加1滴酒石酸钾钠溶液，消除Fe^{3+}的干扰。用奈氏试剂检验NH_4^+。取4滴土壤浸取液，加1滴2mol·L^{-1} H_2SO_4，并滴加H_2SO_4-$(NH_4)_2MoO_4$溶液，搅匀。加1滴$SnCl_2$溶液，出现“钼蓝”，表示有磷。

（4）土壤中钾的鉴定　取5g土壤，加少许10%的NaCl溶液，搅拌2min。清液用于测定钾。取8滴土壤浸取液，加1滴EDTA-HCHO溶液，搅匀。加1滴3%$Na(C_6H_5)_4B$出现白色沉淀，表示有钾存在。

实验三十　复合肥中氮、磷、钾的测定

（一）复合肥中总氮含量测定（蒸馏法）

【目的要求】

1. 学会肥料样品试样溶液的制备方法。
2. 掌握蒸馏法测氮的原理和方法。
3. 掌握重量法测磷、钾的方法。

【实验原理】

在酸性介质中还原硝酸盐成铵盐，在催化剂的存在下，用浓硫酸消化，将有机态氮或尿素态氮和氰氨态氮转化为硫酸铵。从碱性溶液中蒸馏氨，并吸收于过量硫酸标准溶液中，再用甲基红或甲基红-亚甲基蓝混合指示剂，用氢氧化钠标准溶液返滴定。

【仪器试剂】

实验室常用仪器、消化仪器和蒸馏装置（消化蒸馏装置如图3-3所示）；氧化铝，防泡剂（如熔点小于100℃的石蜡或硅脂），消化催化剂混合物（将1000g硫酸钾和50g五水硫酸铜混合，并仔细研磨），氢氧化钠标准溶液（0.1mol·L^{-1}），硫酸标准溶液[$c(1/2H_2SO_4)$：0.50mol·L^{-1}、0.20mol·L^{-1}、0.10mol·L^{-1}]，甲基红指示剂（2g·L^{-1}），甲基红-亚甲基蓝混合指示剂。

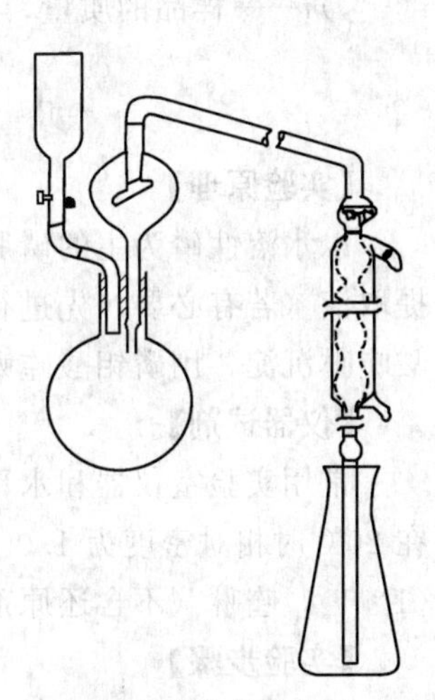
图3-3　消化蒸馏装置

【实验步骤】

1. 称样

称取总氮含量不大于235mg、硝酸态氮含量不大于60mg的实验室样品0.5～2g，称准至0.0001g。

2. 消化（试样含有机态氮，除了完全以尿素和氰氨基化物形式存在外，或是测定未知组分肥料时，必须采用此步骤）。

将烧瓶置于通风橱内，加22g消化催化剂混合物和1.5g氧化铝，小心地加入30mL硫酸，并加0.5g防泡剂以减少泡沫，于烧瓶颈插上梨形空心玻璃塞，将其置于预先调节至7～7.5min

沸腾试验的加热装置上。如泡沫很多，减小供热强度至泡沫消失，继续加热烧瓶和内容物，直到浓的白烟在烧瓶的圆球部分清晰。缓慢地转动烧瓶，继续消化 60min 或直到溶液透明，冷却烧瓶至室温。

3. 蒸馏

若用圆底烧瓶蒸馏，定量转移试样或经水解或经消化溶液至圆底烧瓶中，并加入防暴沸颗粒。根据试样预计的氮含量，加入适当浓度和体积的硫酸溶液于接受器中，加 4～5 滴指示剂溶液，装上接受器，导管的末端应插入硫酸溶液中，如溶液太少，加入适量水于接受器中。至少注入 120mL 氢氧化钠溶液于滴液漏斗中，若试样既未经水解，又未经消化处理时，只需注 20mL 氢氧化钠于滴液漏斗中，小心地将其注入到蒸馏烧瓶中。当滴液漏斗中余下约 2mL 溶液时，关闭活塞。加热使烧瓶内容物沸腾，逐渐增加加热速度，使内容物达到激烈沸腾。在蒸馏期间，烧瓶内容物应保持碱性。至少收集 150mL 馏出液后，将接受器取下，而冷凝管的导管仍在接受器边上的位置。用 pH 试纸检验尔后蒸出的馏出液，以保证氨全部蒸出，移去热源。从冷凝管上拆下防溅球管，用水冲洗冷凝管和扩大球泡的内部及导管的外部，收集冲洗液于接受器中。

4. 滴定

用氢氧化钠标准溶液返滴定过量硫酸到指示剂颜色呈现灰绿色（甲基红-亚甲基蓝混合指示剂）或橙黄色（甲基红指示剂）。

5. 空白实验

在测定的同时，使用同样的操作步骤、同样的试剂，但不含试样，进行试验。

6. 计算

根据样品质量和蒸馏样品溶液和空白溶液所消耗滴定剂 NaOH 标准溶液的浓度和体积可计算肥料中氮的百分含量 w。

$$w=\frac{(V_0-V_1)c\times 0.01401}{m}\times 100\%$$

式中 c——测定及空白实验时，使用 NaOH 标准溶液的浓度，$mol\cdot L^{-1}$；

V_1——测定试样时，消耗 NaOH 标准溶液的体积，mL；

V_0——空白实验时，消耗 NaOH 标准溶液的体积，mL；

m——样品的质量，g。

（二）复合肥中有效磷含量测定（重量法）

【实验原理】

以水溶性磷为主的磷肥用水和中性柠檬酸铵溶液提取，不溶性磷肥用 2%柠檬酸提取。提取液（若有必要，先进行水解）中正磷酸离子在酸性介质中与喹钼柠酮试剂生成黄色磷钼酸喹啉沉淀，用磷钼酸喹啉重量法测定磷的含量。

【仪器试剂】

常用实验室仪器和水平往复式振荡器；柠檬酸，氨水，中性柠檬酸铵溶液（pH＝7.0，在 20℃时相对密度为 1.09），柠檬酸溶液（2%，pH≈2.1），氨水（1∶7），钼酸钠，硝酸（1∶1），喹啉（不含还原剂），丙酮，喹钼柠酮试剂。

【实验步骤】

1. 样品的制备

(1) 含五氧化二磷大于10%的复混肥料，称取实验室样品1g(称准至0.0001g)；

(2) 含五氧化二磷小于10%的复混肥料，称取实验室样品2g(称准至0.0001g)。

2. 提取过程

含磷酸铵、重过磷酸钙、过磷酸钙或氨化过磷酸钙的复混肥料样品。将样品置于75mL体积的瓷蒸发皿中，加25mL水研磨提取，将清液倾注过滤到预先注入5mL硝酸（1∶1）的250mL容量瓶中，继续洗涤沉淀三次，每次用25mL水，然后将沉淀转移到滤纸上，并用水洗涤沉淀直到容量瓶中溶液达200mL左右为止，用水稀释至刻度，混匀即为溶液A，供测定水溶性磷用。

转移含有水不溶性残渣的滤纸到干燥的250mL容量瓶中，加入100mL预先加热到65℃的中性柠檬酸铵溶液，盖上瓶塞，振荡至滤纸分裂为纤维状为止，将容量瓶置于(65±1)℃的水浴中，保温提取1h，每隔10min振荡容量瓶一次，从水浴中取出容量瓶，冷却到室温，用水稀释至刻度，混匀，用干燥滤纸和漏斗过滤，弃去最初几毫升滤液，所得滤液为溶液B，供测定不溶性磷用。

3. 磷的测定

(1) 含磷酸铵、重过磷酸钙、过磷酸钙或氨化过磷酸钙复混肥料中水溶性磷的测定　用移液管吸取含10～20mg P_2O_5 的溶液A，移入500mL烧杯中，加入10mL硝酸（1∶1）溶液，用水稀释至100mL，预热近沸（如需水解，在电炉上煮沸几分钟），加入35mL喹钼柠酮试剂，盖上表面皿，在电热板上微沸1min或置于近沸水浴中保温至沉淀分层，取出烧杯冷却至室温，冷却过程转动烧杯3～4次。

用预先在(180±2)℃干燥至恒重的玻璃坩埚过滤，先将上层清液滤完，然后用倾泻法洗涤1～2次（每次约用25mL水），将沉淀移入坩埚中，再用水继续洗涤，所用水共125～150mL。将坩埚连同沉淀置于(180±2)℃干燥箱内，待温度达到180℃后干燥45min，移入干燥器中冷却，称重。

(2) 含磷酸铵、重过磷酸钙、过磷酸钙或氨化过磷酸钙复混肥料中有效磷的测定　用移液管吸取等体积的溶液A和溶液B，一并放于500mL烧杯中，使在烧杯的试液中所含 P_2O_5 总量为10～20mg。加10mL硝酸（1∶1）溶液，用水稀释至100mL。以下按（1）中规定的操作进行。

(3) 空白试验　对每个系列的测定，按照上述测定步骤，除不加试样外，利用相同试剂、溶液、用量进行空白试验。

(4) 肥料中 P_2O_5 含量的计算公式：

水溶性磷
$$w_1=\frac{(m_1-m_2)\times 0.03207}{m_0\times\frac{V}{250}}\times 100\%$$

有效磷
$$w_2=\frac{(m_1-m_2)\times 0.03207}{m_0\times\frac{V}{500}}\times 100\%$$

式中　m_1——磷钼酸喹啉沉淀质量，g；

m_2——空白实验所得磷钼酸喹啉沉淀质量，g；

m_0——试样质量，g；

V——沉淀所提取液总体积，mL；

0.03207——磷钼酸喹啉质量换算为 P_2O_5 质量的系数。

(三) 复合肥中钾含量测定 (重量法)

【实验原理】

在弱碱性介质中，以四苯基合硼酸钠溶液沉淀试样溶液中的钾离子。如试样中含有氰氨基化合物或有机物时，可先加溴水和活性炭处理。为了防止铵离子和其他阳离子干扰，可预先加入适量的甲醛溶液及乙二胺四乙酸二钠盐（EDTA），使铵离子与甲醛反应生成六亚甲基四胺，其他阳离子与 EDTA 配合。将沉淀过滤、洗涤、干燥及称重。

【仪器试剂】

实验室常用仪器，4 号玻璃坩埚，干燥箱；四苯基合硼酸钠（$15g\cdot L^{-1}$），四苯基合硼酸钠洗涤液（1∶10），EDTA（$40g\cdot L^{-1}$），甲醛，氢氧化钠溶液（$400g\cdot L^{-1}$），酚酞（$5g\cdot L^{-1}$的乙醇溶液），溴水溶液（5%），活性炭（应不吸附或不释放钾离子）。

【实验步骤】

1. 试样溶液制备

称取含氧化钾约 400mg 的试样 2～5g（称准至 0.0001g），置于 250mL 锥形瓶中，加约 150mL 水，加热煮沸 30min，冷却，定量转移到 250mL 容量瓶中，用水稀释至刻度，混匀，用干燥滤纸过滤，弃去最初 50mL 滤液。

2. 分析步骤

（1）试样不含氰氨基化合物或有机物　吸取上述滤液 25.00mL，置入 200mL 烧杯中，加 EDTA 溶液 20mL（含阳离子较多时可加 40mL），加 2～3 滴酚酞溶液，滴加氢氧化钠溶液至红色出现时，再过量 1mL，加甲醛溶液（按 1mg 氮加约 60mg 甲醛计算，即 37% 甲醛溶液加 0.15mL），若红色消失，用氢氧化钠溶液调至红色，在良好的通风橱内加热煮沸 15min，然后冷却或用流水冷却，若红色消失，再用氢氧化钠溶液调至红色。

（2）试样含有氰氨基化合物或有机物　吸取上述滤液 25.00mL，置入 200～250mL 烧杯中，加入溴水溶液 5mL，将该溶液煮沸直至溴水完全脱除为止（无溴颜色），若含有其他颜色，将溶液体积蒸发至小于 100mL，待溶液冷却后，加 0.5g 活性炭，充分搅拌使之吸附，然后过滤，并洗涤 3～5 次，每次用水约 5mL，收集全部滤液，加 EDTA 溶液 20mL（含阳离子较多时可为 40mL），以下同（1）操作。

（3）沉淀及过滤　在不断搅拌下，于试样溶液中逐滴加入四苯基合硼酸钠溶液，加入量为每含 1mg 氧化钾加四苯基合硼酸钠溶液 0.5mL，并过量约 7mL，继续搅拌 1min，静置 15min 以上，用倾滤法将沉淀过滤于预先在 120℃ 干燥至恒重的 4 号玻璃坩埚内，用洗涤溶液洗涤沉淀 5～7 次，每次用量约 5mL，最后用水洗涤 2 次，每次用量 5mL。

（4）干燥　将盛有沉淀的坩埚置于（120±5）℃ 干燥箱内，干燥 1.5h，然后放在干燥器内冷却，称重。

（5）空白实验　除不加试样外，测定步骤及试剂用量均与上述步骤相同。

3. 肥料中 K_2O 含量的计算

$$w=\frac{[(m_2-m_1)-(m_4-m_3)]\times 0.1314}{m_0\times\frac{25.00}{250.0}}\times 100\%$$

式中　m_0——试样质量，g；

m_1——坩埚质量，g；

m_2——盛有沉淀的坩埚质量，g；

m_3——空白实验的坩埚质量，g；

m_4——空白实验过滤后的坩埚质量，g；

0.1314——四苯基合硼酸钾质量换算为氧化钾质量的系数。

【附注】

1. 中性柠檬酸铵溶液（pH=7.0，在20℃时相对密度为1.09）的配制

溶解370g柠檬酸在1.5L水中，加入345mL氨水使之接近中性，冷却，用酸度计测定溶液pH，以1∶7氨水或柠檬酸溶液调节溶液pH=7.0，用蒸馏水稀释使其在20℃时相对密度为1.09，体积约2L。制备好的溶液贮存在密封紧塞的瓶中。使用时核验pH，如果pH改变，需重新调节pH=7.0。

2. 柠檬酸溶液（2%，pH≈2.1）的配制

准确称取20g柠檬酸溶于水并稀释至1L。

3. 喹钼柠酮试剂（a、b、c、d）配制

（1）溶液a　70g钼酸钠于400mL烧杯中，加入100mL水溶解。

（2）溶液b　60g柠檬酸于1000mL烧杯中，加入100mL水溶解后，加85mL硝酸。

（3）溶液c　将溶液a加到溶液b中，混匀。

（4）溶液d　混合35mL硝酸和100mL水在400mL烧杯中，并加入5mL喹啉。

将溶液d加入溶液c中，混匀，静置一夜，用滤纸或棉花过滤，向滤液中加入280mL丙酮，用水稀释至1000mL。溶液贮存在聚乙烯瓶中，放于暗处，避光、避热。

4. $15g \cdot L^{-1}$四苯基合硼酸钠溶液的配制

称取15g四苯基合硼酸钠溶解于约960mL水中，加4mL氢氧化钠溶液和$100g \cdot L^{-1}$六水氯化镁溶液20mL搅拌15min，静置后用滤纸过滤。该溶液贮存在棕色或塑料瓶中，一般不超过一个月期限。如发现浑浊，使用前应过滤。

5. 四苯基合硼酸钠洗涤液（1∶10）的配制

用10体积的水加1体积的四苯基合硼酸钠溶液。

实验三十一　表面处理技术

【目的要求】

1. 了解氧化反应的基本原理及其实际应用。
2. 了解非金属电镀前处理——化学镀的原理和方法。
3. 了解电镀的原理及操作方法。
4. 了解钢铁发蓝、铝阳极氧化的原理及处理方法。

【实验原理】

1. 非金属材料的化学镀与电镀

非金属电镀与金属电镀相仿，是利用电解原理将一种金属覆盖在非金属表面上的一种电镀工艺。即把非金属镀件作为阴极，镀层金属作为阳极，置于适当的电解溶液中进行电镀。不同的是非金属材料如陶瓷、玻璃、塑料等是非导体，需先将非金属材料的镀件进行化学镀，使之具有导电能力后再进行电镀。

（1）化学镀的原理和方法　化学镀的基本原理是使用合适的还原剂，使镀液中的金属离子还原成金属而紧密附着在非金属镀件表面。本实验为化学镀铜。为使金属的沉积过程只发生在非金属镀件上而不发生在溶液中，首先要将非金属镀件表面进行除油、粗化、敏化、活化等预处理。除油处理（常用碱性溶液）可除去非金属镀件表面上的油污，使表面清洁。粗

化处理（常用酸性强氧化剂）可使非金属镀件表面呈微观的粗糙状态，增加表面积及表面的亲水性。敏化处理（常用酸性氯化亚锡溶液）可使粗化的非金属镀件表面吸附一层具有较强还原性的金属离子（如 Sn^{2+}），以利于“活化液”中的金属离子（如 Ag^{+}）在镀件表面还原。活化处理是使镀件表面沉积一层具有催化活性的金属微粒，形成催化中心，促使金属离子 M^{n+} 在这催化中心上发生还原反应，常用的活化剂有氯化金、氯化钯和硝酸银等。因前两者价格较贵，所以一般选用硝酸银制作活化剂。当经过氯化亚锡敏化处理的镀件浸入银-氨溶液（0.010mol·L^{-1}）后，将在镀件表面发生以下反应：

$$Sn^{2+} + 2Ag^{+} \rightleftharpoons Sn^{4+} + 2Ag$$

产生的银微粒成为还原 M^{n+} 的催化中心和金属 M 的结晶中心。化学镀铜的反应方程式为：

$$[Cu(C_4H_4O_6)]_3^{4-} + 3OH^{-} + HCHO \rightleftharpoons 3Cu + 3C_4H_4O_6^{2-} + HCOO^{-} + 2H_2O$$

（2）非金属电镀及其影响因素　非金属镀件经化学镀后，即可进行电镀。根据不同的要求，可镀锌、铜及镍（参见附注 1）等。若为镀锌，电镀液以锌盐（硫酸锌）为主，加配合剂（氯化铵）、添加剂（葡萄糖）等。影响电镀产品质量的因素是多方面的，除电镀液的浓度、电流密度及温度等因素外，还有非金属材料的本性、造型设计及模具设计等工艺条件。本实验其他电镀条件见实验内容。

2. 金属表面处理

（1）发蓝处理　铜铁表面进行发蓝处理可防止在空气中钢铁的腐蚀。发蓝处理的原理是将钢铁在含有强氧化剂（如 $NaNO_2$）的热浓强碱溶液中进行氧化处理，生成一层致密而牢固的氧化膜（蓝色到黑色，主要成分为 Fe_3O_4），从而起到保护钢铁的作用。生成氧化膜的反应可用下列反应式表示：

$$3Fe + NaNO_2 + 5NaOH = 3Na_2FeO_2 + NH_3 + H_2O$$

$$6Na_2FeO_2 + NaNO_2 + 5H_2O = 3Na_2Fe_2O_4 + NH_3 + 7NaOH$$

$$Na_2FeO_2 + Na_2Fe_2O_4 + 2H_2O = Fe_3O_4 + 4NaOH$$

（2）铝的阳极氧化　以铅作阴极，以铝件作阳极，在 H_2SO_4 溶液中进行电解，使阴极表面被氧化生成一层有一定厚度且致密的氧化膜，此氧化膜具有耐磨损、抗腐蚀和绝缘性能。

阴极反应　$2H^{+} + 2e = H_2$

阳极反应（见附注 2）　$2OH^{-} - 2e = [O] + H_2O$

$3[O] + 2Al \longrightarrow Al_2O_3$

必须使电解氧化生成氧化膜的速度大于 Al_2O_3 在硫酸中溶解的速度，才可得到一定厚度的氧化膜。

阳极氧化法生成的 Al_2O_3 膜有较高的吸附性，当腐蚀介质进入孔隙时，易引起腐蚀。要对“膜”进行封闭处理（可用沸水或蒸汽）。

其反应　$Al_2O_3 + H_2O = Al_2O_3 \cdot H_2O$（或生成 $Al_2O_3 \cdot 3H_2O$）

【仪器试剂】

直流稳压电源（600～800W），变阻器，直流电流计（0～2A），温度计（0～100℃），酒精灯，直尺，导线，鳄鱼夹，零号砂纸，镊子；纯紫铜片，ABS 塑料片（或聚氯乙烯），聚苯乙烯，聚丙烯（PP），铝片（或棒），铅片，无水乙醇（C P），苯（C P），非金属材料电镀用药的配制［其中各物质的质量或体积皆指溶液体积 1L 时的用量（g 或 mL）］：

化学除油液　NaOH(80g)，Na_3PO_4(30g)，Na_2CO_3(15g)，洗涤剂(5mL)；

化学粗洗剂　浓 H_2SO_4(600mL)，CrO_3(20g)，H_2O(400mL)；

敏化剂　$SnCl_2 \cdot 2H_2O$(10g)，HCl(浓，40mL)，锡条数根；

活化剂　$AgNO_3$(2～2.5g)，氨水滴至褐色转透明后再多加些氨水（用蒸馏水冲稀到应有体积）；

浸甲醛液　HCHO(37%)：纯水＝1∶9(体积比)；

化学镀铜溶液　$CuSO_4 \cdot 5H_2O$(28g)，$NaKC_4H_4O_6$(112g)，EDTA 二钠(7g)，NaOH(45g)，Na_2CO_3(10g)，$NiCl_2 \cdot 6H_2O$(2g)；HCHO(37%，65mL)，2-巯基苯并噻唑（0.5g)，配制时，按上述顺序依次溶于水中，甲醛和 2-巯基苯并噻唑应在使用时按比例加入；

电镀液（镀锌）　$ZnSO_4$(360g)，NH_4Cl(30g)，$C_6H_{12}O_6$(120g)，NaAc(15g)；

金属表面处理用药　NaOH(2mol·L^{-1})，HNO_3(10%)，H_2SO_4(15%)；

发蓝液　NaOH(36%)，$NaNO_2$(14%)，H_2O(50%)；

有机着色液　茜素黄（0.3g·L^{-1})；

无机着色液　参见附注 6；

氧化膜质量检验液　参见附注 5。

【实验步骤】

1. 非金属材料电镀

(1) 化学镀预处理　用自来水把非金属镀件洗净，按表 3-2 的处理过程（由上到下）和控制条件依次进行处理。

表 3-2　化学镀预处理控制条件（见附注 3）

处理过程	温度/℃	浸泡时间/min	注意事项及清洗方法
用化学除油液除油	近沸	10	镀件全浸入除油液中并不断翻动镀件。镀件不能接触灼热的杯底。除油后用自来水彻底清洗。除油后镀件不能用手捏
用化学粗化液粗化	50～60	5～10	不断翻动镀件。粗化后依次用自来水、蒸馏水清洗干净
用敏化液敏化	20～25	3～5	翻动镀件。敏化后用蒸馏水轻轻漂洗 2s，切勿使镀件受水流的强烈冲击。漂洗干净后迅速活化
用活化液活化	20～25	3～5	翻动镀件。活化后呈均匀的棕色。然后用蒸馏水漂洗
浸甲醛	20～25	0.5	浸甲醛后用蒸馏水漂洗

(2) 化学镀铜　配制化学镀铜液，并用 pH 试纸测定其 pH(如 pH<12，用 NaOH 溶液调节到 pH＝12～13)。把镀件浸入镀液（30～40℃）中，不断翻动并时刻保持镀件在液面以下。当镀件表面形成光亮红色铜膜时，取出镀件用蒸馏水漂洗数次，晾干，或在乙醇中漂洗后晾干。

(3) 电镀（镀锌）　经过化学镀铜的非金属镀件作阴极，锌片作阳极，接好电镀装置线路（见附注 4)。经教师检查后，接通电源，应先连接好线路再将镀件浸入电镀液，以免导电金属镀膜被损伤。调节滑线电阻按表 3-3 控制条件进行电镀。

表 3-3　电镀控制条件

阴极电流密度(ρ)/(mA·cm^{-2})	电压/V	温度/℃	pH	时间/min
10～20	3～4	20～25	3～5	20～30

2. 金属表面处理

(1) 钢铁发蓝处理　取铁钉两枚，如有锈迹先用砂纸擦去，然后放入热至 70℃左右的

2mol·L^{-1} NaOH 溶液的试管中 5min 左右，以去油迹，再用水冲洗干净。将上述铁钉之一放入盛有发蓝液并已加热至沸腾的蒸发皿中，并加盖表面皿，继续加热 3min。取出，水洗，并与未发蓝处理的铁钉比较。

（2）阳极氧化

① 准备工作　取铝片（或铝棒）并测算出电解时浸入电解液中的表面积（cm^2），按下列程序进行表面处理。

a. 有机溶剂除油：用镊子夹棉花球沾苯擦洗铝片，再用酒精擦洗，最后用自来水冲洗（除油后的铝棒不能再用手去拿）；

b. 碱洗：将铝棒放在 60～70℃ 2mol·L^{-1} NaOH 溶液中浸 1min，取出后用自来水冲洗；

c. 酸洗：将铝棒放在 10%硝酸溶液中浸 1min，以中和零件表面上的碱液，取出后用水冲洗，然后放在水中待用。

② 阳极氧化　以铅作阴极，铝棒作阳极，连接电解装置（图 3-4），调节电源电压为 15V 左右。电解液为 15% H_2SO_4 溶液，接通直流电源，并调节滑线电阻，使电流密度保持在 15～20mA·cm^{-2} 范围内，通电 40min（电解液温度不得超过 25℃）。切断电源，取出铝棒用自来水冲洗后放在冷水中保护。要在 30min 以内进行着色处理。

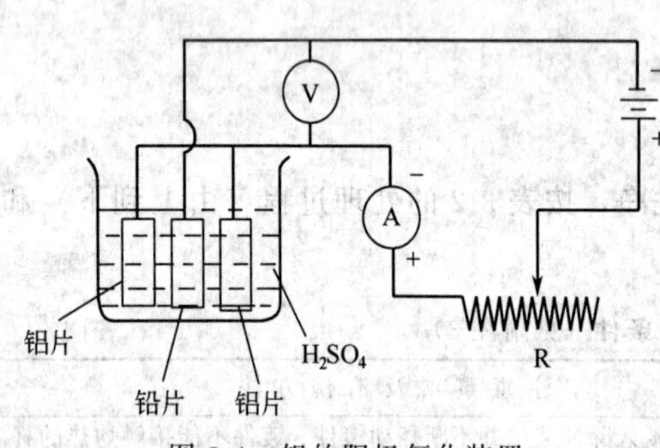

图 3-4　铝的阳极氧化装置

③ 氧化膜质量检查　将铝棒干燥后，分别在没有氧化和已被氧化之处各滴 1 滴氧化膜质量检验液（见附注 5），检验液颜色由于六价铬被铝还原成三价铬，而由橙色变为绿色，绿色出现的时间越迟，氧化膜的质量越好。

④ 着色与封闭处理　经氧化处理好的铝棒可用无机着色液（见附注 6）或有机染料着色，然后进行封闭处理。

欲用无机物着色（如蓝色）时，应将铝件先在 1 号（见附注 6）溶液（10% $K_4[Fe(CN)_6]$）中浸泡，后在 2 号（见附注 6）溶液中浸泡，溶液温度 20～25℃；每次浸泡 5～10min，每次浸泡后，用水漂洗干净。

将着色的铝棒用水洗净后，放在蒸汽中（或放在已煮沸的蒸馏水中）进行封闭处理，约 20～30min 即可得到更加致密的氧化膜。

思考题

1. 试以化学镀铜为例说明化学镀的基本原理。
2. 说明化学镀预处理各个步骤的目的和条件。
3. 影响镀层致密、牢固且光亮的因素有哪些？为此要控制的具体条件是什么？
4. 能否用较浓的 NaCl 溶液代替 15% H_2SO_4 作为电解液进行铝的阳极氧化？
5. 为做好本实验，你应做好哪些准备工作？
6. 试写出固体亚硝酸钠（$NaNO_2$）受热分解，氧化膜质量检验液与氧化膜的反应，以及氧化膜质量检验液与铝反应等的反应式。

【附注】

1. 进行光亮镀镍

光亮镀镍液的组成为：十二烷基磺酸钠（2g·L^{-1}），$NiSO_4 \cdot 7H_2O$（280g·L^{-1}），$NiCl_2 \cdot 6H_2O$（20g·L^{-1}），$Na_2SO_4 \cdot H_2O$（30g·L^{-1}），H_3BO_3（35g·L^{-1}），$C_7H_8O_3NS$（糖精，1g·L^{-1}），$C_4H_4O_2$（1,4-丁炔二醇，0.8g·L^{-1}，pH=3.5～5)。

工艺条件：化学镀铜后的塑料制品等作阴极，镍片作阳极，阴极电流密度为6～10mA·cm^{-2}，在镀镍液中进行电镀，30min取出镀件，用水洗净。

2. 也有的资料认为阳极反应为：

$$Al - 3e === Al^{3+}$$

生成的Al^{3+}在阳极附近水解生成$Al(OH)_3$，并且很快达到饱和，使阳极表面形成致密的$Al(OH)_3$薄膜。电解液对薄膜的溶解及电流通过薄膜时等放热，使$Al(OH)_3$脱水，形成Al_2O_3薄膜。

3. 镀件在处理前表面应光洁干净，处理进程中不能用手捏。用镊子（或用两根玻璃棒）翻动镀件时，不能划伤镀件表面。从一开始进行预处理，直到电镀结束，镀件表面不能有气泡。除油时，应在镀件不变形的前提下保持较高温度。塑料镀件不能直接接触烧杯底部。粗化液具有强氧化性、强酸性和脱水性，应注意不能洒在桌面和地面上，也不能接触衣服和皮肤。

4. 两极都应用铜质导线与之连接。与锌片或镍相连的导线不能浸入电镀液中，铁与其他活泼金属也不能浸入电镀液中，导线与两极的连接要紧密，两极不能短路。

5. 氧化膜质量检验液应现用现配（由实验员配好）并放在通风橱中。其组成是：$K_2Cr_2O_7$（固）3g，HCl（浓）25mL，H_2O 75mL。

6. 无机着色液（水溶液）（用于家用炊具等，现不常用）

染出颜色	1号	2号
蓝	10%$K_4[Fe(CN)_6]$	10%$FeCl_3$
橙黄	10%K_2CrO_4	10%$AgNO_3$

也可用有机着色液，如茜素黄溶液（茜素黄0.3g·L^{-1}）。工艺条件是：氧化后的铝片迅速放入染色液中，控制温度72～82℃，10min后取出，空气中停留（前者应用pH=10～11的稀氨水再浸泡1min）10min，再用自来水洗净。

第四篇　设计实验

在基本实验和综合实验的基础上进行设计实验，主要是培养学生分析问题、解决问题的思维能力，提高学生面对生产和生活中的一些实际化学问题设计解决方案并加以实施的综合素质。设计实验与基本实验和综合实验在内容、形式和要求上都有较大区别。本篇中筛选了与三废治理、绿色化学、食品卫生、无机材料等相关的课题，仅仅给出主体要求和相关提示，由学生自己分析课题，查阅相关资料，设计实验方案，然后，在教师指导下修改，再由学生独立实施，最后写出研究报告。通过这些课题的研究，不仅可以增强学生的综合研究能力和素质，还可以提高学生的环保意识，树立从事绿色化学研究的理念。

每个实验课题包括以下几个方面内容。

1. 设计实验方案

(1) 在指定的题目中，教师起到引领作用，教材中给出的提示仅供学生参考，学生通过查阅有关书籍、期刊、手册，拟定出合适的实验方案，并按实验目的、原理、试剂（注明规格、浓度）、仪器、实验步骤等，写出切实可行的实验方案。

(2) 实验方案经教师审阅后，只要方法合理，实验室条件具备，学生就可按自己设计的方案进行实验。

(3) 鼓励学生自己选题，通过上述步骤设计实验方案。

2. 独立完成实验

(1) 规范化的操作，以达到巩固基本操作的目的。

(2) 操作过程中要仔细观察实验现象，认真思考，不断完善实验方法，培养独立分析问题和解决问题的能力。

3. 撰写实验论文

以小论文的形式写出实验报告，培养学生归纳、总结的能力。论文要求符合以下格式。

(1) 前言（写课题的意义）。

(2) 实验和结果（包括原理、仪器试剂、装置图、实验步骤、实验现象、数据和结果处理等）。

(3) 讨论（包括对实验方法、做好实验的关键和对实验结果的评论）。

(4) 主要参考文献。

实验三十二　废弃物的综合利用

（一）废干电池的回收与利用

【实验内容】

1. 以废干电池为原料，设计回收废干电池中铜、锌、二氧化锰和氯化铵的实验方案。

2. 以回收的铜、锌、二氧化锰为主要原料设计制备硫酸铜、硫酸锌和高锰酸钾的实验方案。

3. 设计将回收的锌制成锌粒，并测定其纯度的实验方案。

【提示】

废干电池的来源丰富，从中可回收铜、锌、二氧化锰和氯化铵等。处理如下。

（1）收集铜帽　干电池的正极是铜合金，取下铜帽集存，可制铜的化合物。

（2）回收锌　干电池的外壳用锌制成，剥取外壳，洗净后加热熔化。杂质浮在液面，刮去杂质，锌液倒在漏勺上，锌液穿过小孔流入冷水中即成锌粒。

（3）回收二氧化锰等　干电池中的黑色物质由 MnO_2、炭粉、NH_4Cl 和 $ZnCl_2$ 等组成。经水洗分离可溶性物质 NH_4Cl 和 $ZnCl_2$，沉淀经灼烧除去炭粉和有机物即得 MnO_2。

思考题

1. 干电池由哪几部分构成？

2. 为什么碱熔法制备高锰酸钾（参见实验二十二）时，二氧化锰中不能混有炭或有机物？

（二）从含铜废液中制备二水合氯化铜

【实验内容】

1. 查阅资料，设计出以 100mL 含铜废液、盐酸和单质铁等为主要原料，制备二水合氯化铜的实验方案。

2. 以二水合氯化铜为原料，设计制备碱式碳酸铜的实验方案。

3. 设计测定产物中铜及碳酸根的含量，从而分析所制得碱式碳酸铜的质量的实验方案。

【提示】

1. 可将含铜废液中的二价铜变为单质铜。经高温灼烧变成氧化铜，再制备出氯化铜。

2. 再根据氯化铜水溶液的酸碱性制备碱式碳酸铜。

3. 可以通过探讨反应条件（如反应液的配比、反应温度等）的影响，得到切实可行的实验方案。

思考题

1. 从标准电极电位的数据，说明废液中铜离子浓度的大小对制备实验有何影响？

2. 以二水合氯化铜为原料制备碱式碳酸铜，反应温度对本实验有何影响？反应在何种温度下进行会出现褐色产物？这种褐色物质是什么？

3. 除反应物的配比和反应的温度对本实验的结果有影响外，反应物的种类、反应进行的时间等因素是否对产物的质量也会有影响？

4. 以所制二水合氯化铜为原料，设计一种制备铜的配合物的方案。

（三）从含碘废液中提取碘

【实验内容】

1. 设计升华法提取单质碘的仪器装置，画出装置图。

2. 设计实验步骤，从下列任意一种含碘废液中提取单质碘。

（1）由 $S_2O_3^{2-}$ 与 I^- 反应的回收液中回收碘；

(2) 由 $I_3^- \rightleftharpoons I^- + I_2$ 平衡常数的测定实验的回收液中回收碘；

(3) 从其他含碘实验的回收液中回收碘。

【提示】

1. 碘离子具有较强的还原性，很多氧化剂如浓硝酸、MnO_2 等在酸性溶液中都能将 I^- 氧化为 I_2。I_2 在常压下加热可直接变成蒸气，蒸气遇冷重新凝聚成固体。因此，可以利用升华法将碘从混合物中提取出来。

2. 含碘废液中碘含量较少时，可用沉淀剂（如 Cu^{2+}），使其生成 CuI 沉淀，富集后提取。

思考题

1. 碘的定性、定量鉴定方法如何？

2. 怎样鉴定海带中的碘？

（四）从废版液中回收锌

【实验内容】

1. 以 100mL 印刷厂的废版液为原料，设计回收锌的实验步骤。

2. 以回收的锌为原料，设计制取硫酸锌晶体的实验步骤。

【提示】

1. 印刷厂的废版液是制印刷锌版时，用稀硝酸腐蚀锌版后得到的废液，其中含有大量硝酸锌和少量由自来水引进的 Cl^-、Fe^{3+} 等杂质离子。

2. 由废版液制取七水硫酸锌可以用碱溶液调 pH=8，使锌转变为 $Zn(OH)_2$ 沉淀，用水反复洗涤沉淀至无 Cl^-。

3. 依据金属离子氢氧化物沉淀时 pH 的不同，控制溶液 pH 为 4，Fe^{3+} 沉淀，即与 Zn^{2+} 分离。在溶液 pH=2 时，蒸发浓缩析出七水硫酸锌晶体。

（五）由煤矸石及废铝箔制备硫酸铝

Ⅰ.由煤矸石制备硫酸铝

【实验内容】

1. 设计由煤矸石制备硫酸铝的实验步骤。

2. 设计用 EDTA 容量法测定硫酸铝的实验方案。

【提示】

1. 制备

煤矸石是煤生产过程中副产的固体废弃物。煤矸石中一般含 C 10%～30%，SiO_2 30%～50%，Al_2O_3 10%～30%，Fe_2O_3 0.5%～5%，碳酸盐约 5%，水分约 5%。

(1) 需在 (973±50)K 焙烧 使其中的 Al_2O_3 较多地转化为活性的 γ-Al_2O_3，若温度太低则达不到活化的目的，温度太高则得到在酸中难以转化成硫酸铝的 α-Al_2O_3。

当 γ-Al_2O_3 与 H_2SO_4 反应时，主反应式如下：

$$Al_2O_3 + 3H_2SO_4 + (x-3)H_2O \longrightarrow Al_2(SO_4)_3 \cdot xH_2O$$

$$x = 6、10、14、16、18、27$$

主要副反应如下：

$$Fe_2O_3 + 3H_2SO_4 \Longrightarrow Fe_2(SO_4)_3 + 3H_2O$$

(2) 硫酸浸取　活性的 γ-Al_2O_3 经硫酸浸取，通常的产物为无色单斜 $Al_2(SO_4)_3 \cdot 18H_2O$ 晶体。煤矸石中的钙、镁、钛等金属氧化物也不同程度地与 H_2SO_4 反应，生成相应的硫酸盐。产品中含杂质硫酸铁较高时，颜色发黄。反应时煤矸石粉应过量，致使产品不含游离酸，且使原料硫酸被充分利用。

2. EDTA 容量法测定硫酸铝

(1) 氧化铁的测定　用 10%磺基水杨酸与铁的配合物的颜色紫红色作为指示，用 $0.01mol \cdot L^{-1}$ EDTA 标准溶液滴定至试液由紫红色变为亮黄色或无色。

(2) 氧化铝的测定　用 0.1%PAN 为指示剂，EDTA 标准溶液返滴定法，由黄色变为稳定的紫红色或蓝紫色即为终点。

思 考 题

1. 若煤矸石中 Al_2O_3 的含量为 20%，试计算反应中理论上应加多少 50%的硫酸？

2. 如何除去产品中的铁杂质？本实验中采用了哪些方法？

3. 设计一种由煤矸石制备结晶氯化铝的实验方案。

Ⅱ.由废铝箔制备硫酸铝

【实验内容】

1. 设计用废铝箔制备硫酸铝的实验步骤。

2. 根据沉淀与溶液分离的几种操作方法，设计除掉铝箔中的铁杂质的方案。

3. 设计分析产品中铁含量的方案，并对你所得到的产品质量认定级别。

【提示】

1. 废铝箔的来源广，有香烟、食品及药品包装等，其主要成分是金属铝。根据铝的两性选择合适的物质，以制得铝酸盐。

2. 再选用合适的物质调节溶液 pH，将铝酸钠盐转化为铝沉淀与其他物质分离。

3. 然后用合适的物质溶解沉淀得到铝盐溶液，经浓缩冷却得 $Al_2(SO_4)_3 \cdot 18H_2O$ 晶体。

(六) 从废钒催化剂中回收五氧化二钒

【实验内容】

设计以 50g 废钒催化剂为原料，回收 V_2O_5 的实验步骤。

【提示】

1. 在钒催化剂中，钒是以 KVO_3 的形式分散在载体硅藻土上的。

2. 在接触法制造硫酸的催化剂装置更换下来的废钒触媒中，30%～70%的钒以 $VOSO_4$ 形式存在。为使钒易于浸取到溶液中，应将废钒催化剂研细，在浸取时应加入少量 Na_2SO_3 将 V(Ⅴ) 还原为 V(Ⅳ)。

3. 根据钒在废钒催化剂中的存在状态，选择适当的物质将钒（Ⅳ）变成钒（Ⅴ）。后者可于 pH 约为 2.2 时水解为 V_2O_5 沉淀。

4. V(Ⅴ) 于 pH 约为 2.2 时水解为 V_2O_5 沉淀，刚刚生成 V_2O_5 沉淀前后，加 NaOH 溶液的速度必须很慢且不停的搅拌，在微沸的条件下，沸腾水解时间一般不能少于 0.5h，以破坏胶体，使沉淀物易于沉降。

（七）从废定影液中制取单质银或硝酸银

【实验内容】

1. 设计从废定影液中回收单质银的实验方案。

2. 设计用单质银制备硝酸银的方案。

【提示】

1. 银是贵金属，用途广泛，资源贫乏，其废物回收利用是很有意义的。但是工业与实验室的废液与废渣的共同特点是贵金属含量低，需要经过富集，然后再提取、纯化。

2. 废定影液中主要含 $Na_2S_2O_3$，还有少量 Na_2SO_3、HAc、H_3BO_3 以及$[Ag(S_2O_3)_2]^{3-}$等杂质。富集时一般可采取 Ag_2S 沉淀法。

3. 当在废定影液中加 Na_2S 时，配离子$[Ag(S_2O_3)_2]^{3-}$所解离出的 Ag^+ 离子会被沉淀为 Ag_2S，同时也有 $Na_2S_2O_3$ 的产生。

4. 制得的黑色银泥中含 Ag_2S。Ag_2S 经高温灼烧得单质银；若在黑色含 Ag_2S 的银泥中加入中等浓度的硝酸，即可把单质银氧化为银离子，同时把 Ag_2S 中的 S^{2-} 氧化为单质 S，后者经过过滤而除去，自溶液中可得硝酸银。

（八）由含锰废液制备碳酸锰

【实验内容】

1. 以 15g 二氧化锰为原料设计制备碳酸锰的方案。

2. 设计从制氯气的含锰废液制备碳酸锰的方案。

【提示】

1. 先将 MnO_2 还原为 Mn^{2+}，再和碳酸氢盐或碳酸盐反应生成碳酸锰，制备时的 pH 保持在 3～7 之间（如何保持 pH?）。

2. 制取氯气后的废液（用盐酸作还原剂时）中溶有较多的氯气，应经较长时间的水浴加热或加入其他还原剂（要考虑成本，并且引入的杂质易于除去或不引入杂质）才能除去。含有氯气的溶液要提前处理。

3. 每人供给 15g 二氧化锰或含锰量与之相当的制备氯气后的废液（学生要自觉回收并处理）。

4. 应尽量考虑其他还原剂代替盐酸。

（九）含铬（Ⅵ）废液的处理

【实验内容】

1. 设计对含铬（Ⅵ）废液处理的方案。

2. 设计铬（Ⅵ）含量的测定方法。

3. 通过对你所设计方案的实施，谈谈你对绿色化学的认识。

【提示】

1. Cr(Ⅲ)的毒性远比 Cr(Ⅵ)小，可据此来处理含铬废液，使 Cr(Ⅵ)转化成 $Cr(OH)_3$

难溶物除去。

2. 含铬废液中含微量 Cr(Ⅵ)，设计方法测定之。

实验三十三 蛋壳中钙、镁含量的测定

【实验内容】

1. 自拟蛋壳的预处理过程，设计确定蛋壳称量范围的实验方案。

2. 设计三种方案进行 Ca、Mg 含量的测定。

3. 按前面学过的分析记录格式作表格，记录数据并进行数据计算处理。试列出求钙镁总量的计算式（以 CaO 含量表示）。

4. 通过对三种方案的设计与实施，总结并比较三种测定蛋壳中钙含量方法的优缺点。

【提示】

1. 鸡蛋壳的主要成分为 $CaCO_3$，其次为 $MgCO_3$、蛋白质、色素以及少量 Fe 和 Al。

2. 蛋壳需要经过预处理，才能达到分析的要求。

3. 经过预处理的蛋壳可以设计三种方案进行测定。

（1）配位滴定法测定蛋壳中 Ca 和 Mg 的总量　在 pH＝10 时，用铬黑 T 作指示剂，EDTA可直接测量 Ca^{2+}、Mg^{2+} 总量，为提高配位选择性，在 pH＝10 时，加入掩蔽剂三乙醇胺使之与 Fe^{3+}、Al^{3+} 等离子生成更稳定的配合物，以排除它们对 Ca^{2+}、Mg^{2+} 离子测量的干扰。

（2）酸碱滴定法测定蛋壳中 CaO 的含量　蛋壳中的碳酸盐能与 HCl 发生反应，过量的酸可用标准 NaOH 返滴，据实际与 $CaCO_3$ 反应的标准盐酸体积求得蛋壳中 CaO 含量，以 CaO 质量分数表示。

（3）高锰酸钾法测定蛋壳中 CaO 的含量　利用蛋壳中的 Ca^{2+} 与草酸盐形成难溶的草酸盐沉淀，将沉淀经过滤洗涤分离后溶解，用高锰酸钾法测定 Ca^{2+} 含量，换算出 CaO 的含量。

4. 蛋壳中钙主要以 $CaCO_3$ 形式存在，同时也有 $MgCO_3$，因此以 CaO 含量表示 Ca 和 Mg 的总量。

5. 由于酸较稀，溶解时需加热一定时间，试样中有不溶物（如蛋白质之类）不影响测定。

思考题

1. 如何确定蛋壳粉末的称量范围（提示：先粗略确定蛋壳粉中钙、镁含量，再估算蛋壳粉的称量范围）?

2. 蛋壳粉溶解稀释时为什么会出现泡沫？应如何消除泡沫？

实验三十四 茶叶中微量元素的鉴定与定量测定

【实验内容】

1. 设计茶叶等植物类灰化和试液的制备方案。

2. 选择并设计合适的化学分析方法，定性鉴定和定量检测茶叶中 Fe、Al、Ca 及 Mg 微

量元素。

3. 通过本实验方案的设计与实施，总结植物类样品的定性鉴定和定量检测的方法，提高综合运用知识的能力。

【提示】

茶叶属植物类，为有机体，主要成分由 C、H、N 和 O 等元素组成，另外还含有 Fe、Al、Ca 及 Mg 等微量金属元素。要对茶叶中的微量 Fe、Al、Ca 及 Mg 等元素定性鉴定，并对 Fe、Ca 及 Mg 进行定量检测，必须经过预处理。

1. 首先需对茶叶进行“干灰化”，即试样在空气中置于敞口的蒸发皿或坩埚中加热，把有机物经氧化分解而烧成灰烬。这一方法特别适用于植物和食品的预处理。

2. 灰化后，经酸溶解，即得试液，可逐级进行分析。

(1) 铁、铝、钙及镁元素的鉴定　根据铁、铝、钙、镁元素的特性分别设计方案进行鉴定之。

(2) 茶叶中 Ca 和 Mg 总量的测定　可选用 EDTA 容量法。

(3) Fe 含量的测定　可用分光光度法。

思　考　题

1. 应如何选择灰化的温度？
2. 欲测茶叶中 Al 含量，应如何设计方案？
3. 试讨论，pH 为何值时，能将 Fe^{3+}、Al^{3+} 离子与 Ca^{2+}、Mg^{2+} 离子分离完全？
4. 怎样鉴定大豆中微量铁？面粉中微量元素锌如何鉴定？
5. 油条中微量铝怎样鉴别？

【附注】

1. 注意：

(1) 茶叶尽量捣碎，利于灰化。

(2) 灰化应彻底，若酸溶后发现有未灰化物，应定量过滤，将未灰化的重新灰化。

(3) 茶叶灰化后，酸溶解速度较慢时可小火略加热，定量转移要完全。

2. 茶叶中的有机成分有咖啡碱、茶多酚（它主要由儿茶素、黄酮和黄酮醇、花色素、酚酸及缩酚酸四大类化合物组成）。有关咖啡碱的提取，将在基础化学（Ⅱ）教材中介绍。

实验三十五　零排放制备聚铝

【实验内容】

1. 复习沉淀分离及沉淀洗涤的基本操作方法。
2. 设计由铝土矿制备聚碱式氯化铝及副产物氯化铵、白炭黑的实验方案。
3. 设计用易拉罐、牙膏皮等废物为原料制备聚铝及副产物的实验方案。
4. 设计并试验聚铝对工业废水的作用。
5. 通过具有原子经济性的操作过程，提高废物利用和净化水质等绿色化学意识。

【提示】

1. 用铝土矿制备聚碱式氯化铝和副产物的回收

(1) 废气　由于盐酸有挥发性，用盐酸加热浸取铝土矿过程中肯定有少量含盐酸水气逸出，采用搅拌回流和尾气回收装置，可使逸出的含盐酸废水重复使用。

(2) 氯化铵的回收　用氨水沉淀 $AlCl_3$ 溶液得到 $Al(OH)_3$ 沉淀的同时，滤液为 NH_4Cl 溶液，将此滤液和洗涤 $Al(OH)_3$ 沉淀的洗液合并一起浓缩、蒸发、冷却、结晶，可得到广泛用作农肥的 NH_4Cl 晶体。

(3) 生产白炭黑　原料铝土矿中含有 3.0%～4.0% Al_2O_3，50%左右的 SiO_2，少于 3%的 Fe_2O_3，和少量 K、Na、Ca 及 Mg 等元素。用盐酸浸矿后，SiO_2 不溶于盐酸而作为滤渣沉淀下来。SiO_2 本身对环境无害，可作为建筑材料。若对原料进一步加工，将上述滤渣经过去铁脱色、干燥，即可制成白炭黑。白炭黑主要用于橡胶、塑料、纸张的增强剂，涂料、油墨的填充剂，也用于化妆品等行业。

2. 用易拉罐、牙膏皮等废物制备聚铝及副产物

易拉罐、牙膏皮等主要成分是金属铝。将铝溶于适当浓度的盐酸或硫酸中，过滤除去不溶物，再用氨水调节溶液的 pH 至 6.0～6.5，温度控制在 333～353K 条件下反应，即制得聚合氯化铝或聚合硫酸铝。

3. 取两个烧杯，各加入 50mL 工业废水，再向一个烧杯中加入聚合好的产品少许，搅拌均匀，观察现象；与另一烧杯对比，并记录溶液澄清所需时间。

思考题

1. 制备过程中涉及哪些反应方程式？
2. 常见的水处理剂有哪些？它们各有何优越性？
3. 简述聚合铝的絮凝机理。

【附注】

聚铝是一种应用广泛的高效净水剂，常用的聚铝有聚合氯化铝和聚合硫酸铝，聚合氯化铝的化学通式为$[Al_m(OH)_n(H_2O)_x]\cdot Cl_{3m-n}$($m=2\sim13, n\leqslant 3m$)。聚铝是棕黄色或无色颗粒状固体，易溶于水，由于它是通过羟基架桥聚合而成的一种多羟基多核配合物，比一般絮凝剂 $AlCl_3$、$Al_2(SO_4)_2$、明矾或 $FeCl_3$ 等的式量大，分子中有桥式结构，使它具有很强的吸附能力。另外，它在水溶液中形成许多高价配阳离子，如 $[Al_2(OH)_2(H_2O)_8]^{4+}$ 和 $[Al_3(OH)_4(H_2O)_{18}]^{5+}$ 等。经研究发现其作用效果最佳的聚合形态为 $[Al_3(OH)_4(H_2O)_{18}]^{5+}$。它们能显著降低水中泥土胶粒上的负电荷，因此在水中凝聚效果显著，沉降快速，能除去水中的悬浮颗粒和胶状物，还能有效地除去水中的微生物、细菌、藻类及高毒性重金属铬、铅等。可净化浊度高达 $40kg\cdot m^{-3}$ 的河水，并能有效地降低造纸、印染、制革等废水的色度，在低温地区使用特别有效。因此 20 世纪 70 年代以来聚铝被广泛用作水处理絮凝剂。

制备聚合氯化铝的原料和方法很多。现将用铝土矿制备聚碱式氯化铝及副产物氯化铵、白炭黑（过程达到零排放的要求，具有原子经济性）的工艺流程图提示如下：

盐酸浸取铝土矿
- 溶液 $AlCl_3$ $\xrightarrow{NH_3H_2O}$
  - 溶液 NH_4Cl $\xrightarrow{浓缩、结晶}$ 固体 NH_4Cl
  - 固体 $Al(OH)_3$ $\xrightarrow{AlCl_3}$ 聚铝
- 固体 $\xrightarrow{脱色}$ 白炭黑

实验三十六　气体的制备和化学多喷泉实验

【实验内容】

1. 利用气体的物理性质及气体参与的反应，设计化学多喷泉实验的方案。

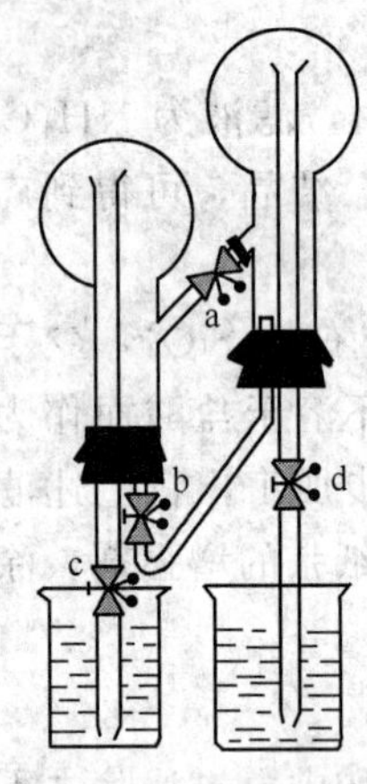

图 4-1 喷泉装置

2. 要求提前两周写出设计方案（包括仪器、药品、喷泉实验及气体制备装置图）。

3. 要求正确操作，确保喷泉效果好。

4. 通过喷泉实验，达到培养学生学科间、学科内的综合能力和思维能力。

【提示】

1. 某些气体参与的反应，反应后密闭体系内的压强急剧减小，可形成喷泉。喷泉装置可参考图 4-1（本图是双喷图，还可以安装 4 喷、5 喷、6 喷、7 喷、8 喷、9 喷、10 喷等装置）。

2. 先装配好制备和收集气体的装置，并按制备和收集气体的正确方法分别收集 HCl（气）、NH_3（气）、SO_2（气）、H_2S（气）及 CO（气）等，然后进行喷泉实验。

3. 做好多喷泉实验的关键是：装置安装密闭、收集安装前干燥、装置能使气体在其中很好地循环流动、收集气体时空气排出彻底。若选择多种指示剂及结合其他控制措施，则喷泉是多彩的，喷水速度是可控的，还可做成摇控、音乐喷泉。

思考题

1. 配塞、打孔及橡皮塞中插入玻璃管等基本步骤和注意事项是什么？
2. 制备和收集氯化氢和氨气的方法有何不同？各有何注意事项？
3. 你准备选用哪几种指示剂，使喷泉的颜色变化明显，并使两边颜色变化不同？
4. 要求喷得满、快，一次成功的喷泉实验关键是什么？
5. 通过实验，分析提高实验效果的各种因素，总结经验和教训。

附　录

附录一　中华人民共和国法定计量单位

我国的法定计量单位（以下简称法定单位）包括：

1. 国际单位制的基本单位（见表1）；
2. 国家选定的非国际单位制单位（见表2）；
3. 国际单位制的辅助单位（见表3）；
4. 国际单位制中具有专门名称的导出单位（见表4）；
5. 由以上单位构成的组合形式的单位；
6. 由词头和以上单位所构成的十进倍数和分数单位（词头见表5）。

法定单位的定义、使用方法等，由国家计量局另行规定。

表1　国际单位制的基本单位

量的名称	单位名称	单位符号	量的名称	单位名称	单位符号
长度	米	m	热力学温度	开[尔文]	K
质量	千克(公斤)	kg	物质的量	摩[尔]	mol
时间	秒	s	发光强度	坎[德拉]	cd
电流	安[培]	A			

表2　国家选定的非国际单位制单位

量的名称	单位名称	单位符号	换算关系和说明
时间	分 [小]时 天(日)	min h d	1min=60s 1h=60min=3600s 1d=24h=86400s
[平面]角	[角]秒 [角]分 度	(″) (′) (°)	1″=(π/648000)rad(π为圆周率) 1′=60″=(π/10800)rad 1°=60′=(π/180)rad
旋转速度	转每分	r/min	$1r/min=(1/60)r\cdot s^{-1}$
长度	海里	n mile	1n mile=1852m(只用于航程)
速度	节	kn	$1kn=1n\ mile\cdot h^{-1}=(1852/3600)m\cdot s^{-1}$ (只用于航程)
质量	吨 原子质量单位	t u	$1t=10^3kg$ $1u\approx1.6605655\times10^{-27}kg$
体积	升	L,(l)	$1L=1dm^3=10^{-3}m^3$
能	电子伏	eV	$1eV\approx1.6021892\times10^{-19}J$
级差	分贝	dB	
线密度	特[克斯]	tex	$1tex=1g\cdot km^{-1}=10^{-6}kg\cdot m^{-1}$

表 3 国际单位制的辅助单位

量的名称	单位名称	单位符号
平面角	弧度	rad
立体角	球面度	sr

表 4 国际单位制中具有专门名称的导出单位

量的名称	单位名称	单位符号	其他表示式例	量的名称	单位名称	单位符号	其他表示式例
频率	赫[兹]	Hz	s^{-1}	磁通量	韦[伯]	Wb	V·s
力;重力	牛[顿]	N	$kg \cdot m \cdot s^{-2}$	磁通量密度;磁感应强度	特[斯拉]	T	$Wb \cdot m^{-2}$
压力,压强;应力	帕[斯卡]	Pa	$N \cdot m^{-2}$	电感	亨[利]	H	$Wb \cdot A^{-1}$
能量;功;热	焦[耳]	J	N·m	摄氏温度	摄氏度	℃	
功率;辐射通量	瓦[特]	W	$J \cdot s^{-1}$	光通量	流[明]	lm	cd·sr
电荷量	库[仑]	C	A·s	光照度	勒[克斯]	lx	$lm \cdot m^{-2}$
电位;电压;电动势	伏[特]	V	$W \cdot A^{-1}$	放射性活度	贝克[勒尔]	Bq	s^{-1}
电容	法[拉]	F	$C \cdot V^{-1}$	吸收剂量	戈[瑞]	Gy	$J \cdot kg^{-1}$
电阻	欧[姆]	Ω	$V \cdot A^{-1}$	剂量当量	希[沃特]	Sv	$J \cdot kg^{-1}$
电导	西[门子]	S	$A \cdot V^{-1}$				

表 5 用于构成十进倍数和分数单位的词头

所表示的因数	词头名称	词头符号	所表示的因数	词头名称	词头符号
10^{18}	艾[可萨]	E	10^{-1}	分	d
10^{15}	拍[它]	P	10^{-2}	厘	c
10^{12}	太[拉]	T	10^{-3}	毫	m
10^{9}	吉[咖]	G	10^{-6}	微	μ
10^{6}	兆	M	10^{-9}	纳[诺]	n
10^{3}	千	k	10^{-12}	皮[可]	p
10^{2}	百	h	10^{-15}	飞[母托]	f
10^{1}	十	da	10^{-18}	阿[托]	a

注：1. 周、月、年（年的符号为a），为一般常用时间单位。

2. [ ] 内的字，是在不致混淆的情况下，可以省略的字。

3. ( ) 内的字为前者的同义语。

4. 角度单位度分秒的符号不处于数字后时，用括弧。

5. 升的符号中，小写字母 l 为备用符号。

6. r 为“转”的符号。

7. 人民生活和贸易中，质量习惯称为重量。

8. 公里为千米的俗称，符号为 km。

9. 10^4 称为万，10^8 称为亿，10^{12} 称为万亿，这类数词的使用不受词头名称的影响，但不应与词头混淆。

附录二　标准电极电位

（298.2K）

半反应	$E^{\ominus}$/V	半反应	$E^{\ominus}$/V
$Li^+ + e \rightleftharpoons Li$	−3.045	$AgCN + e \rightleftharpoons Ag + CN^-$	−0.017
$Ca(OH)_2 + 2e \rightleftharpoons Ca + 2OH^-$	−3.020	$2H^+ + 2e \rightleftharpoons H_2$	0.000
$Rb^+ + e \rightleftharpoons Rb$	−2.925	$AgBr + e \rightleftharpoons Ag + Br^-$	0.0713
$K^+ + e \rightleftharpoons K$	−2.924	$Sn^{4+} + 2e \rightleftharpoons Sn^{2+}$	0.150
$Cs^+ + e \rightleftharpoons Cs$	−2.923	$Cu^{2+} + e \rightleftharpoons Cu^+$	0.158
$Ba^{2+} + 2e \rightleftharpoons Ba$	−2.912	$ClO_4^- + H_2O + 2e \rightleftharpoons ClO_3^- + 2OH^-$	0.360
$Sr^{2+} + 2e \rightleftharpoons Sr$	−2.890	$SO_4^{2-} + 4H^+ + 2e \rightleftharpoons H_2SO_3 + H_2O$	0.170
$Na^+ + e \rightleftharpoons Na$	−2.713	$AgCl + e \rightleftharpoons Ag + Cl^-$	0.222
$Mg^{2+} + 2e \rightleftharpoons Mg$	−2.375	$Cu^{2+} + 2e \rightleftharpoons Cu$	0.223
$H_2(g) + 2e \rightleftharpoons 2H^-$	−2.230	$Ag_2O + H_2O + 2e \rightleftharpoons 2Ag + 2OH^-$	0.340
$AlF_6^{3-} + 3e \rightleftharpoons Al + 6F^-$	−2.232	$ClO_2^- + H_2O + 2e \rightleftharpoons ClO^- + 2OH^-$	0.342
$Be^{2+} + 2e \rightleftharpoons Be$	−1.847	$O_2 + 2H_2O + 4e \rightleftharpoons 4OH^-$	0.350
$Al^{3+} + 3e \rightleftharpoons Al(0.1mol \cdot dm^{-3} NaOH)$	−1.706	$[Fe(CN)_6]^{3-} + e \rightleftharpoons [Fe(CN)_6]^{4-}$	0.401
$Mn(OH)_2 + 2e \rightleftharpoons Mn + 2OH^-$	−1.470	$Hg_2^{2+} + 2e \rightleftharpoons 2Hg$	0.690
$ZnO_2^{2-} + 2H_2O + 2e \rightleftharpoons Zn + 4OH^-$	−1.216	$Ag^+ + e \rightleftharpoons Ag$	0.792
$Zn^{2+} + 2e \rightleftharpoons Zn$	−0.763	$2NO_3^- + 4H^+ + 2e \rightleftharpoons N_2O_4 + 2H_2O$	0.7996
$Mn^{2+} + 3e \rightleftharpoons Mn$	−1.170	$Hg^{2+} + 2e \rightleftharpoons 2Hg$	0.810
$Sn(OH)_6^- + 3e \rightleftharpoons HSnO_2^- + H_2O + 3OH^-$	−0.960	$ClO^- + H_2O + 2e \rightleftharpoons Cl^- + 2OH^-$	0.851
$2H_2O + 2e \rightleftharpoons H_2 + 2OH^-$	−0.8277	$2Hg^{2+} + 2e \rightleftharpoons 2Hg_2^{2+}$	0.900
$Cr^{3+} + 3e \rightleftharpoons Cr$	−0.744	$Br_2(l) + 2e \rightleftharpoons 2Br^-$	0.907
$Ni(OH)_2 + 2e \rightleftharpoons Ni + 2OH^-$	−0.720	$MnO_2 + 4H^+ + 2e \rightleftharpoons Mn^{2+} + 2H_2O$	1.087
$Fe(OH)_3 + e \rightleftharpoons Fe(OH)_2 + OH^-$	−0.560	$O_2 + 4H^+ + 4e \rightleftharpoons 2H_2O$	1.208
$2CO_2(g) + 2H^+ + 2e \rightleftharpoons H_2C_2O_4$	−0.490	$Pb^{2+} + 2e \rightleftharpoons Pb$	1.229
$NO_2^- + H_2O + e \rightleftharpoons NO + 2OH^-$	−0.460	$Cr_2O_7^{2-} + 14H^+ + 6e \rightleftharpoons 2Cr^{3+} + 7H_2O$	1.330
$Cr^{3+} + e \rightleftharpoons Cr^{2+}$	−0.740	$I_2 + 2e \rightleftharpoons 2I^-$	0.538
$Fe^{2+} + 2e \rightleftharpoons Fe$	−0.409	$MnO_4^- + e \rightleftharpoons MnO_4^{2-}$	0.564
$Fe^{3+} + 3e \rightleftharpoons Fe$	−0.036	$MnO_4^- + 4H^+ + 3e \rightleftharpoons MnO_2 + 2H_2O$	1.695
$Ni^{2+} + 2e \rightleftharpoons Ni$	−0.250	$O(g) + 2H^+ + 2e \rightleftharpoons H_2O$	2.422
$2SO_4^{2-} + 4H^+ + 2e \rightleftharpoons S_4O_6^{2-} + 2H_2O$	−0.200	$O_3 + 2H^+ + 2e \rightleftharpoons O_2 + H_2O$	2.070
$Sn^{2+} + 2e \rightleftharpoons Sn$	−0.136	$MnO_4^- + 8H^+ + 5e \rightleftharpoons Mn^{2+} + 4H_2O$	1.510
$Pb^{2+} + 2e \rightleftharpoons Pb$	−0.126		

附录三　弱电解质的电离常数

（近似浓度 0.01～0.003mol·dm^{-3}，温度 298K）

化 学 式	电离常数(K)	pK
HAc	1.75×10^{-5}	4.756
H_2CO_3	$K_1=4.37\times10^{-7}$	6.36
	$K_2=4.68\times10^{-11}$	10.33
$H_2C_2O_4$	$K_1=5.89\times10^{-2}$	1.23
	$K_2=6.46\times10^{-5}$	4.19
HNO_2	7.24×10^{-4}	3.14
H_3PO_4	$K_1=7.08\times10^{-3}$	2.15
	$K_2=6.31\times10^{-8}$	7.20
	$K_3=4.17\times10^{-13}$	12.38
SO_2+H_2O	$K_1=1.29\times10^{-2}$	1.89
	$K_2=6.16\times10^{-8}$	7.21
H_2SO_4	$K_2=1.02\times10^{-2}$	1.99
H_2S	$K_1=1.07\times10^{-7}$	6.97
	$K_2=1.26\times10^{-13}$	12.90
HCN	6.17×10^{-10}	9.21
H_2CrO_4	$K_1=9.55$	−0.98
	$K_2=3.16\times10^{-7}$	6.50
HF	6.61×10^{-4}	3.18
H_2O_2	2.24×10^{-12}	11.65
$NH_3\cdot H_2O$	1.79×10^{-5}	4.75
NH_4^+	5.56×10^{-10}	9.25
HClO	2.88×10^{-8}	7.54
HBrO	2.06×10^{-9}	8.69
HIO	2.3×10^{-11}	10.64
$Pb(OH)_2$	9.6×10^{-4}	3.02
AgOH	1.1×10^{-4}	3.96
$Zn(OH)_2$	9.6×10^{-4}	3.02
NH_2OH	1.07×10^{-8}	7.97
$NH_2\cdot NH_2$	1.7×10^{-6}	5.77

注：摘自 J A Dean Ed. Lange's Handbook of Chemistry. 13th. edition 1985。

附录四 配离子的稳定常数

（温度 293～298K，离子强度 $\mu \approx 0$）

配离子	稳定常数($K_{稳}$)	$\log K_{稳}$	配离子	稳定常数($K_{稳}$)	$\log K_{稳}$
$[Ag(NH_3)_2]^+$	1.11×10^{7}	7.05	$[Zn(CN)_4]^{2-}$	5.01×10^{16}	16.7
$[Cd(NH_3)_4]^{2+}$	1.32×10^{7}	7.12	$[Ag(Ac)_2]^-$	4.37	0.64
$[Co(NH_3)_6]^{2+}$	1.29×10^{5}	5.11	$[Cu(Ac)_4]^{2-}$	1.54×10^{3}	3.20
$[Co(NH_3)_6]^{3+}$	1.59×10^{35}	35.2	$[Pb(Ac)_4]^{2-}$	3.16×10^{8}	8.50
$[Cu(NH_3)_4]^{2+}$	2.09×10^{13}	13.32	$[Al(C_2O_4)_3]^{3-}$	2.00×10^{16}	16.30
$[Ni(NH_3)_6]^{2+}$	5.50×10^{8}	8.74	$[Fe(C_2O_4)_3]^{3-}$	1.58×10^{20}	20.20
$[Zn(NH_3)_4]^{2+}$	2.88×10^{9}	9.46	$[Fe(C_2O_4)_3]^{4-}$	1.66×10^{5}	5.22
$[Zn(OH)_4]^{2-}$	4.57×10^{17}	17.66	$[Zn(C_2O_4)_3]^{4-}$	1.41×10^{8}	8.15
$[CdI_4]^{2-}$	2.57×10^{5}	5.41	$[Cd(en)_3]^{2+}$	1.23×10^{12}	12.09
$[HgI_4]^{2-}$	6.76×10^{29}	29.83	$[Co(en)_3]^{2+}$	8.71×10^{13}	13.94
$[Ag(SCN)_2]^-$	3.72×10^{7}	7.57	$[Co(en)_3]^{3+}$	4.90×10^{48}	48.69
$[Co(SCN)_4]^{2-}$	1.00×10^{3}	3.00	$[Fe(en)_3]^{2+}$	5.01×10^{9}	9.70
$[Hg(SCN)_4]^{2-}$	1.70×10^{21}	21.23	$[Ni(en)_3]^{2+}$	2.14×10^{18}	18.33
$[Zn(SCN)_4]^{2-}$	41.7	1.62	$[Zn(en)_3]^{2+}$	1.29×10^{14}	14.11
$[AlF_6]^{3-}$	6.92×10^{19}	19.84	$[Aledta]^-$	1.29×10^{16}	16.11
$[AgCl_2]^-$	1.10×10^{5}	5.04	$[Baedta]^{2-}$	6.03×10^{7}	7.78
$[CdCl_4]^{2-}$	6.31×10^{2}	2.80	$[Caedta]^{2-}$	1.00×10^{11}	11.00
$[HgCl_4]^{2-}$	1.17×10^{15}	15.07	$[Cdedta]^{2-}$	2.51×10^{16}	16.40
$[PbCl_3]^-$	1.70×10^{3}	3.23	$[Coedta]^-$	1.00×10^{36}	36
$[AgBr_2]^-$	2.14×10^{7}	7.33	$[Cuedta]^{2-}$	5.01×10^{18}	18.70
$[Ag(CN)_2]^-$	1.26×10^{21}	21.10	$[Feedta]^{2-}$	2.14×10^{14}	14.33
$[Au(CN)_2]^-$	2.00×10^{38}	38.30	$[Feedta]^-$	1.70×10^{24}	24.23
$[Cd(CN)_4]^{2-}$	6.03×10^{18}	18.78	$[Hgedta]^{2-}$	6.31×10^{21}	21.80
$[Cu(CN)_4]^{2-}$	2.00×10^{30}	30.30	$[Mgedta]^{2-}$	4.37×10^{8}	8.64
$[Fe(CN)_6]^{4-}$	1.00×10^{35}	35	$[Mnedta]^{2-}$	6.31×10^{13}	13.80
$[Fe(CN)_6]^{3-}$	1.00×10^{42}	42	$[Niedta]^{2-}$	3.63×10^{18}	18.56
$[Hg(CN)_4]^{2-}$	2.51×10^{41}	41.4	$[Pbedta]^{2-}$	2.00×10^{18}	18.30
$[Ni(CN)_4]^{2-}$	2.00×10^{31}	31.3	$[Znedta]^{2-}$	2.51×10^{16}	16.40

注：摘自 J A Dean Ed. Lange's Handbook of Chemistry. 13th. edition 1985。

en——乙二胺；edta——EDTA 的阴离子配位体。

附录五 溶度积常数

(298K)

化合物	溶度积(K_{sp})	化合物	溶度积(K_{sp})	化合物	溶度积(K_{sp})
AgAc	1.94×10^{-3}	* $SrCrO_4$	2.2×10^{-5}	$PbSO_4$	1.82×10^{-8}
AgBr	5.35×10^{-13}	* AgOH	2.0×10^{-8}	$SrSO_4$	3.44×10^{-7}
AgCl	1.77×10^{-10}	* $Al(OH)_3$(无定形)	1.3×10^{-33}	Ag_2S	6.69×10^{-50}
AgI	8.51×10^{-17}	* $Be(OH)_2$(无定形)	1.6×10^{-22}	CdS	1.40×10^{-29}
BaF_2	1.84×10^{-7}	$Ca(OH)_2$	4.68×10^{-6}	* CoS	2.0×10^{-25}
CaF_2	1.46×10^{-10}	$Cd(OH)_2$(新制备)	5.27×10^{-15}	Cu_2S	2.26×10^{-48}
CuBr	6.27×10^{-9}	$Co(OH)_2$(新制备)	1.09×10^{-15}	CuS	1.27×10^{-36}
CuCl	1.72×10^{-7}	* $Co(OH)_3$	1.6×10^{-44}	FeS	1.59×10^{-19}
CuI	1.27×10^{-12}	* $Cr(OH)_2$	2×10^{-16}	HgS	6.44×10^{-53}
Hg_2I_2	5.33×10^{-29}	* $Cr(OH)_3$	6.3×10^{-31}	MnS	4.65×10^{-14}
$PbBr_2$	6.60×10^{-6}	* $Cu(OH)_2$	2.2×10^{-20}	NiS	1.07×10^{-21}
$PbCl_2$	1.17×10^{-5}	$Fe(OH)_2$	4.87×10^{-17}	PbS	9.04×10^{-29}
PbF_2	7.12×10^{-7}	$Fe(OH)_3$	2.64×10^{-39}	SnS	3.25×10^{-28}
PbI_2	8.49×10^{-9}	$Mg(OH)_2$	5.61×10^{-12}	ZnS	2.93×10^{-25}
SrF_2	4.33×10^{-9}	$Mn(OH)_2$	2.06×10^{-13}	Ag_3PO_4	8.88×10^{-17}
Ag_2CO_3	8.45×10^{-12}	* $Ni(OH)_2$(新制备)	2.0×10^{-15}	* $AlPO_4$	6.3×10^{-19}
$BaCO_3$	2.58×10^{-9}	* $Pb(OH)_2$	1.2×10^{-15}	$CaHPO_4$	1×10^{-7}
$CaCO_3$	4.96×10^{-9}	$Sn(OH)_2$	5.45×10^{-25}	$Ca_3(PO_4)_2$	2.07×10^{-33}
$CdCO_3$	6.18×10^{-12}	$Sr(OH)_2$	9×10^{-4}	$Cd_3(PO_4)_2$	2.53×10^{-33}
* $CuCO_3$	1.4×10^{-10}	$Zn(OH)_2$	6.86×10^{-17}	$Cu_3(PO_4)_2$	1.39×10^{-37}
$FeCO_3$	3.07×10^{-11}	$Ag_2C_2O_4$	5.4×10^{-12}	$FePO_4\cdot2H_2O$	9.92×10^{-29}
Hg_2CO_3	1.45×10^{-18}	$BaC_2O_4\cdot2H_2O$	1.2×10^{-7}	* $MgNH_4PO_4$	2.5×10^{-13}
$MgCO_3$	6.82×10^{-6}	* CaC_2O_4	4×10^{-9}	$Mg_3(PO_4)_2$	9.86×10^{-25}
$MnCO_3$	2.24×10^{-11}	CuC_2O_4	4.43×10^{-10}	* $Pb_3(PO_4)_2$	8.0×10^{-43}
$NiCO_3$	1.42×10^{-7}	* $FeC_2O_4\cdot2H_2O$	3.2×10^{-7}	* $Zn_3(PO_4)_2$	9.0×10^{-33}
$PbCO_3$	1.46×10^{-13}	$Hg_2C_2O_4$	1.75×10^{-13}	* $[Ag^+][Ag(CN)_2^-]$	7.2×10^{-11}
$SrCO_3$	5.6×10^{-10}	$MgC_2O_4\cdot2H_2O$	4.83×10^{-6}	AgSCN	1.03×10^{-12}
$ZnCO_3$	1.19×10^{-10}	$MnC_2O_4\cdot2H_2O$	1.70×10^{-7}	CuSCN	1.77×10^{-13}
Ag_2CrO_4	1.12×10^{-12}	PbC_2O_4	8.51×10^{-10}	* $Cu_2[Fe(CN)_6]$	1.3×10^{-16}
* $Ag_2Cr_2O_7$	2.0×10^{-7}	* $SrC_2O_4\cdot H_2O$	1.6×10^{-7}	* $Ag_3[Fe(CN)_6]$	1.6×10^{-41}
$BaCrO_4$	1.17×10^{-10}	$ZnC_2O_4\cdot2H_2O$	1.37×10^{-9}	* $K_2Na[Co(NO_2)_6]\cdot H_2O$	2.2×10^{-11}
* $CaCrO_4$	7.1×10^{-4}	$AgSO_4$	1.20×10^{-5}	* $Na(NH_4)_2\cdot[Co(NO_2)_6]$	4×10^{-12}
* $CuCrO_4$	3.6×10^{-6}	$BaSO_4$	1.07×10^{-10}	$Cu(IO_3)_2\cdot H_2O$	6.94×10^{-8}
* Hg_2CrO_4	2.0×10^{-9}	* $CaSO_4$	9.1×10^{-6}	** $Cu(IO_3)_2$	1.4×10^{-7}
* $PbCrO_4$	2.8×10^{-13}	Hg_2SO_4	7.99×10^{-7}		

注：摘自 R C Weast. Handbook of Chemistry and Physics，B 207-208. 69th. edition 1988～1989。

* 摘自 J A Dean Ed. Lange's Handbook of Chemistry. 13th edition. 1985。

** 摘自王克强等. 新编无机化学实验. 上海：华东理工大学出版社，2001。

附录六　物质的溶解性表

化合物	Ag^+	Hg_2^{2+}	Pb^{2+}	Hg^{2+}	Bi^{3+}	Cu^{2+}	Cd^{2+}
碳酸盐，CO_3^{2-}	HNO_3	HNO_3	HNO_3	HCl	HCl	HCl	HCl
草酸盐，$C_2O_4^{2-}$	HNO_3	HNO_3	HNO_3	HCl	HCl	HCl	HCl
氟化物，F^-	水	水	水，略溶 HNO_3	水	HCl	水，略溶 HCl	水，略溶 HCl
亚硫酸盐，SO_3^{2-}	HNO_3	HNO_3	HNO_3	HCl	—	HCl	HCl
亚砷酸盐，AsO_3^{2-}	HNO_3	HNO_3	HNO_3	HCl	HCl	HCl	HCl
砷酸盐，AsO_4^{2-}	HNO_3	HNO_3	HNO_3	HCl	HCl	HCl	HCl
磷酸盐，PO_4^{3-}	HNO_3	HNO_3	HNO_3	HCl	HCl	HCl	HCl
硼酸盐，BO_2^-	HNO_3	—	HNO_3	—	HCl	HCl	HCl
硅酸盐，SiO_3^{2-}	HNO_3	—	HNO_3	—	HCl	HCl	HCl
酒石酸盐，$C_4H_4O_6^{2-}$	HNO_3	水，略溶 HNO_3	HNO_3	HCl	HCl	水	HCl
硫酸盐，SO_4^{2-}	水，略溶	水，略溶	不溶	水，略溶	水，略溶	水	水
铬酸盐，CrO_4^{2-}	HNO_3	HNO_3	HNO_3	HCl	HCl	水	HCl
硫化物，S^{2-}	HNO_3	王水	HNO_3	王水	HNO_3	HNO_3	HNO_3
氰化物，CN^-	不溶	—	HNO_3	水	—	HCl	HCl
亚铁氰化物，$Fe(CN)_6^{4-}$	不溶	—	不溶	—	—	不溶	不溶
铁氰化物，$Fe(CN)_6^{3-}$	不溶	—	不溶	不溶	—	不溶	不溶
硫代硫酸盐，$S_2O_3^{2-}$	HNO_3	—	HNO_3	—	—	—	水
硫氰酸盐，SCN^-	不溶	HNO_3	HNO_3	水	—	HNO_3	HCl
碘化物，I^-	不溶	HNO_3	水，略溶 HNO_3	HCl	HCl	水，略溶	水
溴化物，Br^-	不溶	HNO_3	不溶	水	水解，HCl	水	水
氯化物，Cl^-	不溶	HNO_3	沸水	水	水解，HCl	水	水
醋酸盐，$C_2H_3O_2^-$	水，略溶	水	水	水	水	水	水
亚硝酸盐，NO_2^-	热水	水	水	水	—	水	水
硝酸盐，NO_3^-	水	水，略溶 HNO_3	水	水	水，略溶 HNO_3	水	水
氧化物，(O_2^-)	HNO_3	HNO_3	HNO_3	HCl	HNO_3	HCl	HCl
氢氧化物，OH^-	HNO_3	—	HNO_3	—	HCl	HCl	HCl

续表

化合物	Sb^{3+}	Sn^{2+}	Sn^{4+}	Al^{3+}	Cr^{3+}	As^{3+}
碳酸盐,CO_3^{2-}	—	—	—	—	—	—
草酸盐,$C_2O_4^{2-}$	HCl	HCl	水	HCl	HCl	—
氟化物,F^-	水,略溶 HCl	水	水	水	水	—
亚硫酸盐,SO_3^{2-}	—	HCl	—	HCl	—	—
亚砷酸盐,AsO_3^{2-}	—	HCl	—	—	—	—
砷酸盐,AsO_4^{3-}	—	HCl	HCl	HCl	HCl	—
磷酸盐,PO_4^{3-}	HCl	HCl	HCl	HCl	HCl	—
硼酸盐,BO_2^-	—	HCl	—	HCl	HCl	—
硅酸盐,SiO_3^{2-}(4)	—	—	—	HCl	HCl	—
酒石酸盐,$C_4H_4O_6^{2-}$	HCl	HCl	水	水	水	—
硫酸盐,SO_4^{2-}	HCl	水	—	水	水	—
铬酸盐,CrO_4^{2-}	—	HCl	—	—	HCl	—
硫化物,S^{2-}	浓 HCl	浓 HCl	浓 HCl	水解,HCl	水解,HCl	HNO_3
氰化物,CN^-	—	—	—	—	HCl	—
亚铁氰化物,$Fe(CN)_6^{4-}$	—	—	不溶	—	—	—
铁氰化物,$Fe(CN)_6^{3-}$	—	不溶	—	—	—	—
硫代硫酸盐,$S_2O_3^{2-}$	—	水	水	水	—	—
硫氰酸盐,SCN^-	—	—	水	水	水	—
碘化物,I^-	水解,HCl	水	水解,HCl	水	水	水
溴化物,Br^-	水解,HCl	水解,HCl	水解,HCl	水	水	水解,HCl
氯化物,Cl^-	水解,HCl	水解,HCl	水解,HCl	水	水	水解,HCl
醋酸盐,$C_2H_3O_2^-$	—	水	水	水	水	—
亚硝酸盐,NO_2^-	—	—	—	—	—	—
硝酸盐,NO_3^-	—	—	—	水	水	—
氧化物,(O_2^-)	HCl	HCl	HCl,略溶	HCl	HCl	HCl
氢氧化物,OH^-	HCl	HCl	不溶	HCl	HCl	—

续表

化合物	Fe^{3+}	Fe^{2+}	Mn^{2+}	Ni^{2+}	Co^{2+}	Zn^{2+}	Ba^{2+}
碳酸盐,CO_3^{2-}	—	HCl	HCl	HCl	HCl	HCl	HCl
草酸盐,$C_2O_4^{2-}$(3)	HCl	HCl	HCl	HCl	HCl	HCl	HCl
氟化物,F^-	水,略溶 HCl	水,略溶 HCl	HCl	HCl	HCl	HCl	水,略溶 HCl
亚硫酸盐,SO_3^{2-}	—	HCl	HCl	HCl	HCl	HCl	HCl
亚砷酸盐,AsO_3^{2-}	HCl	HCl	HCl	HCl	HCl	HCl	HCl
砷酸盐,AsO_4^{2-}	HCl	HCl	HCl	HCl	HCl	HCl	HCl
磷酸盐,PO_4^{3-}	HCl	HCl	HCl	HCl	HCl	HCl	HCl
硼酸盐,BO_2^-	HCl	HCl	HCl	HCl	HCl	HCl	HCl
硅酸盐,SiO_3^{2-}(4)	HCl	HCl	HCl	HCl	HCl	HCl	HCl
酒石酸盐,$C_4H_4O_6^{2-}$	水	HCl	水,略溶 HCl	HCl	水	HCl	HCl
硫酸盐,SO_4^{2-}	水	水	水	水	水	水	不溶
铬酸盐,CrO_4^{2-}	水	—	水,略溶 HCl	HCl	HCl	水	HCl
硫化物,S^{2-}	HCl	HCl	HCl	HNO_3	HNO_3	HCl	水
氰化物,CN^-	—	不溶	HCl	HNO_3	HNO_3	HCl	水,略溶 HCl
亚铁氰化物,$Fe(CN)_6^{4-}$	不溶	不溶	HCl	不溶	不溶	不溶	水
铁氰化物,$Fe(CN)_6^{3-}$	水	不溶	不溶	不溶	不溶	HCl	水
硫代硫酸盐,$S_2O_3^{2-}$	—	水	水	水	水	水	HCl
硫氰酸盐,SCN^-	水	水	水	水	水	水	水
碘化物,I^-	水	水	水	水	水	水	水
溴化物,Br^-	水	水	水	水	水	水	水
氯化物,Cl^-	水	水	水	水	水	水	水
醋酸盐,$C_2H_3O_2^-$	水	水	水	水	水	水	水
亚硝酸盐,NO_2^-	水	—	水	水	水	水	水
硝酸盐,NO_3^-	水	水	水	水	水	水	水
氧化物,(O_2^-)	HCl	HCl	HCl	HCl	HCl	HCl	HCl
氢氧化物,OH^-	HCl	HCl	HCl	HCl	HCl	HCl	水

续表

化合物	Sr^{2+}	Ca^{2+}	Mg^{2+}	K^{+}	Na^{+}	NH_4^{+}
碳酸盐,CO_3^{2-}	HCl	HCl	水,HCl 略溶	水	水	水
草酸盐,$C_2O_4^{2-}$	HCl	HCl	水	水	水	水
氟化物,F^-	HCl	不溶	HCl	水	水	水
亚硫酸盐,SO_3^{2-}	HCl	HCl	水	水	水	水
亚砷酸盐,AsO_3^{2-}	HCl	HCl	HCl	水	水	水
砷酸盐,AsO_4^{2-}	HCl	HCl	HCl	水	水	水
磷酸盐,PO_4^{3-}	HCl	HCl	HCl	水	水	水
硼酸盐,BO_2^-	水,HCl 略溶	水,HCl 略溶	HCl	水	水	水
硅酸盐,SiO_3^{2-}(4)	HCl	HCl	HCl	水	水	水
酒石酸盐,$C_4H_4O_6^{2-}$	HCl	HCl	水	水	水	水
硫酸盐,SO_4^{2-}	不溶	水,微溶	水	水	水	水
铬酸盐,CrO_4^{2-}	水,略溶	水	水	水	水	水
硫化物,S^{2-}	水	水	水	水	水	水
氰化物,CN^-	水	水	水	水	水	水
亚铁氰化物,$Fe(CN)_6^{4-}$	水	水	水	水	水	水
铁氰化物,$Fe(CN)_6^{3-}$	水	水	水	水	水	水
硫代硫酸盐,$S_2O_3^{2-}$	水	水	水	水	水	水
硫氰酸盐,SCN^-	水	水	水	水	水	水
碘化物,I^-	水	水	水	水	水	水
溴化物,Br^-	水	水	水	水	水	水
氯化物,Cl^-	水	水	水	水	水	水
醋酸盐,$C_2H_3O_2^-$	水	水	水	水	水	水
亚硝酸盐,NO_2^-	水	水	水	水	水	水
硝酸盐,NO_3^-	水	水	水	水	水	水
氧化物,(O_2^-)	HCl	水,HCl 略溶	HCl	水	水	—
氢氧化物,OH^-	水,HCl 略溶	水,HCl 略溶	HCl	水	水	水

附录七　常用酸碱的质量分数和相对密度（d_{20}^{20}）

质量分数	相对密度						
	HCl	HNO_3	H_2SO_4	CH_3COOH	NaOH	KOH	NH_3
4	1.0197	1.0220	1.0269	1.0056	1.0446	1.0348	0.9828
8	1.0395	1.0446	1.0541	1.0111	1.0888	1.0709	0.9668
12	1.0594	1.0679	1.0821	1.0165	1.1329	1.1079	0.9519
16	1.0796	1.0921	1.1114	1.0218	1.1771	1.1456	0.9378
20	1.1000	1.1170	1.1418	1.0269	1.2214	1.1839	0.9245
24	1.1205	1.1426	1.1735	1.0318	1.2653	1.2231	0.9118
28	1.1411	1.1688	1.2052	1.0365	1.3087	1.2632	0.8996
32	1.1614	1.1955	1.2375	1.0410	1.3512	1.3043	
36	1.1812	1.2224	1.2707	1.0452	1.3926	1.3468	
40	1.1999	1.2489	1.3051	1.0492	1.4324	1.3906	
44			1.3410	1.0529		1.4356	
48			1.3783	1.0564		1.4817	
52			1.4174	1.0596			
56			1.4584	1.0624			
60			1.5013	1.0648			
64			1.5443	1.0668			
68			1.5902	1.0687			
72			1.6367	1.0695			
76			1.6840	1.0699			
80			1.7303	1.0699			
84			1.7724	1.0692			
88			1.8054	1.0677			
92			1.8272	1.0648			
96			1.8388	1.0597			
100			1.8337	1.0496			

注：摘自 R C Weast. Handbook of Chemistry and Physics，69 th. edition. 1988～1989

附录八　常见离子和化合物的颜色

一、常见离子的颜色

1. 无色阳离子

Ag^{+}，Cd^{2+}，K^{+}，Ca^{2+}，As^{3+}（在溶液中主要以 AsO_3^{3-} 存在），Pb^{2+}，Zn^{2+}，Na^{+}，Sr^{2+}，As^{5+}（在溶液中几乎全部以 AsO_4^{3-} 存在），Hg_2^{2+}，Bi^{3+}，NH_4^{+}，Ba^{2+}，Sb^{3+} 或 Sb^{5+}（主要以 $SbCl_6^{3-}$ 或 $SbCl_6^{-}$ 存在），Hg^{2+}，Mg^{2+}，Al^{3+}，Sn^{2+}，Sn^{4+}。

2. 有色阳离子

Mn^{2+} 浅玫瑰色，稀溶液无色；$Fe(H_2O)_6^{3+}$ 淡紫色，但平时所见 Fe^{3+} 盐溶液为黄色或红棕色；Fe^{2+} 浅绿色，稀溶液无色；Cr^{3+} 绿色或紫色；Co^{2+} 玫瑰色；Ni^{2+} 绿色；Cu^{2+} 浅蓝色。

3. 无色阴离子

SO_4^{2-}，PO_4^{3-}，F^{-}，SCN^{-}，$C_2O_4^{2-}$，MoO_4^{2-}，SO_3^{2-}，BO_2^{-}，Cl^{-}，NO_3^{-}，S^{2-}，WO_4^{2-}，$S_2O_3^{2-}$，$B_4O_7^{2-}$，Br^{-}，NO_2^{-}，ClO_3^{-}，VO_3^{-}，CO_3^{2-}，SiO_3^{2-}，I^{-}，Ac^{-}，BrO_3^{-}。

4. 下列阴离子均有色

$Cr_2O_7^{2-}$ 橙色；CrO_4^{2-} 黄色；MnO_4^{-} 紫色；$Fe(CN)_6^{4-}$ 黄绿色；$Fe(CN)_6^{3-}$ 黄棕色。

二、有特征颜色的常见无机化合物

黑　色	CuO，NiO，FeO，Fe_3O_4，MnO_2，FeS，CuS，Ag_2S，NiS，CoS，PbS
蓝　色	$CuSO_4\cdot 5H_2O$，$Cu(NO_3)_2\cdot 6H_2O$，许多水合铜盐，无水 $CoCl_2$
绿　色	镍盐，亚铁盐，铬盐，某些铜盐如 $CuCl_2\cdot 2H_2O$
黄　色	CdS，PbO，碘化物（如 AgI），铬酸盐（如 $BaCrO_4$，K_2CrO_4）
红　色	Fe_2O_3，Cu_2O，HgO，HgS，Pb_3O_4
粉红色	$MnSO_4\cdot 7H_2O$ 等锰盐，$CoCl_2\cdot 6H_2O$
紫　色	亚铬盐（如 $[Cr(Ac)_2]_2\cdot 2H_2O$），高锰酸盐

附录九 水的饱和蒸气压

×10² Pa

温度/K	0.0	0.2	0.4	0.6	0.8
273	6.105	6.195	6.286	6.379	6.473
274	6.567	6.663	6.759	6.858	6.958
275	7.058	7.159	7.262	7.366	7.473
276	7.579	7.687	7.797	7.907	8.019
277	8.134	8.249	8.365	8.483	8.603
278	8.723	8.846	8.970	9.095	9.222
279	9.350	9.481	9.611	9.745	9.881
280	10.017	10.155	10.295	10.436	10.580
281	10.726	10.872	11.022	11.172	11.324
282	11.478	11.635	11.792	11.952	12.114
283	12.278	12.443	12.610	12.779	12.951
284	13.124	13.300	13.478	13.658	13.839
285	14.023	14.210	14.397	14.587	14.779
286	14.973	15.171	15.369	15.572	15.776
287	15.981	16.191	16.401	16.615	16.831
288	17.049	17.260	17.493	17.719	17.947
289	18.177	18.410	18.648	18.886	19.128
290	19.372	19.618	19.869	20.121	20.377
291	20.634	20.896	21.160	21.426	21.694
292	21.968	22.245	22.523	22.805	23.090
293	23.378	23.669	23.963	24.261	24.561
294	24.865	25.171	25.482	25.797	26.114
295	26.434	26.758	27.086	27.418	27.751
296	28.088	28.430	28.775	29.124	29.478
297	29.834	30.195	30.560	30.928	31.299
298	31.672	32.049	32.432	32.820	33.213
299	33.609	34.009	34.413	34.820	35.232
300	35.649	36.070	36.496	36.925	37.358
301	37.796	38.237	38.683	39.135	39.593
302	40.054	40.519	40.990	41.466	41.945
303	42.429	42.918	43.411	43.908	44.412
304	44.923	45.439	45.958	46.482	47.011
305	47.547	48.087	48.632	49.184	49.740
306	50.301	50.869	51.441	52.020	52.605
307	53.193	53.788	54.390	54.997	55.609
308	56.229	56.854	57.485	58.122	58.766
309	59.412	60.067	60.727	61.395	62.070
310	62.751	63.437	64.131	64.831	65.537
311	66.251	66.969	67.693	68.425	69.166
312	69.917	70.673	71.434	72.202	72.977
313	73.759	74.54	75.34	76.14	76.95
314	77.78	78.61	79.43	80.29	81.14
315	81.99	82.85	83.73	84.61	85.49
316	86.39	87.30	88.21	89.14	90.07
317	91.00	91.95	92.91	93.87	94.85
318	95.83	96.82	97.81	98.82	99.83
319	100.86	101.90	102.94	103.99	105.06
320	106.12	107.20	108.30	109.39	110.48
321	111.60	112.74	113.88	115.03	116.18
322	117.35	118.52	119.71	120.91	122.11
323	123.34	124.7	125.9	127.1	128.4

附录十　水的密度

温度/K	密度/(g·mL^{-1})	温度/K	密度/(g·mL^{-1})	温度/K	密度/(g·mL^{-1})
273.2	0.999841	283.2	0.999700	293.2	0.998203
273.4	0.999854	283.4	0.999682	293.4	0.998162
273.6	0.999866	283.6	0.999664	293.6	0.998120
273.8	0.999878	283.8	0.999645	293.8	0.998078
274.0	0.999889	284.0	0.999625	294.0	0.998035
274.2	0.999900	284.2	0.999605	294.2	0.997992
274.4	0.999909	284.4	0.999585	294.4	0.997948
274.6	0.999918	284.6	0.999564	294.6	0.997904
274.8	0.999927	284.8	0.999542	294.8	0.997860
275.0	0.999934	285.0	0.999520	295.0	0.997815
275.2	0.999941	285.2	0.999498	295.2	0.997770
275.4	0.999947	285.4	0.999475	295.4	0.997724
275.6	0.999953	285.6	0.999451	295.6	0.997678
275.8	0.999958	285.8	0.999427	295.8	0.997632
276.0	0.999962	286.0	0.999402	296.0	0.997585
276.2	0.999965	286.2	0.999377	296.2	0.997538
276.4	0.999968	286.4	0.999352	296.4	0.997490
276.6	0.999970	286.6	0.999326	296.6	0.997442
276.8	0.999972	286.8	0.999299	296.8	0.997394
277.0	0.999973	287.0	0.999272	297.0	0.997345
277.2	0.999973	287.2	0.999244	297.2	0.997296
277.4	0.999973	287.4	0.999216	297.4	0.997246
277.6	0.999972	287.6	0.999188	297.6	0.997196
277.8	0.999970	287.8	0.999159	297.8	0.997146
278.0	0.999968	288.0	0.999129	298.0	0.997095
278.2	0.999965	288.2	0.999099	298.2	0.997044
278.4	0.999961	288.4	0.999069	298.4	0.996992
278.6	0.999957	288.6	0.999038	298.6	0.996941
278.8	0.999952	288.8	0.999007	298.8	0.996888
279.0	0.999947	289.0	0.998975	299.0	0.996836
279.2	0.999941	289.2	0.998943	299.2	0.996783
279.4	0.999935	289.4	0.998910	299.4	0.996829
279.6	0.999927	289.6	0.998877	299.6	0.996676
279.8	0.999920	289.8	0.998843	299.8	0.996621
280.0	0.999911	290.0	0.998809	300.0	0.996567
280.2	0.999902	290.2	0.998774	300.2	0.996512
280.4	0.999893	290.4	0.998739	300.4	0.996457
280.6	0.999883	290.6	0.998704	300.6	0.996401
280.8	0.999872	290.8	0.998668	300.8	0.996345
281.0	0.999861	291.0	0.998632	301.0	0.996289
281.2	0.999849	291.2	0.998595	301.2	0.996232
281.4	0.999837	291.4	0.998558	301.4	0.996175
281.6	0.999824	291.6	0.998520	301.6	0.996118
281.8	0.999810	291.8	0.998482	301.8	0.996060
282.0	0.999796	292.0	0.998444	302.0	0.996002
282.2	0.999781	292.2	0.998405	302.2	0.995944
282.4	0.999766	292.4	0.998365	302.4	0.995885
282.6	0.999751	292.6	0.998325	302.6	0.995826
282.8	0.999734	292.8	0.998285	302.8	0.995766
283.0	0.999717	293.0	0.998244	303.0	0.995706

注：摘自 J A Lange's. Handbook of Chemistry. 第11版. (1973)：10-127.

温度 (K) 由 273.2+t 得到。

附录十一 滴定分析中常用的指示剂

表1 酸碱指示剂的配制方法

指示剂	变色范围 pH	配制方法
甲基橙-二甲基赛安路 FF 混合指示剂(也称遮蔽指示剂)	红 3.0～4.4 黄	称取甲基橙 1.0g,用 500mL 水完全溶解。另称 1.8g 蓝色染料二甲基赛安路 FF,用 500mL 酒精完全溶解,然后将两种指示剂混合均匀。取 2 滴指示剂用于酸碱滴定,检验是否有明显的颜色变化。如终点呈蓝灰色,可在指示剂中滴加甲基橙少许(0.1%);如终点呈灰绿色稍带红,可滴加少许蓝色染料。调至有敏锐的终点(即从碱性变到酸性由绿色变为浅灰或无色)后,贮存于棕色瓶中
甲基红	红 4.2～6.2 黄	0.10g 溶于 18.60mL 0.02mol·L^{-1} NaOH 中,用水稀释至 250mL
溴百里酚蓝(溴麝香草酚蓝)	黄 6.0～7.6 蓝	0.10g 溶于 8.0mL 0.02mol·L^{-1} NaOH 中,用水稀释至 250mL
中性红	红 6.8～8.0 黄	0.10g 溶于 70mL 乙醇中,用水稀释至 100mL
百里酚蓝(麝香草酚蓝)(第二次变色)	黄 8.0～9.6 蓝	0.10g 溶于 10.75mL 0.02mol·L^{-1} NaOH 中,用水稀释至 250mL;0.10g 溶于 100mL 20%乙醇中
酚酞	无色 7.4～10.0 红	1.0g 溶于 60mL 乙醇中,用水稀释至 100mL
邻甲酚酞	无色 8.2～10.4 红	0.10g 溶于 250mL 乙醇
靛蓝二磺酸钠(靛红)	蓝 11.6～14.0 黄	0.25g 溶于 100mL 50%乙醇
溴酚蓝	黄 3.0～4.6 蓝	0.1g 指示剂溶于 100mL 20%乙醇
刚果红	蓝紫 3.0～5.2 红	0.1%水溶液
溴甲酚绿	黄 3.8～5.4 蓝	0.1g 指示剂溶于 100mL 20%乙醇
溴酚红	黄 5.0～6.8 红	0.1g 或 0.04g 指示剂溶于 100mL 20%乙醇
酚红	黄 6.8～8.0 红	0.1g 指示剂溶于 100mL 20%乙醇
中性红	红 6.8～8.0 亮黄	0.1g 指示剂溶于 100mL 60%乙醇
百里酚酞	无色 9.4～10.6 蓝	0.1g 指示剂溶于 100mL 90%乙醇

表2 氧化还原指示剂

指示剂名称	$E^{\ominus}$/V $[H^+]=1$ mol·L^{-1}	颜色变化		溶液配制方法
		氧化态	还原态	
二苯胺	0.76	紫	无色	1%的浓硫酸溶液
二苯胺磺酸钠	0.85	紫红	无色	0.5%的水溶液
N-邻苯氨基苯甲酸	1.08	紫红	无色	0.1g 指示剂加 20mL 5%的 Na_2CO_3 溶液,用水稀释至 100mL
邻二氮菲-Fe(Ⅱ)	1.06	浅蓝	红	1.485g 邻二氮菲加 0.965g $FeSO_4$ 溶解,稀释至 100mL(0.025mol·L^{-1} 水溶液)
5-硝基邻二氮菲-Fe(Ⅱ)	1.25	浅蓝	紫红	1.608g 5-硝基邻二氮菲加 0.695g $FeSO_4$ 溶解,稀释至 100mL(0.025 mol·L^{-1} 水溶液)

表 3 酸碱混合指示剂

指示剂溶液的颜色	变色点 pH	颜色		备注
		酸色	碱色	
3 份 0.1%溴甲酚绿酒精溶液 1 份 0.2%甲基红酒精溶液	5.1	酒红	绿	
1 份 0.2%甲基红酒精溶液 1 份 0.1%次甲基蓝酒精溶液	5.4	红紫	绿	pH5.2 红紫，pH5.4 暗蓝，pH5.6 绿
1 份 0.1%溴甲酚绿钠盐水溶液 1 份 0.1%氯酚红钠盐水溶液	6.1	黄绿	蓝紫	pH5.4 蓝绿，pH5.8 蓝，pH6.2 蓝紫
1 份 0.1%中性红酒精溶液 1 份 0.1%次甲基蓝酒精溶液	7.0	蓝紫	绿	pH7.0 蓝紫
1 份 0.1%溴百里酚蓝钠盐水溶液 1 份 0.1%酚红钠盐水溶液	7.5	黄	绿	pH7.2 暗绿，pH7.4 淡紫，pH7.6 深紫
1 份 0.1%甲酚红钠盐水溶液 3 份 0.1%百里酚蓝钠盐水溶液	8.3	黄	紫	pH8.2 玫瑰色 pH8.4 紫色

表 4 金属离子指示剂

指示剂名称	离解平衡和颜色变化	溶液配制方法
铬黑 T(EBT)	$H_2In^{-} \underset{}{\overset{pK_{a_2}=6.3}{\rightleftharpoons}} HIn^{2-} \overset{pK_{a_3}=11.55}{\rightleftharpoons} In^{3-}$ 紫红　蓝　橙	0.5%水溶液
二甲酚橙(XO)	$H_3In^{4-} \overset{pK_a=6.3}{\rightleftharpoons} H_2In^{5-}$ 黄　红	0.2%水溶液
K-B 指示剂	$H_2In \overset{pK_{a_1}=8}{\rightleftharpoons} HIn^{-} \overset{pK_{a_2}=13}{\rightleftharpoons} In^{2-}$ 红　蓝　紫红	0.2g 酸性铬蓝 K 与 0.4g 萘酚绿 B 溶于 100mL 水中
钙指示剂	$H_2In^{-} \overset{pK_{a_2}=7.4}{\rightleftharpoons} HIn^{2-} \overset{pK_{a_3}=13.5}{\rightleftharpoons} In^{3-}$ 酒红　蓝　酒红	0.5%的乙醇溶液
吡啶偶氮萘酚(PAN)	$H_2In^{+} \overset{pK_{a_1}=1.9}{\rightleftharpoons} HIn \overset{pK_{a_2}=12.2}{\rightleftharpoons} In^{-}$ 黄绿　黄　淡红	0.1%的乙醇溶液
钙镁试剂	$H_2In^{-} \overset{pK_{a_2}=8.1}{\rightleftharpoons} HIn^{2-} \overset{pK_{a_3}=12.4}{\rightleftharpoons} In^{3-}$ 红　蓝　红橙	0.5%水溶液
Cu-PAN (CuY-PAN 溶液)	$CuY+PAN+M^{n+}=MY+Cu\text{-}PAN$ 浅绿　无色　红色	将 $0.05mol \cdot L^{-1}$ Cu^{2+} 溶液 10mL，加 pH5～6 的 HAc 缓冲液 5mL，1 滴 PAN 指示剂，加热至 60℃ 左右，用 EDTA 滴至绿色，得到约 $0.025mol \cdot L^{-1}$ 的 CuY 溶液。使用时取 2～3mL 于试液中，再加数滴 PAN 溶液

附录十二 特殊试剂的配制

试剂	配制方法
铝试剂(0.2%)	溶解0.2g铝试剂于100mL水中
硫代乙酰胺(5%)	溶解5g硫代乙酰胺于100mL水中,如浑浊需过滤
二乙酰二肟	溶解1g于100mL 95%乙醇中(镍试剂)
奈斯勒试剂	含有0.25mol·L^{-1} K_2HgI_4及3mol·L^{-1}NaOH:溶解11.5g HgI_2及8g KI于足量水中,使其体积为50mL,再加50mL 6mol·L^{-1}NaOH。静置后,汲取澄清液而弃去沉淀,试剂瓶须妥藏于阴暗处(铵试剂)
六硝基合钴酸钠试剂	含有0.1mol·L^{-1} $Na_3Co(NO_2)_6$、8mol·L^{-1} $NaNO_2$及1mol·L^{-1} HAc:溶解23g $NaNO_2$于50mL水中,加16.5mL 6mol·L^{-1}HAc及$Co(NO_3)_3·6H_2O$ 3g,静置一夜,过滤或汲取其溶液,稀释至100mL。每隔4周需重新配制。或直接加六硝基合钴酸钠至溶液为深红色
亚硝酰铁氰化钠	溶解1g于100mL水中,每隔数日,即需重新配制
醋酸铀酰锌	溶解10g醋酸铀酰$UO_2(Ac)_2·2H_2O$于6mL 30% HAc中,略微加热促其溶解,稀释至50mL(溶液A)。另置30g醋酸锌$Zn(Ac)_2·3H_2O$于6mL 30% HAc中,搅动后,稀释至50mL(溶液B)。将此两种溶液加热至70℃后混合,静置24h,过滤。在两液混合之前,晶体不能完全溶解。或直接配制成10%醋酸铀酰锌溶液
镁铵试剂	溶解100g $MgCl_2·6H_2O$和100g NH_4Cl于水中,再加50mL浓氨水,用水稀释至1L
钼酸铵试剂	溶解150g钼酸铵于1mL蒸馏水中,再把所得溶液倾入1L HNO_3(32%,相对密度1.2)中。不得相反!此时析出钼酸白色沉淀后又溶解。把溶液放置48h,然后从沉淀(如有生成)中倾出溶液
对硝基苯-偶氮-间苯二酚(俗称镁试剂Ⅰ)	溶解此染料0.001g于100mL 1mol·L^{-1} NaOH溶液
碘化钾-亚硫酸钠溶液	将50g KI和200g $Na_2SO_3·7H_2O$溶于1000mL水中
淀粉溶液(0.5%)	置易溶淀粉5g及100mg $ZnCl_2$(做防腐剂)于研钵中,加水少许调成薄浆,然后倾入1000mL沸水中,搅匀并煮沸至完全透明。淀粉溶液最好现用现配
硫化铵溶液	在200mL浓氨水溶液中通入H_2S,直至不再吸收,然后加入200mL浓氨水溶液,稀释至1L

续表

试剂	配制方法
溴水	溴的饱和水溶液：3.5g 溴(约 1mL)溶于 100mL 水
醋酸联苯胺	50mL 联苯胺溶于 10mL 冰醋酸，100mL 水中
硝胺指示剂	结构式： 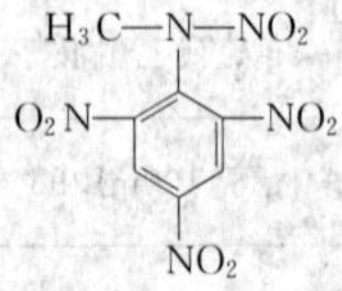 1g 硝胺溶于 1L 60%的乙醇中
铬黑 T 指示剂	又名埃罗黑 T 或依来铬黑 T，结构式为： 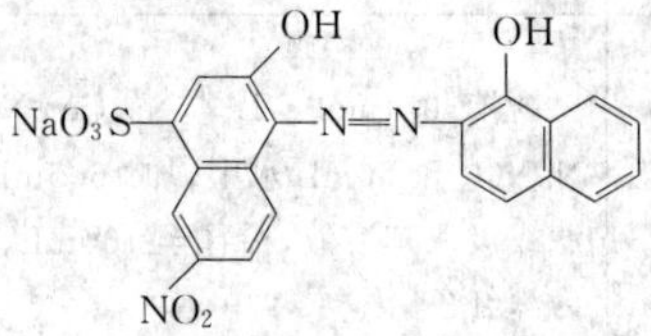 1. 按铬黑 T∶氯化钠＝1∶100 的比例混合均匀，研细 2. 溶 0.5g 铬黑 T 于 10mL 氨性缓冲溶液中，加乙醇至 100mL
邻菲罗啉(0.25%)	结构式： 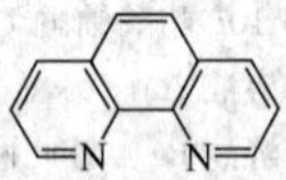 0.25g 邻菲罗啉加几滴 $6mol \cdot L^{-1}$ H_2SO_4，溶于 100mL 水中
氯化亚锡($1mol \cdot L^{-1}$)	溶 23g $SnCl_2 \cdot 2H_2O$ 于 34mL 浓 HCl 中，加水稀释至 100mL，临用时配制
二苯硫腙	溶解 0.1g 二苯硫腙于 1000mL CCl_4 或 $CHCl_3$ 中
硫氰酸汞铵	溶 8g $HgCl_2$ 和 9g NH_4SCN 于 100mL 水中
喹钼柠酮混合液	溶液 1：70g 钼酸钠，溶于 150mL 水中； 溶液 2：60g 柠檬酸，溶于 85mL 硝酸和 150mL 水的混合液中，冷却； 溶液 3：在不断搅拌下将溶液 1 慢慢加至溶液 2 中； 溶液 4：取喹啉 5mL，溶于 35mL 浓硝酸和 100mL 水的混合液中。在不断搅拌下将溶液 4 缓慢加至溶液 3 中，放置暗处 24h 后过滤。在溶液中加入丙酮 280mL(如不含铵离子，也可不加丙酮)，用水稀释至 1L，存于聚乙烯瓶中，放置暗处备用
磺基水杨酸(10%)	10g 磺基水杨酸，溶于 65mL 水中，加入 35mL $2mol \cdot L^{-1}$ NaOH 溶液，摇匀
铁铵矾 $(NH_4)Fe(SO_4)_2 \cdot 12H_2O$(40%)	铁铵矾的饱和溶液加浓 HNO_3 至溶液变清

附录十三　常见离子的鉴定方法

离子	鉴定方法
NH_4^+	加入 NaOH 后，加热释放出氨气。用湿润的石蕊试纸或广泛 pH 试纸试验显碱性。石蕊试纸由红色变为蓝色
Fe^{2+}	Fe^{2+} 与铁氰化钾反应生成蓝色沉淀：$3Fe^{2+}+2[Fe(CN)_6]^{3-} = Fe_3[Fe(CN)_6]_2\downarrow$
Fe^{3+}	Fe^{3+} 与亚铁氰化钾反应生成蓝色沉淀；与硫氰酸钾反应生成血红色的配合物
Cu^{2+}	1. 在中性或稀酸溶液中与亚铁氰化钾反应生成红棕色沉淀： $2Cu^{2+}+[Fe(CN)_6]^{4-} = Cu_2[Fe(CN)_6]\downarrow$ 2. 与过量氨水反应，生成 $[Cu(NH_3)_4]^{2+}$，溶液呈深蓝色
Pb^{2+}	与铬酸钾溶液反应生成黄色沉淀： $Pb^{2+}+CrO_4^{2-} = PbCrO_4\downarrow$ $PbCrO_4$ 沉淀溶于 NaOH，然后加醋酸酸化，$PbCrO_4$ 沉淀又重新析出： $PbCrO_4+4OH^- = PbO_2^{2-}+CrO_4^{2-}+2H_2O$ $PbO_2^{2-}+CrO_4^{2-}+4HAc = PbCrO_4\downarrow+4Ac^-+2H_2O$
Ca^{2+}	与草酸铵反应生成白色沉淀：$Ca^{2+}+C_2O_4^{2-} = CaC_2O_4\downarrow$
S^{2-}	与酸反应生成 H_2S 气体。用湿润 $Pb(Ac)_2$ 试纸检验，试纸呈黑色： $S^{2-}+2H^+ = H_2S\uparrow$ $H_2S+Pb(Ac)_2 = PbS\downarrow+2HAc$
NO_3^-	棕色环法：试液 2 滴放于点滴板上，放上 1 粒 $FeSO_4\cdot 7H_2O$ 或 $FeSO_4\cdot(NH_4)_2SO_4\cdot 6H_2O$，加入 2 滴 H_2SO_4，勿搅动。待片刻后观察结晶周围呈棕色 $6FeSO_4+2NaNO_3+4H_2SO_4 = 3Fe_2(SO_4)_3+Na_2SO_4+4H_2O+2NO$ $FeSO_4+NO = [Fe(NO)SO_4]$
PO_4^{3-}	Ag^+ 与 PO_4^{3-} 反应生成黄色沉淀： $3Ag^++PO_4^{3-} = Ag_3PO_4\downarrow$
$S_2O_3^{2-}$	1. $S_2O_3^{2-}$ 遇酸反应产生沉淀和气体： $S_2O_3^{2-}+2H^+ = S\downarrow+SO_2\uparrow+H_2O$ 2. 少量 $S_2O_3^{2-}$ 与过量 Ag^+ 反应生成白色 $Ag_2S_2O_3$ 沉淀。放置片刻后，白色沉淀转变为黑色 Ag_2S 沉淀： $S_2O_3^{2-}+2Ag^+ = Ag_2S_2O_3\downarrow$ $Ag_2S_2O_3+H_2O = H_2SO_4+Ag_2S\downarrow$

附录十四 氢氧化物沉淀和溶解时所需的pH

氢氧化物	pH				
	开始沉淀的原始浓度		沉淀完全	沉淀开始溶解	沉淀完全溶解
	$1mol \cdot L^{-1}$	$0.01mol \cdot L^{-1}$			
$Sn(OH)_4$	0	0.5	1.0	13	>14
$TiO(OH)_2$	0	0.5	2.0		
$Sn(OH)_2$	0.9	2.1	4.7	10	13.5
$ZrO(OH)_2$	1.3	2.3	3.8		
$Fe(OH)_3$	1.5	2.3	4.1		
HgO	1.3	2.4	5.0		
$Al(OH)_3$	3.3	4.0	5.2	7.8	10.8
$Cr(OH)_3$	4.0	4.9	6.8	12	>14
$Be(OH)_2$	5.2	6.2	8.8		
$Zn(OH)_2$	5.4	6.4	8.0	10.5	12～13
$Fe(OH)_2$	6.5	7.5	9.7	13.5	
$Co(OH)_2$	6.6	7.6	9.2	14	
①$Ni(OH)_2$	6.7	7.7	9.5		
$Cd(OH)_2$	7.2	8.2	9.7		
Ag_2O	6.2	8.2	11.2		
①$Mn(OH)_2$	7.8	8.8	10.4	14	
$Mg(OH)_2$	9.4	10.4	12.4		

① 析出氢氧化物沉淀之前，先形成碱式盐沉淀。

附录十五 阳离子的硫化氢系统分组方案

分组依据的特征	硫化物不溶于水				硫化物溶于水	
	在稀酸中硫化物沉淀			在稀酸中不生成硫化物沉淀	碳酸盐不溶于水	碳酸盐溶于水
	氯化物不溶于热水	氯化物溶于热水				
		硫化物不溶于硫化钠	硫化物溶于硫化钠			
包括离子	Ag^+ Hg_2^{2+}①	Pb^{2+} Bi^{3+} Cu^{2+} Cd^{2+}	Hg^{2+} As（Ⅲ，Ⅴ） Sb（Ⅲ，Ⅴ） Sn^{4+}	Fe^{3+} Fe^{2+} Al^{3+} Mn^{2+} Cr^{3+} Zn^{2+} Co^{2+} Ni^{2+}	Ba^{2+} Sr^{2+} Ca^{2+}	Mg^{2+} K^+ Na^+ (NH_4^+)②
		$Ⅱ_A$组	$Ⅱ_B$组			
组的名称	Ⅰ组 银组 盐酸组	Ⅱ组 铜锡组 硫化氢组		Ⅲ组 铁组 硫化铵组	Ⅳ组 钙组 碳酸铵组	Ⅴ组 钠组 可溶组
组试剂	HCl	$0.3mol \cdot L^{-1}$ HCl H_2S		NH_3+NH_4Cl $(NH_4)_2S$	NH_3+NH_4Cl $(NH_4)_2CO_3$	—

① Pb^{2+}浓度大时部分沉淀。

② 系统分析中需要加入铵盐，故NH_4^+需另行检出。

附录十六　常用冷却方法及制冷剂

实验室中常用的制冷方法有以下四种。

(1) 流水冷却　需冷却到室温的溶液，可用此法。将需冷却的物品直接用流动的自来水冷却。

(2) 冰（雪）盐　通常状况下冰的温度为0℃。冰融化时要吸收大量的热（每克冰融化成同温度的水吸收333.55J）。利用这一性质可以进行冷却。例如，把冰块投入水中即可使水温度降到室温以下。显然用这种方法可将温度最低降到0℃。

(3) 干冰　液态二氧化碳自由蒸发时，一部分冷凝成雪花状。固体CO_2直接升华汽化而不融化，在－78.5℃时的蒸气压为101325Pa，因此常用固体CO_2作制冷剂，叫干冰。干冰同乙醚、氯仿或丙酮等有机溶剂所组成的冻膏，温度可低到－77℃，在实验工作中用于低温冷浴。

(4) 电冰箱　近年来，电冰箱的应用已普及，为实验室带来了很大方便。电冰箱是利用氟利昂（即氟氯烷，如CCl_2F_2等）或氨等制冷剂受压缩时放热，用小风扇鼓风冷却，使其变为液体，再使液体制冷剂在蒸发器内蒸发吸收箱内热量而制冷的。利用冰箱可以得到零下几度至十几度的低温。

附表　制冷剂及其达到的温度

制冷剂	T/K	制冷剂	T/K
30份NH_4Cl＋100份水	270	125份$CaCl_2\cdot 6H_2O$＋100份碎冰水	233
4份$CaCl_2\cdot 6H_2O$＋100份碎冰水	264	150份$CaCl_2\cdot 6H_2O$＋100份碎冰水	224
29g NH_4Cl＋18g KNO_3＋冰水	263	5份$CaCl_2\cdot 6H_2O$＋4份冰块	218
100份NH_4NO_3＋100份水	261	干冰＋二氯乙烯	213
75g NH_4SCN＋15g KNO_3＋冰水	253	干冰＋乙醇	201
1份NaCl（细）＋3份冰水	252	干冰＋乙醚	196
100份NH_4NO_3＋100份$NaNO_3$＋冰水	238	干冰＋丙酮	195

附录十七 pH计（酸度计）的使用

pH计又称酸度计，是一种电化学测量仪器，除主要用于测量水溶液的酸度（即pH）外，还可用于测量多种电极的电极电势。原理上主要是利用两支电极（指示电极与参比电极），在不同pH溶液中能产生不同的电动势（毫伏信号），经过一组转换器转变为电流，在微安计上以pH刻度值读出，见附图1。

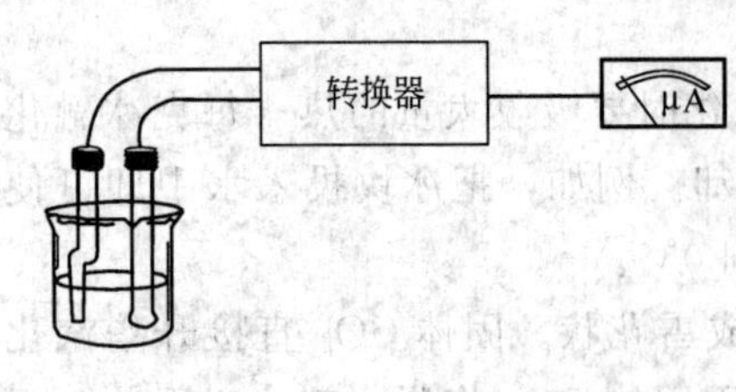

附图1 pH计工作原理示意

其中指示电极的电极电势要随被测溶液的pH而变化，通常使用的是玻璃电极，而参比电极则要求与被测溶液的pH无关，通常使用甘汞电极。饱和KCl溶液的甘汞电极的电极电势为0.2415V。

1. pH-25型酸度计

(1) 仪器介绍 pH-25型酸度计面板如附图2，其中零点调节器2在测溶液pH时调节指示电表1的指针指在刻度pH=7.0位置；读数开关4在测量时作为接通电极的开关，按下时，旋转少许可停住（不需用手指继续按着），只是在调节零点时应将它放开后才能进行；定位调节器3是在按下读数开关时，调节它以补偿玻璃电极的不对称电势；量程选择开关6是用来选择所要测量的量程，把它旋转指在“7～0”位置时读指示电表上“7～0”的读数，如果把它旋转至“7～14”位置时则应读指示电表上“7～14”的读数，而“0”位置表示指示电表短路，为防止仪器在运输或移动过程中指示电表指计摆动打弯而使仪器受损坏，所以仪器不测量时量程选择开关通常均应指在“0”位置；温度补偿器7用以补偿被测溶液的温度，通常指在室温。转动此旋钮不要过分用力，以防止固定螺丝位置松动，影响准确度；pH-mV开关5供选择仪器测定溶液pH，还是测定电极电势（mV）。若测定pH，则开关转到pH位置；若测定mV值，则转到mV位置。

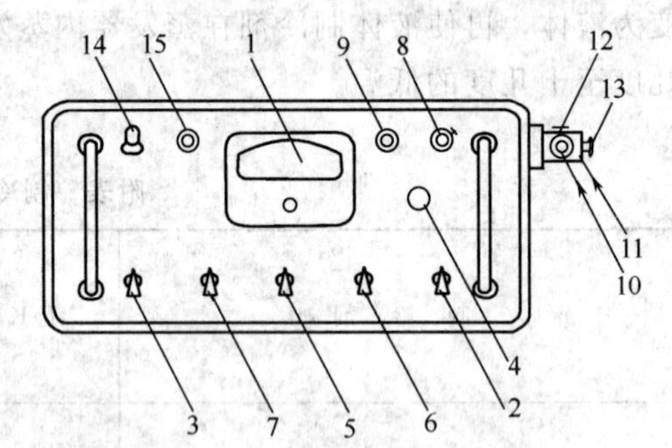

附图2 pH-25型酸度计面板示意

1—指示电表；2—零点调节器；3—定位调节器；4—读数开关；5—pH-mV开关；6—量程选择开关；7—温度补偿器；8—玻璃电极插孔；9—参比电极接线柱；10—大电极夹；11—小电极夹；12,13—螺丝；14—指示灯；15—电源开关

由于电极不对称电势的存在，用玻璃电极测定溶液的pH时一般采用比较法测定，就是先测一已知pH的标准缓冲溶液得到一读数，然后测未知溶液得到另一读数，这两读数之差就是两种溶液pH之差。由于其中一个是已知的，另一个未知的就不难算出来。为了方便起见，仪器上的定位调节器3实际上就是用来抵消电极的不对称电势。当测量标准缓冲溶液时，利用这个定位调节器把指示电表指针调整到标准缓冲溶液的pH上，这样就使以后测量未知溶液时，指示电表指针的读数就是未知溶液的pH，省去了计算手续。通常把前面一步称为“校准”，后面一步称为“测量”。一台已经校准过的pH计，在一定时间内可以连续测量许多未知液，但如果玻璃电极的稳定性还没有完全建立，经常校准还是必要的。

(2) 测量溶液pH的具体步骤

① 准备　仪器接通电源，预热 5min，并将玻璃电极和甘汞电极接到仪器上，固定在电极夹中。

② 校准

a. 把 pH-mV 开关转到 pH 位置；

b. 把两个电极浸入装有适量标准缓冲溶液的小烧杯中；

c. 把温度补偿器旋钮转到被测溶液温度值上；

d. 根据标准缓冲溶液的 pH 把量程选择开关转到适当的 pH 范围；

e. 调节零点调节器使指示电表指针指在 pH＝7.0 位置；

f. 按下读数开关，调节定位调节器使指示电表指针指在标准缓冲溶液的 pH 上；

g. 放开读数开关，指示电表指针应回到 pH＝7.0 处，如有变动，则应再调零点后重新校准；

h. 将量程选择开关转到“0”位置，校准工作结束。

③ 测量

a. 把两个电极清洗后浸入装有未知 pH 溶液的小烧杯中；

b. 把量程选择开关转到被测溶液的 pH 范围，按下读数开关，指示电表指针所指的刻度即为被测溶液的 pH；

c. 记下 pH，放开读数开关，并将量程选择开关转到“0”处。

2. pHXB-302K 型酸度计

(1) 仪器介绍　pHXB-302K 型酸度计的测量部分与 pH-25 型酸度计完全相同，都是利用玻璃电极与甘汞电极在不同 pH 溶液中产生的毫伏信号，但转换器部分却采用了大规模集成电路，微安计采用液晶数字显示结果，外形小巧美观。pHXB-302K 型酸度计内装 9V 电池，外可接 220V 电源，兼备了不间断电源的特性。它重现性好，抗干扰性强，操作简便，读数清晰可靠，其测量范围为 0～14pH(或 0～±1999mV)，分辨率 0.01pH(或 1mV)，准确度不大于±0.02pH 或不大于 (2±1)mV。

pHXB-302K 型酸度计面板如附图 3，其中液晶显示屏 1 可显示温度数值和 pH(或 mV 值)；电源开关 4 按下为接通电源；pH/mV选择开关 3 按下时显示为 mV，弹出时显示为 pH；温度补偿开关 2 按下可调节温度补偿，其数值在液晶显示屏上显示出，调好后再接此键使它弹出，才能进行 pH(或 mV) 的测量；温度补偿旋钮[TEMP(℃)]6 在测 pH 时，按下温度补偿开关 2 后，调节这个温度补偿旋钮使液晶显示屏显出的数字与被测溶液的温度一样；定位旋钮 (CALIB)5 的作用是消除电极的不对称电势对 pH 测量的影响。此外，电极插孔在酸度计右侧面，而接线柱在酸度计后面。

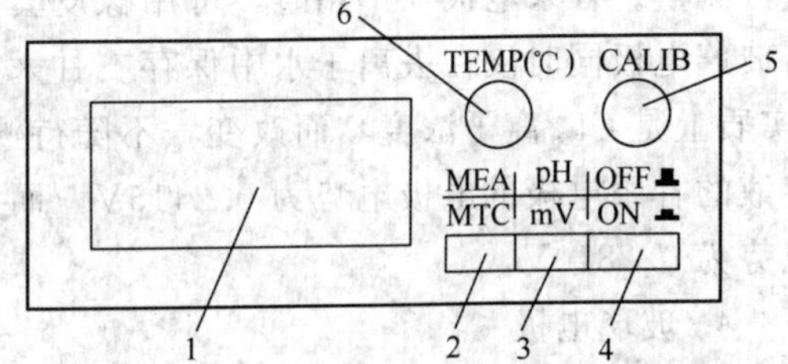

附图 3　pHXB-302K 型酸度计面板示意

1—液晶显示屏；2—温度补偿开关；3—pH/mV 选择开关；4—电源开关；5—定位旋钮；6—温度补偿旋钮

(2) 操作步骤

① 接通电源，如果使用交流电源，可直接将电源插头插入 220V 电源插座上。也可以只用 pH 计内藏的 9V 电池。

② 把准备好的玻璃电极和甘汞电极的引线插入 pH 计电极插孔中，并将两电极浸入用于定位的标准缓冲溶液中。

③ 按下电源开关 4，液晶显示屏显出数字，将 pH/mV 选择开关置于 pH（即弹出）状态。

④ 按下温度补偿开关 2，调节温度补偿旋钮 6，使液晶显示屏上显出的数字与用温度计测出的溶液温度数值相同，此时液晶显示屏上的数字前带有“一”号，然后再按动温度补偿开关使其弹出。

⑤ 用定位旋钮 5 将液晶显示屏上显示的 pH 数值调节到标准缓冲溶液的给定 pH（注意，数字前面此时没有“一”号）。定位完毕，注意在以后测量未知溶液 pH 时，不要再转动定位旋钮。

⑥ 当被测的未知溶液与标准缓冲溶液的温度相同时，只要把两电极用去离子水冲洗一下，用碎滤纸片吸干电极上的水后，把两电极浸入被测的未知溶液中，便可由液晶显示屏上读出未知溶液的 pH。但当被测的未知溶液与标准缓冲溶液的温度不同时，需要重新进行温度补偿调节，然后再测量溶液的 pH。

使用 pHXB-302K 型酸度计进行电极电势测量时，只需按下 pH/mV 选择开关，液晶显示屏显示出来的数字就是被测电极的电极电势（mV 值）。

3. 甘汞电极

甘汞电极是常用的参比电极，见附图 4。它是由汞（Hg）和甘汞（Hg_2Cl_2）的糊状物装入一定浓度的 KCl 溶液中构成的。汞上面插入铂丝，与外导线相连，KCl 溶液盛在底部玻璃管内，管的下端开口用陶瓷塞塞住，通过塞内的毛细孔，在测量时允许有少量 KCl 溶液向外渗漏，但绝不允许被测溶液向管内渗漏，否则将影响电极读数的重现性，导致不准确的结果。为了避免出现这种结果，使用甘汞电极时最好把它上面的小橡皮塞拔下，以维持管内足够的液位压差，断绝被测溶液通过毛细孔渗入的可能性。在使用甘汞电极时还应注意，KCl 溶液要浸没内部小玻璃管的下口，并且在弯管内不允许有气泡将溶液隔断。甘汞电极做成下管较细的弯管，有助于调节与玻璃电极间的距离，以便在直径较小的容器内也可以插入进行测量。甘汞电极在不用时，可用橡皮套将下端毛细孔套住或浸在 KCl 溶液中，但不要与玻璃电极同时浸在去离子水中保存。甘汞电极的电极电势只随电极内装的 KCl 溶液浓度（实质上是 Cl^- 离子浓度）而改变，不随待测溶液的 pH 不同而变化。通常所用的饱和 KCl 溶液的甘汞电极的电极电势为 0.2415V，而用 $0.1mol \cdot L^{-1}$ KCl 溶液的甘汞电极，其电极电势为 0.2810V。

4. 玻璃电极

玻璃电极的关键部分是连接在玻璃管下端的、用特制玻璃（其组成：SiO_2，Na_2O 和 CaO 的质量分数分别为 0.72，0.22 和 0.06）制成的半圆球形玻璃薄膜，膜厚 $50\mu m$。在玻璃薄膜圆球内装有一定浓度的 HCl 溶液（常用 $0.1mol \cdot L^{-1}$ HCl），并将覆盖有一薄层 AgCl 的银丝插入 HCl 溶液中，再用导线接出，即构成一个玻璃电极，参见附图 5。

当玻璃电极浸入待测 pH 的溶液中时，玻璃薄膜内外两侧都因吸水膨润而分别形成两个极薄的水化凝胶层，中间则仍为干玻璃层。在进行 pH 测定时，玻璃膜外侧与待测 pH 溶液的相界面上要发生离子交换，有 H^+ 离子进出；同样，玻璃膜内侧与膜内装的 $0.1mol \cdot L^{-1}$ HCl 溶液的相界面上也要发生离子交换，也有 H^+ 离子进出。由于玻璃膜两侧溶液中 H^+ 离子浓度的差异，以及玻璃膜水化凝胶层内离子扩散的影响，就逐渐在膜外侧和膜内侧两个相界面之间建立起一个相对稳定的电势差，称为膜电势。由于膜内侧 HCl 溶液中 $c_{H^+} = 0.1\ mol \cdot L^{-1}$，为定值，当玻璃膜内离子扩散情况稳定后，它对膜电势的影响也为定值，因此

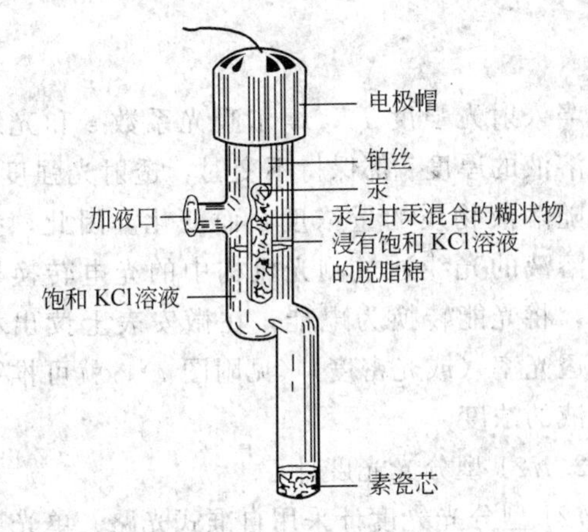

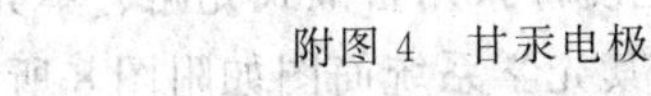
附图 4　甘汞电极

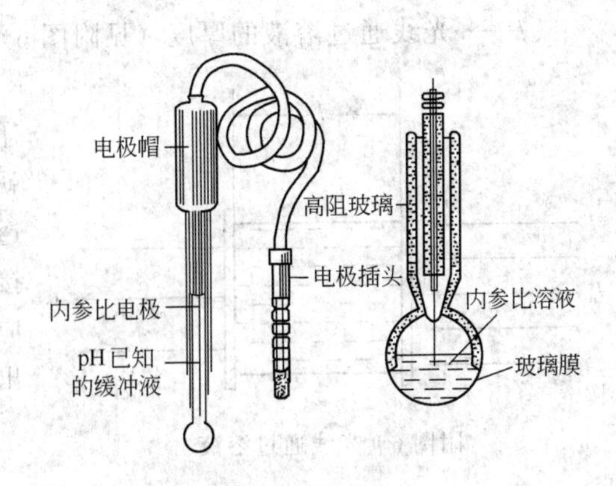

附图 5　玻璃电极

膜电势就只取决于膜外侧待测 pH 溶液中的 H^+ 浓度（c_{H^+}）。在膜电势与 AgCl-Ag 电极的电势合并后，即得玻璃电极的电极电势：

$$\varphi_{玻璃电极}=\varphi^{\ominus}_{玻璃电极}+\frac{2.303RT}{2F}\lg[c_{H^+}/c^{\ominus}]^2$$

玻璃电极在初次使用时，应先把下端的玻璃球浸泡在去离子水中数小时，甚至一昼夜，以稳定其不对称膜电势。不用时，最好也把玻璃球泡浸泡在去离子水中，以便下次使用时可以简化浸泡和校正的手续。

玻璃电极具有许多优点，诸如它不易“中毒”，不受溶液中氧化剂和其他杂质的影响，比较稳定，可以在混浊、有色或胶体溶液中使用，而且测量时所用待测溶液的量可以比较少，操作又很简便，所以在工业生产和实验室工作中广泛应用。但是，玻璃电极的缺点也是很明显的，它很薄、很脆，且具有高电阻，在相当稀的酸或碱溶液中使用受到一定的限制，一般测量适用的 pH 范围为 1～10。

附录十八　分光光度计的使用

1. 工作原理

分光光度计是化学分析中常用的，是在可见光波长范围（360～800nm）内进行定量比色分析的仪器。分光光度计的基本工作原理是溶液中的物质在光的照射激发下产生对光的吸收效应，而物质这种对光的吸收具有选择性，各种不同的物质都具有其各自的吸收光谱。因此，当某单色光通过溶液时，其能量就会被吸收而减弱，光能量减弱的程度与溶液中物质的浓度 c 有一定的比例关系，即符合 Lambert-Beer（朗伯-比耳）定律，其关系式可表示为：

$$A=\lg\frac{I_0}{I}=\varepsilon cl$$

式中　A——光密度，表示光通过溶液时被吸收的强度，又称为吸光度（用 E 表示）；

I_0——入射光强度；

I——透射光强度；

ε——摩尔吸光系数；

c——溶液物质的量浓度；

l——光线通过溶液的厚度（见附图 6）。

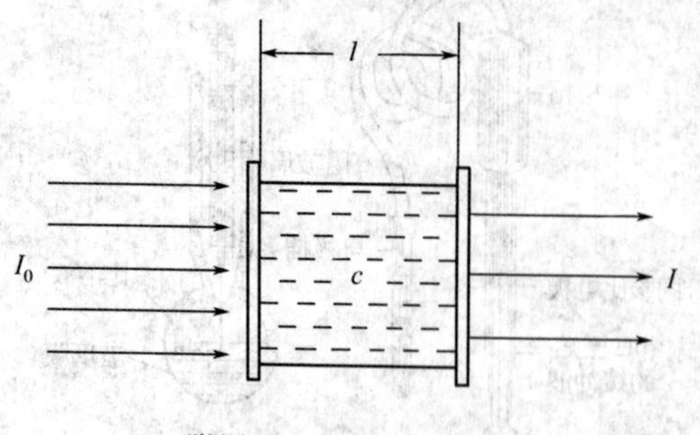

附图 6 光线通过溶液

当入射光强度 I_0、摩尔吸光系数 ε 和光线通过溶液的厚度 l 都保持不变时，透射光强度 I 就只随溶液物质的量浓度 c 而变化。因此，把透过溶液的光线通过测光机构中的光电转换器接收，将光能转换为电能，在微安表上读出相应的透光率（或光密度）（见附图 7），就可推算出溶液的浓度。

2. 721 型分光光度计

721 型分光光度计采用自准式光路、单光束方法，其波长范围为 360～800nm。用钨丝白炽灯泡作光源，其光学系统简图如附图 8 所示。从光源灯（12V，25W）1 发出的连续辐射光线，经聚光透镜 2 会聚后，再经过平面反射镜 7 转角 90°反射至入射狭缝 6，由此射入单色光器内，狭缝 6 正好位于球面准直镜 4 的焦面上。当入射光线经过准直镜 4 反射后，就以一束平行光射向棱镜 3(该棱镜背面镀铝)，光线进入

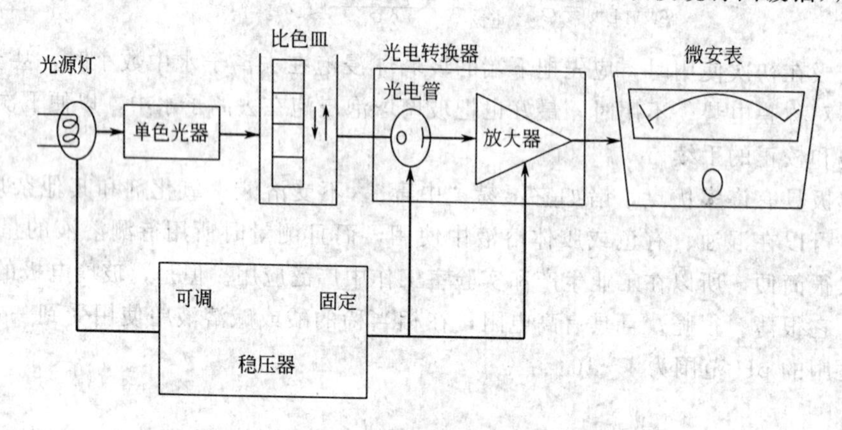

附图 7 分光光度计工作原理

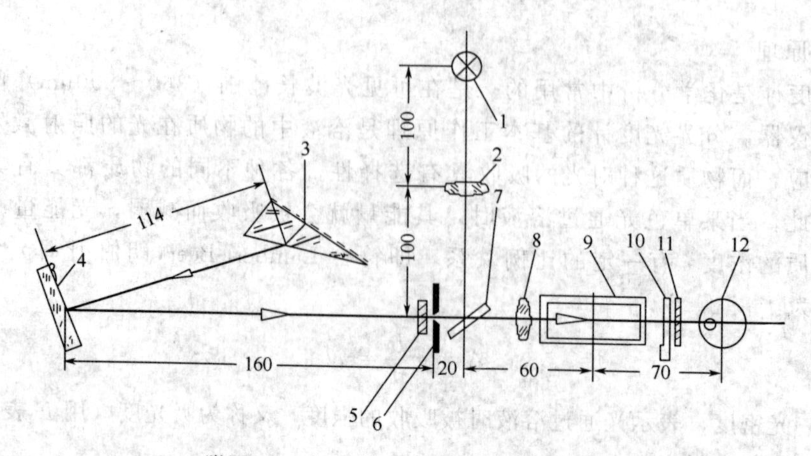

附图 8 721 型分光光度计光学系统简图

1—光源灯；2—聚光透镜；3—色散棱镜；4—准直镜；5—保护玻璃；6—狭缝；7—反射镜；8—聚光透镜；9—比色皿；10—光门；11—保护玻璃；12—光电管

棱镜后色散，入射角在最小偏向角，入射光在铝面上反射后是依原路稍偏转一个角度反射回来，这样从棱镜色散后出来的光线再经过物镜反射后，就会聚在出射狭缝 6 上，出射狭缝与入射狭缝是一体的。从出射狭缝射出的单色光经聚光透镜 8 会聚后，射入比色皿 9 的溶液中，经吸收后射至光电管 12，最后从微电计上直接读出光密度读数。

721 型分光光度计所包含的光源灯、单色光器，比色皿座、光电转换器、电源稳压器以及微电计等部件，全部合装成一台仪器，其外形如附图 9 所示。

3. 721 型分光光度计的使用方法

721 型分光光度计使用简便，具体的操作步骤如下（参见附图 9）。

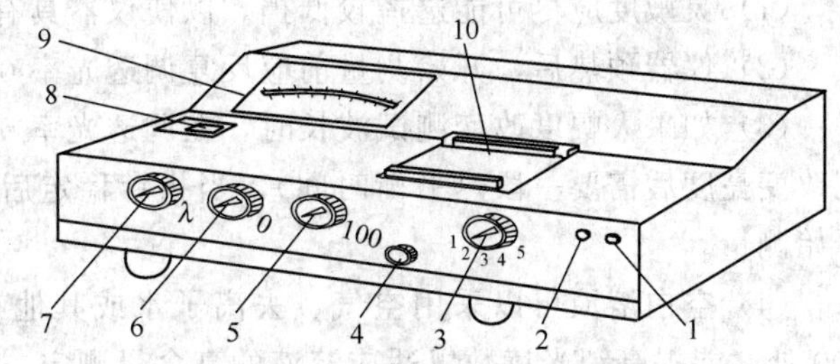

附图 9 721 型分光光度计

1—指示灯；2—电源开关；3—灵敏度选择旋钮；4—比色皿架定位拉杆；5—透光率 100 电位器旋钮；6—透光率 0 电位器旋钮；7—波长调节旋钮；8—波长示窗；9—光密度（透光率）表；10—比色皿暗箱盖

(1) 调光密度 9 至机械零点　在仪器尚未接通电源时，微电计指针必须指在“0”刻度，若不是这样，则可用微电计上的校正螺丝进行调节（注意：通常要请实验室工作人员进行，同学勿擅自动手）。

(2) 调波长，调透光率　将仪器电源开关 2 打开，指示灯 1 发亮，打开比色皿暗箱盖 10，根据被测溶液颜色从溶液颜色与相应波长表中查出所需单色光波长，转动波长调节旋钮 7，从波长示窗 8 中确定所选择的波长。灵敏度选择请按第（4）步进行，确定灵敏度后，调节透光率 0 电位器旋钮 6，使光密度表 9 上指针指在透光率 0 位置，接着把比色皿暗箱盖 10 合上，处在光路上的比色皿装的是空白溶液。旋转透光率 100 电位器旋钮 5 使光密度表 9 上指针到满刻度（即透光率 100）附近。

溶液颜色与相应波长表

被测溶液颜色	需要波长/nm	被测溶液颜色	需要波长/nm
绿	400～420	青紫	540～560
黄绿	430～440	蓝	570～600
黄	440～450	蓝绿	600～630
橙红	450～490	绿蓝	630～760
红	490～530		

(3) 仪器预热约 20min。

(4) 灵敏度选择　放大器灵敏度分 5 挡，是逐步增加的，1 挡最低。其选择原则是保证能使空白溶液很好调到透光率 100 的情况下，尽可能采用较低挡，这样仪器将有更高的稳定性。所以，使用时一般灵敏度都放在 1 挡，灵敏度不够时再逐步升高。不过要注意，改变灵敏度后要重新按第 2 步调透光率 0 和透光率 100。

(5) 预热光度计　预热后，要按第 2 步连续几次调整透光率 0 和透光率 100，仪器才可开始进行测量。

(6) 测量溶液光密度　打开比色皿暗箱盖 10，取出比色皿架，除已装空白溶液的比色皿外，其余 3 个比色皿分别用去离子水和所装溶液洗 2～3 遍，接着依次装入不同浓度的标准系列溶液或未知液，用碎滤纸片吸干比色皿外壁粘附的溶液（千万不要使劲擦，以免磨毛比色皿的透光面），将它们依次放到比色皿架内，并把比色皿架放回暗箱内定位销上，把比色皿暗箱盖 10 合上。

轻轻把比色皿架定位拉杆 4 拉出一格，让装第一个被测溶液的比色皿进入光路，从光密度表 9 上即可读出被测溶液的光密度，接着把比色皿架定位拉杆 4 再拉出一格，进行下一个被测溶液的测量。

4. 使用 721 型分光光度计注意事项

（1）灵敏度应尽可能选择较低挡，以使仪器具有较高稳定性。

（2）仪器预热后，开始测量前应反复调透光率 0 和透光率 100。

（3）如果大幅度改变测试波长时，在调透光率 0 和透光率 100 后要稍等片刻（钨灯在急剧改变亮度后需要一段热平衡时间），当指针稳定后重新调整透光率 0 和透光率 100，方可开始测量。

（4）空白溶液可以采用空气、去离子水或其他有色溶液或中性消光片，调节透光率于 100 处，能提高消光读数以适应溶液的高含量测定。

（5）根据溶液含量的不同可以酌情选用不同规格光径长度的比色皿，使微电计读数处于 0.8 消光值之内。

（6）在电源电压波动较大的地方，为确保仪器稳定工作，220V 电源要预先稳压，建议采用 220V 电源稳压器。

（7）当仪器停止工作时，必须切断电源，把开关关上。

附录十九　常用缓冲溶液的组成及配制

缓冲溶液组成	pK_a	缓冲液 pH	缓冲溶液配制方法
氨基乙酸-HCl	2.35 (pK_{a_1})	2.3	取氨基乙酸 150g 溶于 500mL 水中后，加浓盐酸 80mL，水稀释至 1L
H_3PO_4-柠檬酸盐		2.5	取 $Na_2HPO_4 \cdot 12H_2O$ 113g 溶于 200mL 水后，加柠檬酸 387g，溶解，过滤后稀释至 1L
一氯乙酸-NaOH	2.86	2.8	取 200g 一氯乙酸溶于 200mL 水中，加 NaOH 40g，溶解后稀释至 1L
邻苯二甲酸氢钾-HCl	2.95 (pK_{a_1})	2.9	取 500g 邻苯二甲酸氢钾溶于 500mL 水中，加浓盐酸 80mL，稀释至 1L
甲酸-NaOH	3.76	3.7	取 95g 甲酸和 NaOH 40g 于 500mL 水中，溶解，稀释至 1L
NaAc-HAc	4.74	4.7	取无水 NaAc 83g 溶于水中，加冰醋酸 60mL，稀释至 1L
六亚甲基四胺-HCl	5.15	5.4	取六亚甲基四胺 40g 溶于 200mL 水中，加浓盐酸 10mL，稀释至 1L
Tris-HCl［三羟甲基氨甲烷，$(HOCH_2)_3CNH_2$］	8.21	8.2	取 25g Tris 试剂溶于水中，加浓盐酸 8mL，稀释至 1L
NH_3-NH_4Cl	9.26	9.2	取 NH_4Cl 54g 溶于水中，加浓氨水 63mL，稀释至 1L

注：1. 缓冲液配制后可用 pH 试纸检查。如 pH 不对，可用共轭酸或碱调节。pH 欲调节精确时，可用 pH 计调节。
2. 若需增加或减少缓冲液的缓冲容量时，可相应增加或减少共轭酸碱对物质的量，再调节之。

附录二十 化合物的相对分子质量表

化合物分子式	相对分子质量	化合物分子式	相对分子质量	化合物分子式	相对分子质量
Ag_3AsO_4	462.52	$CaSO_4$	136.14	MgO	40.304
AgI	234.77	$CdCO_3$	172.42	$Mg(OH)_2$	58.32
$AgBr$	187.77	$CdCl_2$	183.32	$Fe(NO_3)_3$	241.86
$AgCl$	143.32	$C_6H_4COOHCOOK$（邻苯二甲酸氢钾）	204.23	$Fe(NO_3)_3 \cdot 9H_2O$	404.00
$AgNO_3$	169.87			FeO	71.846
$AgCN$	133.89	CdS	144.47	Fe_2O_3	159.69
$AgSCN$	165.95	$Ce(SO_4)_2$	332.24	Fe_3O_4	231.54
Ag_2CrO_4	331.73	$Ce(SO_4)_2 \cdot 4H_2O$	404.30	$Fe(OH)_3$	106.87
$AlCl_3$	133.34	$CoCl_2$	129.84	$C_4H_8N_2O_2$（丁二酮肟）	116.12
$AlCl_3 \cdot 6H_2O$	241.43	$CoCl_2 \cdot 6H_2O$	237.93		
$Al(NO_3)_3$	213.00	$Co(NO_3)_2$	182.94	$FeCl_2$	126.75
$Al(NO_3)_3 \cdot 9H_2O$	375.13	$Co(NO_3)_2 \cdot 6H_2O$	291.03	$FeCl_2 \cdot 4H_2O$	198.81
Al_2O_3	101.96	CoS	90.99	$FeCl_3$	162.21
$Al(OH)_3$	78.00	$CoSO_4$	154.99	$FeCl_3 \cdot 6H_2O$	270.30
$Al_2(SO_4)_3$	342.14	$CoSO_4 \cdot 7H_2O$	281.10	FeS	87.91
$Al_2(SO_4)_3 \cdot 18H_2O$	666.41	$CO(NH_2)_2$	60.06	Fe_2S_3	207.87
As_2S_3	246.02	$CrCl_3$	158.35	$FeSO_4$	151.90
As_2O_3	197.84	$CrCl_3 \cdot 6H_2O$	266.45	$FeSO_4 \cdot 7H_2O$	278.01
As_2O_5	229.84	$Cr(NO_3)_3$	238.01	$FeNH_4(SO_4)_2 \cdot 12H_2O$	482.18
$BaCO_3$	197.34	Cr_2O_3	151.99	$Fe(NH_4)_2(SO_4)_2 \cdot 6H_2O$	392.13
BaC_2O_4	225.35	$CuCl$	98.999	H_3AsO_3	125.94
$BaCl_2$	208.24	$CuCl_2$	134.45	H_3AsO_4	141.94
$BaCl_2 \cdot 2H_2O$	244.27	$CuCl_2 \cdot 2H_2O$	170.48	H_3BO_3	61.83
$BaCrO_4$	253.32	$CuSCN$	121.62	HBr	80.912
BaO	153.33	CuI	190.45	HCN	27.026
$Ba(OH)_2$	171.34	$Cu(NO_3)_2$	187.56	$HCOOH$	46.026
$BaSO_4$	233.39	$Cu(NO_3)_2 \cdot 3H_2O$	241.60	H_2CO_3	62.025
$BiCl_3$	315.34	CuO	79.545	$H_2C_2O_4$	90.035
$BiOCl$	260.43	Cu_2O	143.09	$H_2C_2O_4 \cdot 2H_2O$	126.07
CO_2	44.01	CuS	95.61	HCl	36.461
CaO	56.08	$CuSO_4$	159.60	HF	20.006
$CaCO_3$	100.09	$CuSO_4 \cdot 5H_2O$	249.68	HI	127.91
CaC_2O_4	128.10	CH_3COOH	60.052	HIO_3	175.91
$CaCl_2$	110.99	CH_3COONa	82.034	HNO_3	63.013
$CaCl_2 \cdot 6H_2O$	219.08	$CH_3COONa \cdot 3H_2O$	136.08	HNO_2	47.013
$Ca(NO_3)_2 \cdot 4H_2O$	236.15	MgC_2O_4	112.33	H_2O	18.015
$Ca(OH)_2$	74.09	$Mg(NO_3)_2 \cdot 6H_2O$	256.41	H_2O_2	34.015
$Ca_3(PO_4)_2$	310.18	$MgNH_4PO_4$	137.32	Na_2CO_3	105.99

续表

化合物分子式	相对分子质量	化合物分子式	相对分子质量	化合物分子式	相对分子质量
$Na_2CO_3 \cdot 10H_2O$	286.14	K_2SO_4	174.25	$NaOH$	39.997
$Na_2C_2O_4$	134.00	$MgCO_3$	84.314	Na_3PO_4	163.94
$NaCl$	58.443	$MgCl_2$	95.211	Na_2S	78.04
$NaClO$	74.442	$MgCl_2 \cdot 6H_2O$	203.30	$Na_2S \cdot 9H_2O$	240.18
$KBrO_3$	167.00	$Pb_3(PO_4)_2$	811.54	Na_2SO_3	126.04
KCl	74.551	PbS	239.30	Na_2SO_4	142.04
$KClO_3$	122.55	$PbSO_4$	303.30	$Na_2S_2O_3$	158.10
$KClO_4$	138.55	SO_3	80.06	$Na_2S_2O_3 \cdot 5H_2O$	248.17
KCN	65.116	$Mg_2P_2O_7$	222.55	$NiCl_2 \cdot 6H_2O$	237.69
$KSCN$	97.18	$MgSO_4 \cdot 7H_2O$	246.47	NiO	74.69
K_2CO_3	138.21	$MnCO_3$	114.95	$Ni(NO_3)_2 \cdot 6H_2O$	290.79
K_2CrO_4	194.19	$MnCl_2 \cdot 4H_2O$	197.91	$NiSO_4 \cdot 7H_2O$	280.85
$K_2Cr_2O_7$	294.18	$Mn(NO_3)_2 \cdot 6H_2O$	287.04	P_2O_5	141.94
$(C_9H_7N)_3H_3PO_4 \cdot 12MoO_3$ (磷钼酸喹啉)	2212.7	MnO	70.937	$PbCO_3$	267.20
		MnO_2	86.937	$Pb(CH_3COO)_2$	325.30
H_3PO_4	97.995	MnS	87.00	$SnCl_2$	189.60
H_2S	34.08	$MnSO_4$	151.00	$SnCl_4$	260.50
H_2SO_3	82.07	$MnSO_4 \cdot 4H_2O$	223.06	SnS	150.75
H_2SO_4	98.07	NO	30.006	$SrCO_3$	147.63
$Hg(CN)_2$	252.36	NO_2	46.006	SrC_2O_4	175.64
$HgCl_2$	271.50	NH_3	17.03	$Sr(NO_3)_2$	211.63
Hg_2Cl_2	472.09	CH_3COONH_4	77.083	$SrSO_4$	183.68
HgI_2	454.40	NH_4Cl	53.491	$ZnCO_3$	125.39
$Hg_2(NO_3)_2$	525.19	$(NH_4)_2CO_3$	96.086	ZnC_2O_4	153.40
$Hg_2(NO_3)_2 \cdot 6H_2O$	561.22	$(NH_4)_2C_2O_4$	124.10	$ZnCl_2$	136.29
$Hg(NO_3)_2$	324.60	$(NH_4)_2C_2O_4 \cdot H_2O$	142.11	$Zn(CH_3COO)_2$	183.47
HgO	216.59	NH_4SCN	76.12	$Zn(CH_3COO)_2 \cdot 2H_2O$	219.50
HgS	232.65	NH_4HCO_3	79.055	$Zn(NO_3)_2$	189.39
$HgSO_4$	296.65	$(NH_4)_2MoO_4$	196.01	$Zn(NO_3)_2 \cdot 6H_2O$	297.48
Hg_2SO_4	497.24	NH_4NO_3	80.043	ZnO	81.38
$KAl(SO_4)_2 \cdot 12H_2O$	474.38	$(NH_4)_2HPO_4$	132.06	ZnS	97.44
KBr	119.00	$(NH_4)_3PO_4 \cdot 12MoO_3$	1876.3	$ZnSO_4$	161.44
$K_3Fe(CN)_6$	329.25	$(NH_4)_2S$	68.14	$ZnSO_4 \cdot 7H_2O$	287.54
$K_4Fe(CN)_6$	368.35	$(NH_4)_2SO_4$	132.13	NiS	90.75
$KFe(SO_4)_2 \cdot 12H_2O$	503.24	NH_4VO_3	116.98	PbC_2O_4	295.22
$KHC_2O_4 \cdot H_2O$	146.14	Na_3AsO_3	191.89	$PbCl_2$	278.10
$KHC_2O_4 \cdot H_2C_2O_4 \cdot 2H_2O$	254.19	$Na_2B_4O_7$	201.22	$PbCrO_4$	323.20
$KHC_4H_4O_3$	188.18	$Na_2B_4O_7 \cdot 10H_2O$	381.37	PbI_2	461.00
$KHSO_4$	136.16	$NaBiO_3$	279.97	$Pb(NO_3)_2$	331.20
KI	166.00	$NaCN$	49.007	PbO	223.20
KIO_3	214.00	$NaSCN$	81.07	PbO_2	239.20
$KIO_3 \cdot HIO_3$	389.91	$NaHCO_3$	84.007	$SbCl_3$	228.11
$KMnO_4$	158.03	$Na_2HPO_4 \cdot 12H_2O$	358.14	Sb_2O_3	291.50
$KNaC_4H_4O_6 \cdot 4H_2O$	282.22	$Na_2H_2Y \cdot 2H_2O$	372.24	Sb_2S_3	339.68
KNO_3	101.10	$NaNO_2$	68.995	SO_2	64.06
KNO_2	85.104	$NaNO_3$	84.995	SiO_2	60.084
K_2O	94.196	Na_2O	61.979	SiF_4	104.08
KOH	56.106	Na_2O_2	77.978		

主要参考书目

[1] 南京大学实验教学组．大学化学实验．北京：高等教育出版社，1999.
[2] 刘约权，李贵深．实验化学．北京：高等教育出版社，1999.
[3] 南京大学无机及分析化学实验编写组．无机及分析化学实验．第 3 版．北京：高等教育出版社，1998.
[4] 北京师范大学无机化学教研室．无机化学实验．北京：高等教育出版社，1991.
[5] 周效贤等．大学化学新实验（二）．兰州：兰州大学出版社，1993.
[6] 郭柄南等．无机化学实验．北京：北京理工大学出版社，1988.
[7] 周其镇，方国女，樊行雪．大学基础化学实验（Ⅰ）．北京：化学工业出版社，2000.
[8] 周宁怀．微型无机化学实验．北京：科学出版社，2000.
[9] 李聚源．普通化学实验．北京：化学工业出版社，2003.
[10] 北京大学化学系分析化学教学组．基础分析化学实验．第 3 版．北京：北京大学出版社，1998.
[11] 武汉大学．分析化学实验．第 3 版．北京：高等教育出版社，1994.
[12] 崔学桂，张晓丽．基础化学实验．济南：山东大学出版社，2000.
[13] 宁鸿霞，李丽．无机及分析化学实验．东营：石油大学出版社，2002.

元素周期表

IUPAC 2013

说明	示例（95 Am）
氧化态(单质的氧化态为0，未列入；常见的为红色)	+2 +3 +4 +5 +6
原子序数	95
元素符号(红色的为放射性元素)	Am
元素名称(注▴的为人造元素)	镅▴
价层电子构型	$5f^77s^2$
以 $^{12}C=12$ 为基准的原子量(注✦的是半衰期最长同位素的原子量)	243.06138(2)✦

s区元素　p区元素　d区元素　ds区元素　f区元素　稀有气体

族 / 周期	1 ⅠA	2 ⅡA	3 ⅢB	4 ⅣB	5 ⅤB	6 ⅥB	7 ⅦB	8	9 ⅧB(Ⅷ)	10	11 ⅠB	12 ⅡB	13 ⅢA	14 ⅣA	15 ⅤA	16 ⅥA	17 ⅦA	18 ⅧA(0)	电子层
1	1 H 氢 $1s^1$ 1.008 −1 +1																	2 He 氦 $1s^2$ 4.002602(2)	K
2	3 Li 锂 $2s^1$ 6.94 +1	4 Be 铍 $2s^2$ 9.0121831(5) +2											5 B 硼 $2s^22p^1$ 10.81 +3	6 C 碳 $2s^22p^2$ 12.011 −4 +2 +4	7 N 氮 $2s^22p^3$ 14.007 −3 −2 −1 +1 +2 +3 +4 +5	8 O 氧 $2s^22p^4$ 15.999 −2 −1	9 F 氟 $2s^22p^5$ 18.998403163(6) −1	10 Ne 氖 $2s^22p^6$ 20.1797(6)	L K
3	11 Na 钠 $3s^1$ 22.98976928(2) −1 +1	12 Mg 镁 $3s^2$ 24.305 +2											13 Al 铝 $3s^23p^1$ 26.9815385(7) +3	14 Si 硅 $3s^23p^2$ 28.085 −4 +2 +4	15 P 磷 $3s^23p^3$ 30.973761998(5) −3 +1 +3 +5	16 S 硫 $3s^23p^4$ 32.06 −2 +2 +4 +6	17 Cl 氯 $3s^23p^5$ 35.45 −1 +1 +3 +5 +7	18 Ar 氩 $3s^23p^6$ 39.948(1)	M L K
4	19 K 钾 $4s^1$ 39.0983(1) −1 +1	20 Ca 钙 $4s^2$ 40.078(4) +2	21 Sc 钪 $3d^14s^2$ 44.955908(5) +3	22 Ti 钛 $3d^24s^2$ 47.867(1) −1 0 +2 +3 +4	23 V 钒 $3d^34s^2$ 50.9415(1) 0 ±1 +2 +3 +4 +5	24 Cr 铬 $3d^54s^1$ 51.9961(6) −3 0 ±1 +2 +3 +4 +5 +6	25 Mn 锰 $3d^54s^2$ 54.938044(3) −2 0 ±1 +2 +3 +4 +5 +6 +7	26 Fe 铁 $3d^64s^2$ 55.845(2) −2 0 ±1 +2 +3 +4 +5 +6	27 Co 钴 $3d^74s^2$ 58.933194(4) 0 ±1 +2 +3 +4 +5	28 Ni 镍 $3d^84s^2$ 58.6934(4) 0 ±1 +2 +3 +4	29 Cu 铜 $3d^{10}4s^1$ 63.546(3) +1 +2 +3 +4	30 Zn 锌 $3d^{10}4s^2$ 65.38(2) +1 +2	31 Ga 镓 $4s^24p^1$ 69.723(1) +1 +3	32 Ge 锗 $4s^24p^2$ 72.630(8) +2 +4	33 As 砷 $4s^24p^3$ 74.921595(6) −3 +3 +5	34 Se 硒 $4s^24p^4$ 78.971(8) −2 +2 +4 +6	35 Br 溴 $4s^24p^5$ 79.904 −1 +1 +3 +5 +7	36 Kr 氪 $4s^24p^6$ 83.798(2) +2 +4	N M L K
5	37 Rb 铷 $5s^1$ 85.4678(3) −1 +1	38 Sr 锶 $5s^2$ 87.62(1) +2	39 Y 钇 $4d^15s^2$ 88.90584(2) +3	40 Zr 锆 $4d^25s^2$ 91.224(2) +1 +2 +3 +4	41 Nb 铌 $4d^45s^1$ 92.90637(2) 0 ±1 +2 +3 +4 +5	42 Mo 钼 $4d^55s^1$ 95.95(1) 0 ±1 ±2 +3 +4 +5 +6	43 Tc 锝▴ $4d^55s^2$ 97.90721(3)✦ 0 ±1 +2 +3 +4 +5 +6 +7	44 Ru 钌 $4d^75s^1$ 101.07(2) 0 +1 ±2 +3 +4 +5 +6 +7 +8	45 Rh 铑 $4d^85s^1$ 102.90550(2) 0 ±1 +2 +3 +4 +5 +6	46 Pd 钯 $4d^{10}$ 106.42(1) 0 +1 +2 +3 +4	47 Ag 银 $4d^{10}5s^1$ 107.8682(2) +1 +2 +3	48 Cd 镉 $4d^{10}5s^2$ 112.414(4) +1 +2	49 In 铟 $5s^25p^1$ 114.818(1) +1 +3	50 Sn 锡 $5s^25p^2$ 118.710(7) +2 +4	51 Sb 锑 $5s^25p^3$ 121.760(1) −3 +3 +5	52 Te 碲 $5s^25p^4$ 127.60(3) −2 +2 +4 +6	53 I 碘 $5s^25p^5$ 126.90447(3) −1 +1 +3 +5 +7	54 Xe 氙 $5s^25p^6$ 131.293(6) +2 +4 +6 +8	O N M L K
6	55 Cs 铯 $6s^1$ 132.90545196(6) −1 +1	56 Ba 钡 $6s^2$ 137.327(7) +2	57~71 La~Lu 镧系	72 Hf 铪 $5d^26s^2$ 178.49(2) +1 +2 +3 +4	73 Ta 钽 $5d^36s^2$ 180.94788(2) 0 ±1 +2 +3 +4 +5	74 W 钨 $5d^46s^2$ 183.84(1) 0 ±1 ±2 +3 +4 +5 +6	75 Re 铼 $5d^56s^2$ 186.207(1) 0 ±1 +2 +3 +4 +5 +6 +7	76 Os 锇 $5d^66s^2$ 190.23(3) 0 +1 +2 +3 +4 +5 +6 +7 +8	77 Ir 铱 $5d^76s^2$ 192.217(3) 0 ±1 +2 +3 +4 +5 +6	78 Pt 铂 $5d^96s^1$ 195.084(9) 0 +2 +3 +4 +5 +6	79 Au 金 $5d^{10}6s^1$ 196.966569(5) +1 +2 +3 +5	80 Hg 汞 $5d^{10}6s^2$ 200.592(3) +1 +2 +3	81 Tl 铊 $6s^26p^1$ 204.38 +1 +3	82 Pb 铅 $6s^26p^2$ 207.2(1) +2 +4	83 Bi 铋 $6s^26p^3$ 208.98040(1) −3 +3 +5	84 Po 钋 $6s^26p^4$ 208.98243(2)✦ −2 +2 +4 +6	85 At 砹 $6s^26p^5$ 209.98715(5)✦ ±1 +5 +7	86 Rn 氡 $6s^26p^6$ 222.01758(2)✦ +2	P O N M L K
7	87 Fr 钫▴ $7s^1$ 223.01974(2)✦ +1	88 Ra 镭 $7s^2$ 226.02541(2)✦ +2	89~103 Ac~Lr 锕系	104 Rf 𬬻▴ $6d^27s^2$ 267.122(4)✦	105 Db 𬭊▴ $6d^37s^2$ 270.131(4)✦	106 Sg 𬭳▴ $6d^47s^2$ 269.129(3)✦	107 Bh 𬭛▴ $6d^57s^2$ 270.133(2)✦	108 Hs 𬭶▴ $6d^67s^2$ 270.134(2)✦	109 Mt 鿏▴ $6d^77s^2$ 278.156(5)✦	110 Ds 𫟼▴ 281.165(4)✦	111 Rg 𬬭▴ 281.166(6)✦	112 Cn 鿔▴ 285.177(4)✦	113 Nh 鿭▴ 286.182(5)✦	114 Fl 𫓧▴ 289.190(4)✦	115 Mc 镆▴ 289.194(6)✦	116 Lv 𫟷▴ 293.204(4)✦	117 Ts 鿬▴ 293.208(6)✦	118 Og 鿫▴ 294.214(5)✦	Q P O N M L K

系															
★镧系	57 La★ 镧 $5d^16s^2$ 138.90547(7) +3	58 Ce 铈 $4f^15d^16s^2$ 140.116(1) +2 +3 +4	59 Pr 镨 $4f^36s^2$ 140.90766(2) +3 +4	60 Nd 钕 $4f^46s^2$ 144.242(3) +2 +3 +4	61 Pm 钷▴ $4f^56s^2$ 144.91276(2)✦ +3	62 Sm 钐 $4f^66s^2$ 150.36(2) +2 +3	63 Eu 铕 $4f^76s^2$ 151.964(1) +2 +3	64 Gd 钆 $4f^75d^16s^2$ 157.25(3) +3	65 Tb 铽 $4f^96s^2$ 158.92535(2) +3 +4	66 Dy 镝 $4f^{10}6s^2$ 162.500(1) +3 +4	67 Ho 钬 $4f^{11}6s^2$ 164.93033(2) +3	68 Er 铒 $4f^{12}6s^2$ 167.259(3) +3	69 Tm 铥 $4f^{13}6s^2$ 168.93422(2) +2 +3	70 Yb 镱 $4f^{14}6s^2$ 173.045(10) +2 +3	71 Lu 镥 $4f^{14}5d^16s^2$ 174.9668(1) +3
★锕系	89 Ac★ 锕 $6d^17s^2$ 227.02775(2)✦ +3	90 Th 钍 $6d^27s^2$ 232.0377(4) +3 +4	91 Pa 镤 $5f^26d^17s^2$ 231.03588(2) +3 +4 +5	92 U 铀 $5f^36d^17s^2$ 238.02891(3) +3 +4 +5 +6	93 Np 镎 $5f^46d^17s^2$ 237.04817(2)✦ +3 +4 +5 +6 +7	94 Pu 钚 $5f^67s^2$ 244.06421(4)✦ +3 +4 +5 +6 +7	95 Am 镅▴ $5f^77s^2$ 243.06138(2)✦ +2 +3 +4 +5 +6	96 Cm 锔▴ $5f^76d^17s^2$ 247.07035(3)✦ +3 +4	97 Bk 锫▴ $5f^97s^2$ 247.07031(4)✦ +3 +4	98 Cf 锎▴ $5f^{10}7s^2$ 251.07959(3)✦ +2 +3 +4	99 Es 锿▴ $5f^{11}7s^2$ 252.0830(3)✦ +2 +3	100 Fm 镄▴ $5f^{12}7s^2$ 257.09511(5)✦ +2 +3	101 Md 钔▴ $5f^{13}7s^2$ 258.09843(3)✦ +2 +3	102 No 锘▴ $5f^{14}7s^2$ 259.1010(7)✦ +2 +3	103 Lr 铹▴ $5f^{14}6d^17s^2$ 262.110(2)✦ +3